우리 땅 간도를 아십니까?

-간도관을 중심으로-

육 락 현 편저

백산자료원

우리 땅 간도를 아십니까?

초판 인쇄 : 2023년 5월 12일
초판 발행 : 2023년 5월 12일

편 저 | 육 락 현
편집인 | 손 영 섭
펴낸곳 | 백산자료원

등록 1991년 2월 11일(제2-1125호)
주소 | 서울특별시 중구 116 (을지로 3가 334-1)
전화 | 02) 2267-2090 010-5126-0300
팩스 | 02) 2267-7710 031) 865-5532
E-mail : gando2090@naver.com

값 21,000원
ISBN 978-89-6194-060-3

松谷 陸洛現

이렇게 참 좋은
너와 내가 함께한 41년 세월은 행복했습니다.

너와 나의 조국이 있어 행복 했습니다.
너와 나의 민족이 있어 행복 했습니다.
너와 나의 영토가 있어 행복 했습니다.
너와 내가 민족을 위해 살았다는 것이 행복 했습니다.

앞으로 남은 인생도
나라와 민족을 생각하며 살아갈 것을 다짐해 봅니다.

간도문화체험마을 영토관장 육락현

머릿글-간도수복의 불씨

내가 간도의 역사연구와 수복운동에 뛰어든 지도 어언 41년이 된다. 내 나이 80 이다보니 반평생을 헤아린다. 반평생이 흘렀음에도 과연 간도영유권에 대해 얼마나 알고 있는지 별로 기억이 없다. 그 41년 세월에 떠밀려 산 인생과정의 뒤안길에서 석학들의 우리나라 영토에 대한 글을 보면서 우리국민들에게 어떻게 전해야 하는지 예나 지금이나 부족함 투성이고 남의 글을 옮기는 것이 고작이다. 2013년에 '간도는 왜 우리 땅인가?" 을 낸지 딱 10년이 된다. 책을 다시 보니 나의 수준이 고스란히 드러나는 결과를 초래 했다. 그렇다고 멈출 수는 없어 3년 전부터 다시 써보기로 해 내 나름대로 전시장을 계획하고 개관한 영토관을 중심으로 부족한 것은 보충하고 모자란 것은 채우면서 해보았지만 역시 남의 글을 옮기는 것에 불과하다는 것을 솔직히 고백한다. 그래도 이 책을 보고 우리 국민들이 조금이나마 간도영토에 대한 인식을 해준다면 하는 마음에서 출판을 하게 되었다.

나는 41년 전 정확히 1981년 3월에 북방관계 연구기관인 백산학회를 알게 되었고 이 학회를 인수하고 운영하는 과정에서 미해결된 간도영유권과 자랑스런 고조선, 부여, 고구려, 발해, 고려, 조선 역사와 간도가 우리 영토란 것을 알게 되었으며 이 중요한 학회를 살려야한다는 마음에서 연구지인 "백산학보" 발간에 집중해왔다. 또 간도관련 자료 발굴과 북방 관계 연구를 할 수 있는 자료를 발굴해 간행하여 연구하는데 힘을 보탰다. 2004년 중국이 동북공정을 앞세워 간도 땅을 지키려고 우리 고대사를 중국지방정부로 왜곡하는 만행에 우리국민들은 14억 인구하고 전쟁이라도 불사할 것 같은 격앙된 분위기였다. 돌이켜 보면 우리 석학들은 56년 전 오늘과 같은 만행에 대비코자 백산학회를 만들어 놓은 것이 아닌가 생각해본다. 만약 이러한 연구소가 없었으면 중국 의도대로 고스란히 당했을 것으로 생각하면 아찔하다. 석학들의 사상을 이어 받아 2004년 한국간도학회와 간도되찾기운동본부를 창립 연구하고 연구된 결과를 운동본부를 통해 우리 국민들에게 알리는데 심혈을 기우렸다.

나는 2005년 간도되찾기운동본부 등록관계로 교육부를 찾은 일이 있었다. 교육부 등록업무를 관장하는 유관부서 실무자조차도 間島의 위치를 몰라 "일본에 있는 섬" 아니냐고 반문을 하던 시절부터 외골수로 매달리다시피 집념을 불태우던 지난날의 내 발걸음이 주마등처럼 스치고 지나간다.

그래도 노력한 만큼 소득도 있었다. 진보고 보수고 간에 역대 어느 정권 할 것 없이 간도라는 이름만 나와도 쉬쉬하던 시절이다. 전문학자들이 입을 모아 중국을 향해 '간도는 한국의 영토' 라고 한마디만 해달라고 정부에 그렇게 간청을 했지만 보복이 두렵다고 입도 뻥긋하지 못하던 시절, 간도되찾기운동본부가 정부를 대신해서 중국의 간도 불법점유를 규탄하고 이 문제로 외교통상부 국정감사를 실시하여 당시 반기문(潘基文) 장관으로부터 '일본과 중국(당시 淸 청) 간에 맺은 간도협약은 '법리상 무효' 라는 답변을 이끌어내는 성과를 올리기도 하였다.

영토라고 하는 것은 단지 공간적인 개념으로서의 영역에 머무르는 것이 아니다. 반드시 되찾아야 할 영토라는 물리적인 의미를 넘어 발전하게 되는 유일무이한 존재라는 뜻이기도 하다. 그리고 영토란 우리 선조들이 살아왔고 지금 우리가 살아가고 있으며 앞으로 우리 후손들이 살아가야 할 삶의 터전, 그것은 현재 진행형이기 때문이다.

한 때 잊혀 졌다고 하나 미래를 향한 그 질긴 생명력이 겨레와 더불어 지금 이 순간에도 살아 숨 쉬고 있다. 이번에 책으로 엮어내는 "우리 땅 간도를 아십니까?" 발간은 오늘을 사는 동시대인들이 지난날 중국이 강행하고 있는 동북공정의 실상을 만천하에 드러냄으로써 미래세대의 진로에 조그만 한 표지등 역할을 하였으면 하는 바람으로 간행한 것이다. 간도수복의 불씨는 결코 사그라지지 않고 영원히 타오를 것이다.

끝으로 간도되찾기운동본부를 같이 한 임원님들, 간도문화체험마을을 배려해주신 우신구 촌장님과 본서 律文을 해주신 조원홍 박사님께 감사의 말씀을 드리며 병마와 싸우고 있는 집사람 김순덕이 건강회복하기를 간절히 기원합니다.

2023. 3.

간도문화체험마을 영토관에서 편저 육락현

내사랑 간도동포여!

성 태 진
(시낭송사랑 국제교류협회 회장)

내 사랑 간도여!
배달의 뿌리
살아 숨쉬는 간도땅!

압록강 두만강 저 북녘
아품 상처 달래며 살아온
내 사랑 간도 동포여!

칼바람 모라 치는 북풍에
슬품 뼈속까지 스미고
가슴만 가슴만 치던 동포여!

먹물로 지세운 통곡의 세월
어찌 잊으랴 그 갈림길
누가 가로 막고 있는가
그 울분 삼키고 사는 동포여!

다시 한자리 둥지를 틀고
동방의 해뜨는 나라 조국에서
오순도순 모여 살 그 날을 위해
우리 모두 함께 꿈꾸자구나
사랑하는 우리 동포여
내 사랑 간도동포여!

陸洛現선생의 八旬을 경하(慶賀)드리며

李 日 杰 (한국간도학회장)

陸洛現선생의 八旬을 기념하여 책을 쓴다고 하니 기쁘기 한량없다. 80년 전 덕유산 아래 장수(長水)에서 태어난 그는 삼십 대 후반에 유봉영 백산학회 회장 시절에 총무이사를 맡아 삼십여 년 백산학회의 기틀을 마련하였다. 북방영토의 중요성을 자각하고 백산학회의 궂은일을 마다하지 않았다.

당시 중국에서 간행된 우리나라와의 관련된 자료 및 북한의 출판 도서들은 '불온서적'으로 규정하여 구해볼 수 없었지만, 그는 백산학회 총무직함을 걸고 일본을 통해 이 불온서적을 구입하여 영인 출판하여 학계의 지적 정보 욕구의 충족에 크게 기여하였다.

또한 식민사학이 지배하던 강단사학의 풍토 속에서 자주적이고 민족성이 짙은 백산학회로 이끌어 온 비결은 육락현이라는 우직한 인물이 있었기 때문이었다. 본래 품성이 조용하고 꾸밈이 없는 그이지만 북방영토와 간도문제에 관해서는 불같은 열정을 쏟아낸다. 당시 일제식민사학의 주구(走狗) 노릇이나 하던 강단사학계가 주관하던 학회보에 싣지 못했던 지난 시기에, 백산학회는 자주적이고 독창적인 학자들의 논문 발표장이었다.

그동안 잃어버린 북방영토에 관하여 학자들의 주요 논문을 모아 편집하여 발간한 책을 포함하여 백여 종을 출간하였으며, 북방영토 관련 서적도 만권이 넘었다. 을지로 '한국간도학회', '간도되찾기운동본부', 동두천의 '간도영토관'에는 평생 수집한 그의 손때 묻은 책들이 새로운 방문자들을 반기고 있다. 또한 최초의 간도문제 관련 학술세미나도 그가 중심이 되어 1997년에 개최하였으며, 필자와 함께 '한국간도학회'와 '간도되찾기운동본부'를 2004년에 창립시켰으며, 초대 '간도되찾기운동본부'의 회장을 역임하였다.

특히 간도학회 창립과 더불어 '간도' 홍보를 위해 전국 각지를 돌며, 회원 모집과 '간도 강연회'를 개최했던 시기에 '실과 바늘'이 되어 함께 활동했던 추억들이 새롭고 국회에서 개최한 '간도 사진전, '학술세미나', '간도협약 무효결의안 제출' 등의 행사들이 아련히 주마등처럼 떠오른다.

이처럼 '북방영토'의 중요성을 인식하고 설립한 '백산학회' 유봉영 회장의 유지를 평생 받들어 온 그는 현재 동두천의 '간도영토관'의 관장으로 있으며 '간도영토되찾기'에 심혈을 기울이고 있다.

평생토록 '간도 땅 찾기'에 매진해온 육락현 선생의 열정에 경하드리며, 앞으로 더욱 건강하시어 '간도 땅 찾기'에 힘을 보태어 주시기를 바랍니다. 이번 책의 출간으로 인해 육락현 선생의 평생동안 '오직 한우물만 판 간도 땅'의 깊이를 알 기회가 될 것을 확신해 본다.

Ⅰ. 서 론

우리나라는 동북아시아에서 지정학적으로 매우 중요한 위치에 있는 관계로 강대국들의 침략을 수 없이 받아왔고 이를 힘겹게 격퇴해 왔다. 1948년 8월 15일 자유민주주의와 자본주의 시장경제 원리에 입각해 대한민국을 수립했다. 유엔총회로부터 한반도의 유일 합법정부로 인정받자 1948년 9월 9일 북한도 '조선민주주의인민공화국' 정부를 수립한 후 김일성은 자유민주주의 정권을 타도해 한반도 전체에 공산정권을 수립해 보고자 야심을 품고 남한을 수복하기 위해 중국의 모택동과 소련의 스탈린 지원을 받아 1950년 6월 25일 3일 만에 수도 서울이 인민군 수중에 떨어지고, 20일 만에 부산을 점령, 남한을 공산화하는 속전속결 전략을 수립했다.

그러나 국군과 미 연합군은 다부동 전투에서 국군이 최초로 승기를 잡았을 무렵, 당해 9월 15일 맥아더 사령관의 인천상륙작전으로 전세는 완전히 역전되어 북한군은 후퇴를 거듭하며 괴멸되어 압록강까지 진격하였으나, 10월 19일 중공군 38만 명이 한국전쟁에 개입함으로써 전쟁의 양상은 완전히 바뀌었다.

1953년 7월 27일 휴전 협상이 이뤄지어 휴전이 되었지만, 국내 잔존한 공산세력들은 이승만 대통령 하야를 끊임없이 획책하다 1960년 부통령 선거에서 자유당의 부정선거로 이승만 대통령은 하야하고 하와이로 망명하였다.

1953년 7월 27일 휴전 무렵에 한국은 전쟁으로 전 국토가 잿더미 상태가 되어 대한민국은 세계 제2의 최빈국 상태에 놓였다. 그러나 1961년 박정희 장군의 군사혁명으로 혁명정부를 수립한 박정희 장군은 '새마을운동'과 '조국근대화 운동'으로 경제성장을 해 세계 10위권에 진입한 국가가 되었다. 우리는 도움 받는 국가에서 도움 주는 국가로 성장하여 이제는 우리가 강대국들의 틈바구니에 끼어 있는 나약한 민족이 아니라 세계에 나래를 활짝 펴고 상실된 국토를 되찾아야 할 시점에 이르렀다.

우리나라는 박물관이나 기념관은 많이 있으나 이 소중한 영토관이 없어 1966년 북방관계 연구기관으로 창립된 백산학회 모태로 2006. 7. 31 외교 제65호로 등록된 북방민족나눔협의회/간도되찾기운동본부에서 경기도의 소금강이라 불리는 소요산 자락에 동두천시 하봉암동에 2018년 4월 28일 문을 연 <간도문화체험마을>에 「대한민국영토관(간도, 독도, 대마도, 이어도)」이 7천평 대지에 건물 3동의 자료실과, 전시실 및 교육을 위한 쾌적한 공간을 본회 4대 회장을 지낸 우신구 회장이 마련해 운영하고 있다.

찾고 지켜야 할 대한민국 영토관은, 첫째로 고조선, 고구려, 진국(발해) 간도지역의 고토를 전시하고 있다. 둘째로 백두산정계비(1712년), 서양고지도에 나타난 강역, 간도지역의 우리 민족생활상, 청·일 간도협약(1909년), 조·청 국경감계(1885, 1887), 중·조 변계조약(1962), 중국의 동북공정(2002년~2007년), 우리 정부의 대응, 시민활동 순으로 전시되어 있고, 4만여 점의 자료를 갖춘 종합 전시관을 운영하고 있다. 특히 상설 간도전시관은 간도지역의 진실을 국민들에게 널리 알리는데 있다. 갤러리에는 우리나라 주변국들과 분쟁지역인 지켜야 할 독도, 찾아야 할 대마도, 지켜야 할 이어도에 대한 전시를 하고 있다. 야외에는 복원된 백두산정계비, 사이섬, 룡두레 우물과 태극기, 삼족오(三足烏), 풍수지리설의 사신사상(四神思想)으로 북방의 신인 현무(玄武), 남방의 신인 백호(白虎), 동방의 신인 청룡(靑龍), 서방의 신인 주작(朱雀) 깃발 등이 전시되어 있고, 세미나실과 교육은 컨텐츠 개발로 운영하고 있다.

마지막으로 대한민국에 단 하나 뿐인 이 체험장과 영토관을 통하여 일반인은 물론 나아가 세계인에게 대한민국 영토를 알릴 수 있는 영토관은 다음 세대인 중·고등학생들에게 내 땅에 대한 애착심을 고취(鼓吹)하여 건전한 애국시민으로 자랄 수 있도록 도와주는 것은 오늘을 사는 우리들의 책임이며 의무라고 생각하면서 본 영토관을 운영하고 있다.

대한민국 영토관 전경

Ⅱ.찾고 지켜야 할 대한민국 영토

1. 찾아야 할 간도

단군개국 이래 3천여 년 간 우리 민족이 만주를 주된 생활무대로 삼고 있을 때에는 백두산은 국내 중앙부에 위치한 성산(聖山)이었고, 압록강 두만강은 국내중심부를 관통하는 내하(內何)였다. 불행하게도 고구려가 668년 멸망한 후 698년 대진국(발해)이 건국함에 이르러 발해와 신라는 남북국시대를 이루었으나 918년 발해가 망한 후부터 우리 민족은 반도 내에서 대륙세력과 항쟁하게 되었다. 이로부터 거란, 여진, 한(漢)족 등 대륙종족들은 압록강과 두만강을 넘어 우리를 침략해 왔던 것이다. 그리하여 자연히 우리민족의 내하였던 압록강 두만강과 우리의 중앙 영산이었던 백두산이 국방의 제일경계선의 위치에 놓이게 되었다. 1392년 조선이 건국된 이후 만주는 17세기(1616) 누루하치[노이합제(努爾哈齊); 애신각라{愛新覺羅}]가 여진족을 통합해 '후금'(後金)이란 나라를 세우고, 그 아들 홍타이지(태종)가 1636년에 국호를 청(淸)으로 바꾸어, 1644년 명나라를 정복하고 수도를 북경으로 정했다. 그리고 청 태종은 1638년에 청조 발상지라 하여 간도(만주) 지역을 성스럽게 여기며 이민족인 몽골인과 한족(漢族), 조선인은 물론 청나라주민도 함부로 들어오지 못하게 1627년~1875년까지 '봉금령'(封禁令)을 내려 '봉금지대'(封禁地帶)로 삼았다. 조선은 이 봉금지대를 1881년에 해제하였다.

그러나 생계유지로 산삼채집을 목적으로 하는 우리 변민들은 백두산에 몰래 들어가는 것이 비일비재하였고 청 주민도 불법적으로 들어오는 것이 많아 조선과 청국 간의 국제문제가 제기되었으며 또한 청국에서는 백두산을 청(淸)의 성조 발상지라고 해서 많은 관심을 가졌던 관계로 조・청 국경선을 정하기 위해 1712년에 백두산에 정계비를 건립하게 된 것이다. 조・청 국경비는 조・청간에 이 국경표지석만 있었을 뿐 명확한 국경선이 없었다. 그런데 구한말에 이르러 우리 민족들은 간도지역에 많이 살고 있는 관계로 이른바 간도귀속문제가 발생하여 양국 간에 근 30년이나 외교교섭이 있었으나 아무런 결말을 보지 못하고 있다가 1909년 9월 4일 일제가 만주점령을 위한 전략적 필요에 따라 철도부설권과 무산의 연대 석탄 채굴권을 청으로부터 얻기 위해 청에 간도를 넘겨주는 불법적 협상으로 간도 땅이 청국영토가 되어 오늘날까지 중국 공산정권(중공)이 실효적 지배를 하고 있는 것으로 이 간도 영토는 반드시 우리민족이 되찾아야 할 영토인 것이다.

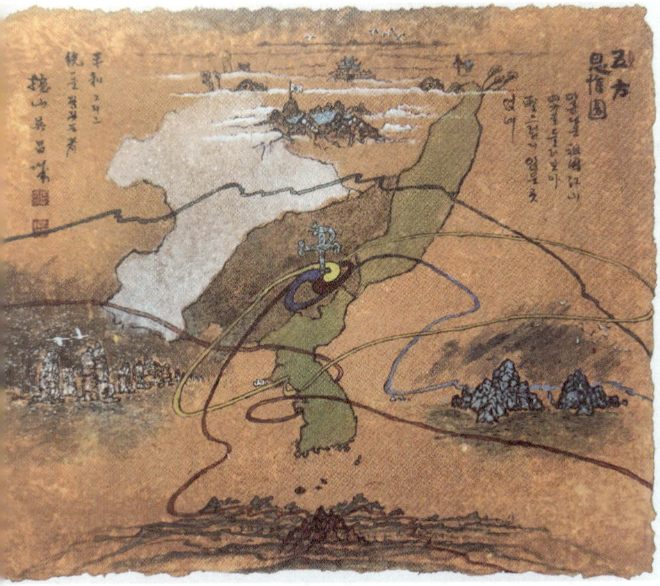

간도사유 황토 수목채색 터산 오창성 작품

'오방사유도(五方思惟圖)란' 우리가 서있는 마음의 중심 백두산, 간도, 독도, 대마도, 이어도, 백련도 다섯 방향으로 사유한 터산 오창성 화백의 사상 작품이다.

2. 지켜야 할 독도

독도가 대한민국의 섬인 이유는 국제법상 토지의 소유권 문제를 따질 때 가장 중요한 요소는 첫째는 무주지의 상태에서 누가 먼저 점령 하였는가 이

독도사유 수묵담채 터산 오창성 작품

고, 두 번째는 현재 실효적인 지배를 누가 하고 있는가이다.

현재 독도의 실효적 지배는 대한민국이 하고 있다. 하지만 일본은 1905년에 무주지였던 독도를 자신들이 점령하였으니 독도 점유문제를 국제 사법 재판소에서 결판내자고 강짜를 부리고 있는 것이다. 이러한 일본 측 주장의 근거로는 현재 대한민국이 독도를 무단 점거하고 있다는 데 있는데 원래 역사적으로 독도는 우산국의 영토였고, 우산국을 신라가 점령함으로써 독도는 자연 신라의 섬이 된 것이고, 1905년 1월 28일 일본내각이 독도를 자국 령으로 결정하고, 한달 후 2월 28일에 시마네현 지사가 '시마네현 고시 40조'로 독도를 '다케시마'(竹島)로 명명해 시마네현에 편입시키기 전에 1902년 대한제국의 고종황제가 독도를 대한제국령임을 선포했던 것이다. 그러니 일본이 우리가 독도를 무단 점거하고 있다는 주장은 터무니없기 짝이 없다.

우리는 일본의 주장에 무작정 분노하기 앞서 독도가 실제 우리 땅임을 반박할 수 있는 논리와 자료를 갖추고 있어야 할 것이다.

일본의 여러 지도와 한국의 역사적인 기록들과 지도를 보면, 압도적으로 대다수가 독도를 한국 땅으로 지칭하고 있는 것을 확인할 수 있다. 게다가 1905년 당시의 일본이 독도를 점령했다고 주장한 당시의 상황을 보면 러일 전쟁이 있었고, 일본은 제국주의를 통해 대한민국을 식민지배하기 전의 상태에 있었다. 그런데 이 시대에 점령한 영토를 자기네 땅이라고 주장하는 것 자체가 앞서 말했듯이 말이 되지 않으며 실제로 전 세계 제국주의 국가였던 그 어느 나라도 그 시대에 점령했던 영토를 현재 자신들의 땅이라고 주장하는 국가는 하나도 없다. 그렇기에 이는 국제법적으로도 인정받을 수 없는 것이다.

출처: https://honeyreviewer.tistory.com/99 [허니리뷰]

"일본은 언제부터 독도를 자기네 땅이라고 주장했나?"

1904년 일본의 어부가 독도에서 강치잡이를 독점하기 위해서 일본 정부에 독도 영토 편입을 요청하였다. 이에 일본 정부는 독도를 '죽도(다케시마)'라고 이름 붙이고 독도영토 편입을 일방적으로 결정했다. 일본은 이러한 결정을 소위 '시마네현 고시 제40호'를 통해 고지했다고 하면서 독도를 자신들의 땅이라고 주장하고 있다.

1905년 2월 22일자로 북위 37도 9분 30초 동경 131도 55분 오키섬에서 서북으로 85리 떨어진 곳에 있는 섬을 죽도(竹島: 다케시마)라고 칭하고 본현 소속 오키도 관할로 정했다.

3. 찾아야 할 대마도

일본 메이지(明治) 10년, 1877년 3월 태정관지령(太政官指令)에서도 독도가 일본령이 아니고 조선령 임을 인정하고 있다. 그런데 저들이 왜 이렇듯 시비를 멈추지 않을까! 이유가 있다. '대마도(對馬島) 한국영토' 거론이 불거지는 것을 막기 위한 고도의 흑선전이다.

대마도 전망대(대마도에서 부산이 보인다)

'對馬島本是我國之地'(대마도는 본시 우리 땅이다.) 이는 세종대왕이 선언한 것을 『조선왕조실록』(朝鮮王朝實錄)이 기록하고 있는 글귀다. 대마도(對馬島)는 명백히 우리 영토다. 부산에서 대마도까지는 50km이고, 일본(후쿠오카)에서는 138km이다. 이 대마도에 고대부터 한국인이 건너가 살았다고 「魏志 東夷傳)』이 전하고 있고, 우리 선조들은 대마도를 "고대 馬韓(마한)과 마주보는 땅"이라 하여 「對馬島」로 명명하였다. 세종대왕은 이종무(李從茂, 1360~1425)로 하여금 대마도(對馬島)의 왜구를 토벌하고 확실

대마도 사유 수묵담채 터산 오창성 작품

하게 한국령 경상도에 예속시켰다. 以白山爲頭 大嶺爲脊 嶺南之對馬 湖南之耽羅 爲兩趾 (백두산은 머리고, 대관령은 척추며, 영남의 대마(대마도)와 호남의 탐라(제주도)를 양발로 삼는다). 이 글귀는 1747~1750년 제작된 「해동지도(海東地圖)」(거제부)에 있는 글귀다. 대마도는 우리의 땅이고 우리 민족의 한쪽 다리인 것이다. 그런데 일본이 그 對馬島를 자기들 멋대로 자기 영토로 편입시켜 버렸다. 우리는 일본이 잘라간 그 한쪽 발(嶺南之趾)를 되찾아야 한다. 일본은 한말 조선왕조 쇠퇴기에 대마도를 슬그머니 도둑질 한 후---1871년에 일방적으로 이스하라 현으로 그 후 1876년에는 나가시키현에 편입했다---아예 자기들 영토로 삼아 오늘날에 이르고 있다.

[출처] .대마도-한국영토 거론이 두려운 일본| 작성자 leekh850

4. 지켜야 할 이어도

이어도는 대한민국의 최남단에 위치한 수면 아래 바위다. 이어도는 제주도의 마라도에서 서남쪽으로 149km 떨어진 곳에 위치하고 있다. 이어도는 단지 하나의 섬 이려거니 하겠지만 실제로는 섬이 아닌 수중 암초다. '파랑도'라 불리는 수중 암초로부터 동남방으로 4km 떨어진 이어도에 2003년 우리나라가 해양과학기지연구소를 건설하였는데, 현재 중공은 동경 124도 이어도 북방 4km 떨어진 우리나라 영해 지역의 수중암초 파랑도에 군사기지를 건설하려 했는데, 이는 단연 배격해야 한다.

이어도는 수중 암초이기 때문에 이어도 수면 위는 사실상 보기 어렵고, 이어도의 가장 얕은 곳은 해수면 아래 약 4.6m이기 때문에 수심 40m를 기준으로 할 경우 남북으로 600m, 동서로 약 759m에 이르는 이

이어도 해양기지 연구소

어도는 북쪽과 서쪽은 완만하지만 남쪽과 동쪽은 급경사를 이루고 있는데 중공의 빈번한 서해 한국 영해 침범을 원천적으로 저지하기 위해 한국 국방부와 해양수산부는 이어도 부근에 2030년까지 항공모함 기지를 건설하려 하고 있다.

1951년 한국산학회와 해군이 국토규명사업을 벌여 이어도를 육안으로 확인하였고, 1984년 제주대학교 'KBS 파랑도학술탐사팀'이 암초 소개를 확인하고, 1986년에는 수심을 측량하였다. 그리고 1987년에 이르러 이어도에 최초로 구조물을 세우고 이어도 등부표(燈浮標, Lighted Buoy)---항해하는 선박에게 암초나 천소(암초나 수심이 매우 얕은 곳{Shallow Water}) 등 장해물의 존재를 알려주거나 항로를 표시하기 위하여 침추를 해저에 장치하여 해면상에 뜨게 한 구조물로서 등광을 발하는 것을 등부표라고 하고, 등광을 발하지 않고 주로 주간에만 이용하는 것을 부표라 함---를 설치했다.

1995년부터 기지 설치를 위한 현장 조사가 본격적으로 이루어지기 시작했으며, 2003년 국내 최초의 종합해양과학기지가 건설되면서 이어도는 전설이 아닌, 실존하는 섬으로 탈바꿈하게 되었다.

이어도 종합해양과학기지는 지진, 해일 및 태풍의 경로 예측, 기후 변화에 의한 해수면 상승, 해양 환경 변화 등의 장기적 모니터링과 인근 7광구

대륙붕 수역 자원 탐사를 위한 전진 기지의 역할을 톡톡히 해내고 있다.

또한 우리 군의 작전과 해양 레저, 해양 산업 등에 필요한 실시간 자료를 제공함으로써 해양과 관련된 다양한 측면에서 큰 가치를 발휘하고 있다.

그러나 1990년대 이후 중공이 이어도가 자국의 수역 내에 있다는 주장을 펴면서 우리나라와 마찰을 빚고 있다. 한국과 중공은 1996년부터 배타적 경제수역(EEZ: Exclusive Economic Zone) 경계획정 협상을 벌이고 있지만 아직 경계선을 정하지 못한 채, 중공은 여전히 이어도를 차지할 기회를 호시탐탐 노리고 있다.

이어도 주변 해역은 수산자원이 풍부한 황금어장이며 해수운동 등을 연구할 수 있는 지정학적으로 매우 중요한 해역이다. 중국이 이어도를 자국에 편입시키려는 이유다.

이어도는 제주 사람들의 꿈의 낙원이며 해양과학기지센터가 있는 해산물과 산호초의 보고로서, 앞으로 "우리가 지켜야 할 바다의 가치는 무엇인가"에 대한 큰 울림을 주고 있다.

[출처] 환상의 섬 이어도| 작성자 < 국립수산과학원 >

이어도 사유 수묵담채 터산 오창성 작품

5. 간도는 왜 우리 땅인가?"

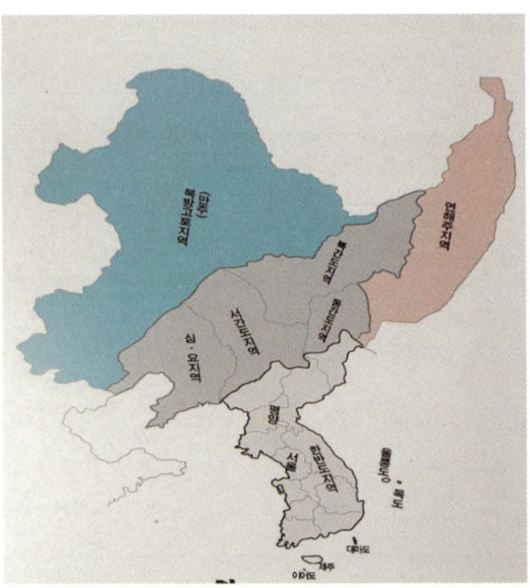

찾아야할 영토

1885년(乙酉年)과 1887년(丁亥年)에 1차, 2차에 걸쳐 조·청 국경회담이 있었다. 청국은 두만강을 국경으로 하자고 하고, 조선은 백두산 정계비를 국경근거로 하고자 했다. 청나라는 상국(上國)이라면서 억압적으로 두만강을 고유의 국경이라고 주장하였으나, 조선 측 감계사 안변부사 이중하(李重夏)는 엄연히 백두산정계비가 있는데 정계비를 무시하고 두만강을 국경으로 하자는 것은 온당치 않다고 주장해 결말을 보지 못하고 결렬되고 말았다. 2차 감계담판 역시 청국에서 강압적으로 압박을 가해 오자 이중하 토문감계사는 '오두가단국강불가축(吾頭可斷國壃不可縮)', 즉 "내 목은 칠 수 있으나 우리국토는 한 치도 줄일 수 없다!" 고 맞섰다. 우리 선조들이 목숨을 걸고 지킨 땅이 간도영토였다.

1) 간도영유권 분쟁지역

1899년 「북변간도관리도」 에 의하면 우리 고토지역인 만주전체가 간도로 되어 있다. 이 지도는 백두산을 중심으로 압록강 북쪽의 장춘, 길림, 심양, 환인, 단동이 서간도로 되어있고, 두만강 북쪽의 연길, 왕청이 동간도로, 그리고 그 위쪽 하얼빈과 흑룡강까지를 북간도로, 또한 동쪽인 훈춘, 불라디보스크가 연해주로 되어 있어 만주전체가 간도란 지명으로 표시되어 있고, 요하를 중심으로 한·중 국경을 표시하고 있다. 이 지도는 1899년에 제작되었으며 지도제작자는 알 수 없다. 우리의 고토지역 전체를 간도 지명으로 세분화 되어 있는 것으로 보아 그 당시 우리의 영토주권이 미친 간도에 대해 잘 알고 있는 누군가에 의해 만들어진 지도로 볼 수 있다. 124년 전에 제작된 이 지도는 조선족들의 간도지역에 대한 강역과 지명 개념 지도로 볼 수 있어 귀중

1899년 북변 간도 관리도

한 자료로 평가된다.

참고: 『고등학교 역사부도』 교학사, 2003. 3. 1 지도를 근거로 한다면, 중공은 이 지역을 동북지역으로, 일본은 만주지역으로 부르고 있는데, 필자는 이 지역을 간도라고 부르는 것이 옳다고 판단해 간도라 부르기로 한다.

간도 지명 유례

2) 간도지명 유례지(사이섬)

간도라는 지명은 함경도 종성과 온성지역 사이에 두만강물이 갈라져 흐르는 중간에 자연스럽게 생긴 섬이 형성되면서 비옥한 충적지(沖積地)였기 때문에 부근에 사는 조선인들이 언제부터인가 이 지역을 개간하면서부터 '사이섬'이란 이름을 얻게 되었다. 또한 이 지역은 비가 오면 물이 불어서 생긴 섬으로 강과 강 사이에 있다고 해서 사이 간間자와 섬 도島자를 써서 간도(間島)라 부르게 되었다. 우리말로는 '사이 섬'인데 개간한 지역이라고 해서 개간할 간(墾) 자와 섬도(島)를 써 '간도(墾島)'라 쓰기도 한다.

이 명칭이 그 후 한(韓)인들이 점차적으로 만주로 이주하여 개간한 땅으로 확대 사용되면서, 압록강 두만강 이북지역인 만주 전 지역에 '간도'라는 이름이 붙게 되었다.

간도란 지명은 1869, 70년 대가뭄이 들어 당시 회령부사 홍남주가 두

간도(만주) 지배

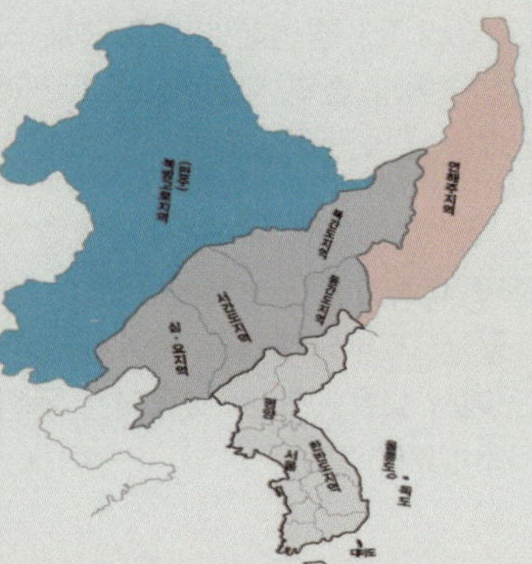

한(韓)민족	년수	한(漢)족	년수	기타민족 (동이계)	년수
고조선 (단군조선-위만조선)	2225	서한	71	거란(요)	199
고구려	705	당	31	여진(금)	109
발해	227	명	248	몽고(원)	134
		청말-중화민국	91	여진(청)	226
		중화인민공화국	52	일본	15
계	3157		493		683

(2000년 기준)

간도 년표

B.C. 2333~A.D.926 : 단군 고조선, 부여, 고구려, 진국(발해), 고토지역
1107 : 도원수 윤관이 두만강 7백리 공험진 선춘령에 고려지경 국경비 세움
1368 : 고려 제 31대 공민왕 오로산성과 동녕부 공격하여 점령함
1626 : 유조변책 압록강 부근 노변(봉황성-흥경-위원보)설치
1627 : 봉금지역 설정
1627 : 조선과 강도회맹 맺음, 각수봉강(各守封疆) 국경확인
1670 : 유조변책(울타리) 신변(위원보-길림-불법특-동량자산)설치
1712 : 청 강희제 목극등으로 하여금 백두산정계비 세움
1860 : 청이 북경조약으로 청은 러시아에 연해주를 넘겨줌
1878 : 압록강 이북지역 봉금해제 개방
1880 : 회령부사 홍남주가 월간민들에게 간도지역 개간 허가
1882 : 청정부 조선인 송환 요청
1883. 8 : 서북경략사 어윤중 고종황제에게 간도와 연해주가 조선 영토 보고
1885. 9. 30~10. 27 : 을유 국경회담 백두산정계비 동위토문을 두고 의견차로 결렬
1887 : 정해 국경감계담판 토문강이냐 두만강이냐를 두고 의견차이로 결렬
1897 : 서상무 서변계 관리사로 임명
1900 : 이도재 평북관찰사 서간도지역을 각군에 배속시키고 충의사 조직
1903 : 이범윤 간도관리사 사포대를 조직, 조선인 보호
1909. 9. 4 : 청·일간도협약
1919. 3. 13 : 용정 3.13 독립만세운동
1931. 7. 28~29 : 백두산정계비 실종
1952. 9. 3 : 연변조선족자치구 설치
1962. 10.12 : 조·중변계조약 체결로 천지 분할
2004. 10.22 : 외교통상부 청일간도협약 국정감사 "청일간도협약은 법리상무효"

만강 북 지역을 개간하기로 방침을 정한 후 조선족들이 공식서류에 처음으로 제출한 인수개간원서에 '간도'(墾島)란 지명을 썼다.

3) 간도 지역 지배와 간도 연표

1627 조선과 후금과 '강도회맹'(江都會盟) 맺음

1668 청 산해관(山海關) 이북 漢族 출입 금지

1689 청과 러시아간에 '네르친스크 조약'(Nerchinsk Treaty) 체결됨으로써 러시아의 흑룡강 진출이 일시 중단됨

1708-1718 레지, 부베, 자르트 등의 선교사 중국, 만주일대 측량 후 지도제작

1710 이만건 외 8명이 월경 후 청인 5명 살해 사건 발생

1712 청 강희제 목극등으로 하여금 백두산정계비 일방적으로 세움

1858. 러시아는 네르친스크 조약을 무시하고 러시아 군대를 흑룡강 입구로부터 그 남안에 진입시켜 사할린(Sakhalin), 쿠릴열도(Kuril Is.) 방면에까지 도달해 러시아군 중장 무라비에프(Muravieff) 시베리아 총독과 청의 혁산(奕山) 장군과 애훈(아이훈)조약(瑷琿條約) 체결, 러시아 연해주 공동관리권 획득

1860. 북경조약으로 청은 러시아에 연해주 할양

1861. 청-러 간 흥개호(興凱湖, Khanka Lake)---중국 흑룡강성 동남쪽에 위치한 중국 밀산시와 러시아 연해주 경계에 있는 밀산시로부터 35km 떨어져 있는 담수호. 흥개(興凱)란 만주어로 물이 높은 곳에서 낮은 곳으로 흐른다는 뜻임---계약 체결로 오소리강- 두만강구에 8개 계비(界碑)설치

1866. 청-러 간 훈춘계약으로 국경선 확정

1869. 대흉년이 발생하여 월경 거주자 증가. 조선 정부 양전관(糧田官) 파견하여 토지대장, 야초(野草; 들풀) 작성

1869. 러시아 유민에 대한 청의 주선으로 쇄환(刷還)---조선 시대에 외국에서 유랑하는 동포를 데리고 돌아오던 일--- 문제 일어남

1872 군관 최종범, 김태흥 봉금지역 답사, 간도지역은 "회상제" 자치기구 조직

1875 청 한족에게 이민증명서 발급

1878 압록강 이북지역 봉금지역 개방

1880 회령부사 홍남주의 "경신개척"으로 개간지 확장

1881. 조선의 간도지방 봉금해제

1882. 청의 조선인 쇄환 요청

1882. 김우식, 오원정 정계비, 분계강원 탐사

1885. 9.30. 을유감계 회담 담판

1887 정유감계 회담 담판

1966. 4. 27. 백산학회 창립

2004. 4.26. 한국간도학회 창립

2004. 7. 27. (북방민족나눔협의회)-간도되찾기운동본부 창립

2004. 10. 22. 청일간도협약 무효(안) 외교부 국정감사

-청일간도협약은 법리상 무효- 반기문 장관 선포

2006. 6. 31. 북방민족나눔협의회로 외교부 제65호 등록

2018. 4. 28. 간도문화체험마을(대한민국영토관) 개관

"만주(간도) 지배와 만주(간도)에 대한 각 민족의 지배 연수를 살펴보면 다음과 같다."

한(韓)민족		중국민족		기타민족	
단군조선	2,333년	서한시대	71년	거란	199년
고구려	705년	당시대	31년	금(여진)	109년
발해	227년	명시대	248년	몽고	134년
		청말·중화민국	91년	청(여진)	226년
				일본	15년
계	3,265		441		683

백산학보 5호 1969년 기준

위 만주(간도)지배 년 수를 보면 만주대륙 일대는 한(韓)민족의 생활무대요 국토의 근간이었음을 알 수 있다. 우리 민족에게 상고사를 소상히

알려줌으로써 대륙에 대한 고토를 우리 조상들이 오랫동안 지배해왔다는 역사적 사실과 구한말 30년간이나 간도영유권문제에 관한 것까지 수록하였다.

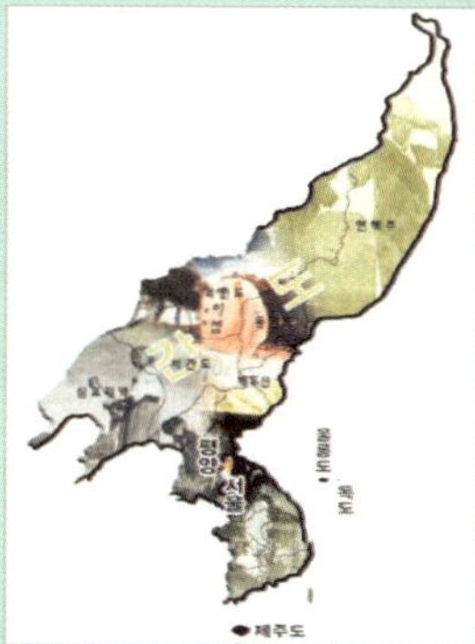

봉금지역 영토

백두산정계비 비문에 의한 조선도

청나라 강희제 명령에 의한 서양 지도 한·중 강역

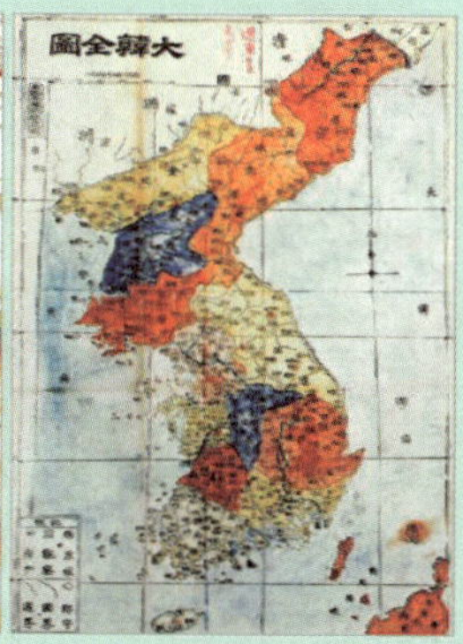

1907년 대한제국 동간도 지도

첫째, 봉금지역은 공동관리해 온 중립지역으로 우리가 주장할 수 있는 영토.

둘째, 백두산정계비 비문에 의한 동위토문은 정계비→토문강→송화강→흑룡강→동해 연결 선상의 동남지역 영토.

셋째, 강희제의 명을 받아 중국전체의 땅을 측량하고 만든 한·중 국경선에 의한 영토.

넷째, 청일간도협약 이후 대한제국시기의 지도에 나타난 함경북도 종성군 두만강 건너 북간도 영토

6. 겨레의 혼(魂)

우리민족이 영토를 개척하고 우리문화를 누리며 살던 곳이라면 우리의 선조들이 그 땅에 문화를 심고 꽃을 피워다는 것이 고분은 물론 유물을 통해 증명되고 있다.

영토란 공간적 개념으로서의 영역에 머무르는 것이 아니다. 반드시 찾고 지켜야할 불리적인 의미를 넘어 발전하게 되는 유일무이한 존재라는 뜻이기도 하다. 그리고 영토란 우리조상들이 살아왔고 지금 우리가 살아가고 있으며 앞으로 우리후손들이 살아가야 할 삶의 터전, 그것은 현재 진행형이다.

백암(白巖) 박은식(朴殷植)은 민족정기를 세우는 두 기둥으로 혼(魂)과 백(魄)을 들었다. 혼은 민족의 얼이요, 백은 혼을 담아주는 몸체요 물질이다. 백암은 시들어도 혼만 있으면 나라가 일어 날수 도 있다고 했다. 하지만 백이 없는 혼이라면 끈질기게 백을 찾아 나설 것이고 결국에는 백을 찾아 멈추게 된다. 마찬가지로 자신들의 문화가 살아 있는 영토를 남에게 빼앗긴 민족이라면 그 영토를 수복하기 위해 끊임없이 노력하고, 종래에는 그 영토수복을 위해서 전쟁이라도 마다하지 않을 것은 자명한 일이다.(신용우 대마도의 영토권 2016)

우리민족은 북방(간도)영토에서 대마도까지 비록 잃어버리고도 수복하지 못하는 광활한 영토가 있다.

우리민족은 역시 아직 문화의 혼이 살아 있는 민족이다. 우리 한민족의 특수성이다. 세계 어느 나라에 거주하여도 우리 민족은 전통문화를 유지하고 있다는 것이 다른 민족에 비교하여 다른 점이다. 중국 조선족들은 전통문화를 유지하고 있었고 우리민족의 혈통인 족보를 간직하고 있으며 대대손손 韓민족이란 것을 간직하고 있어 청나라의 끈질긴 회유와 억압에도 굴하지 않고, 중국공산당의 문화혁명기간에도 우리의 전통문화를 지켜온 민족이다. 그러기에 우리는 우리의 문화영토를 기반으로 수복할 힘을 길러 이 세대에서 찾지 못하면 다음 다음세대에 찾을 수 있는 기반을 만들어 주는 것이 이 시대에 사는 의무이며 몫이다.

Ⅲ. 간도지역의 역사

1. 우리민족의 역대 건국 왕

서기1675년 조선조 숙종 2년에 지은 북애자(北崖子)의 규원사화『揆園史話』는 우리의 고대사를 기록하면서 1. 한님의 전설시기를 창시기로, 2. 배달역사가 본격적으로 시작되는 환웅시대를 태시기로, 3. 통일만주와 한반도 정착시기를 단군시기로 하여, 3시기 구별하여 썼다.

김산호 화백은 위의 근거로 우리민족의 주체성을 우리국민들에게 심어주기 위한『韓國百五代天皇尊影畵集』대작을 그렸다.

안파견 한님(安巴堅桓因)

1) 안파견 한님
(安巴堅 桓因)

안파견 한님은 천산에 계시면서 도를 깨우치고 오래도록 수두의 제사를 주관하고 하늘의 이치대로 사람들을 교화 하였다.

한님의 교화를 받은 백성들은 서로가 평등하고 공평

하여, 다툼이 없고 서로 합심하여 열심히 일을 하니 모두가 평안 하였다. 한님(桓國)나라의 소문을 듣고 모여는 수많은 백성들은 돌을 쌓아 사리를 마련하고 그 주위를 한화로 장식한 후 한님을 앉게 하여 임금으로 추대하였다. 한님은 이렇게 한민족 최초의 임금이 되셨지만 한국의 대소를 관장할 때는 모든 백성들의 합의를 듣고서야 집행했다.

『한국백오대천황존형화집』 참조

2) 배달환국 시조 거발한 천황(倍達 환國 始祖 居發桓天皇)

배달한웅은 천하를 평정하신 분으로 그 도읍지를 신시(神市)라 한다. 한웅이 3,000명의 무리를 이끌고 태백산 신단수(神檀樹)에 도착하여 그곳에 도읍을 정하니 신시라 하고 나라이름을 배달(倍達)이라 하였다. 석제라(釋提羅)와 풍백(風伯), 우사(雨師), 운사(雲師), 왕금영(王錦營), 그리고 육약비(陸若飛)를 데리고 곡식, 생명, 형벌, 질병, 선악 등 오사(五事)를 주관하고, 무릇 인간사 360여 가지의 일들을 잘 다스려 세상을 교화하니 인간 세상에 유익함이 있었다. 배달환국 시기는 18대(B.C 3989)배달시기가 있었다. 『한국백오대천황존형화집』 참조

배달환국 시조 한웅

3) 시조 단군(始祖 檀君)

아사달에서 개천 1565년 무진 원년 상원 3일(B.C 2333), 쥬신제국의 시조 단군성조는 5가(加)의 장관들과 800여명의 측근들을 데리고 와서 밝은 땅 아사달에 자리 잡고 삼신께 제사한 후 하늘의 뜻을 받들어 나라가 열리었음을 만방에 선포하시었다. 이 소식을 들은 구한의 백성들은 모두 천제의 화신인 새 임금에게 복종을 맹세하였다. 단군시기는 47대 단군시기가 있었다. 『한국백오대천황존형화집』 참조

시조 단군(始祖 檀君)

단군(壇君)을 단군왕검(壇君王儉)・단웅천왕(檀雄天王)이라고도 한다. 천제(天帝)인 환인(桓因)의 손자이며, 환웅(桓雄)의 아들로 서기전 2333년 아사달(阿斯達)에 도읍을 정하고 단군조선을 개국하였다.

고조선과 단군에 관한 최초의 기록은 중국의 『위서(魏書)』와 우리나라의 『고기(古記)』를 인용한 『三國遺事』 기이편(紀異篇)을 들 수 있다. 반면에 정사인 『三國史記』 에는 이와 같은 내용이 기록되어 있지 않아 대비된다.

한편, 고려시대의 기록으로 이승휴(李承休)의 『제왕운기(帝王韻紀)』

가 있으며, 이와 비슷한 내용이 조선 초기의 기록인 권람(權擥)의 『응제시주(應製詩註)』와 『세종실록』 지리지 등에 나타나고 있다.

[출처: 한국민족문화대백과사전(단군(壇君))]

4) 부여 해모수(夫餘 解慕漱)

북부여왕 해부루(解夫婁)의 재상 아란불(阿蘭弗)의 꿈에 천제(天帝)가 내려와서 이르기를, 장차 내 자손을 시켜 이곳에 나라를 세우려 하니, 너는 이곳을 피해 가거라, 동명(東明)이 장차 일어날 조짐을 이른다, 동해의 물가에 가섭원(迦葉原)이란 곳이 있는데, 땅이 기름지니 왕도를 세울 만하다고 하였다.

부여 해모수

아란불은 왕에게 권하여 그곳으로 도읍을 옮기니, 국호를 동부여(東扶餘)라 하였다. 『한국백오대천황존형화집』 참조

5) 고구려 주몽(高句麗 朱蒙)

고구려의 시조 이름은 주몽·추모·상해·도모, 일명 동명성왕(東明聖王)은 아버지는 동부여왕 금와(金蛙)이고, 어머니는 하백의 딸 유화이다. 『三國史記』에 의하면 동부여왕 해부루(解夫婁)가 죽고 금와가 즉위하였는데 금와왕은 태백산 남쪽 우발수에서 하백의 딸 유화(柳花)를 만났다. 유화는 말하기를 천제의 아들 해모수가 자기를 유인하여 사통(私通)하고 떠난 후 돌아오지 않아 부모에게 쫓겨나 우발수에 살고 있었는데, 금와왕이 유화를 데려다 궁중에 유폐시켰는데 산기가 있어 분만했는데 남아가 태여나 성장하니 이가 곧 주몽이다. 주몽은 7세 때 이미 활을 잘 쏘고 총명하여 금와왕의 장자 대소등 일곱 왕자와 신하들이 시기하여 죽이려 하자 졸본부여(卒本夫餘)로 남하 B.C 37년에 국호를 고구려라 칭하고 나라를 건국하였다. 『한국백오대천황존형화집』 참조

고구려 주몽

6) 신라 박혁거세(新羅 朴赫居世)

『三國史記』에 의하면 신라시조 박혁거세는 B.C 57년 일찍이 고조선의 유민을 지금의 경상도 지방 산곡간에 끌고 와 흩어져 살게하면서 여섯 마을을 형성하였다. 고허촌장 소벌공이 양산밑 나정곁에서 말이 알려준 큰 알을 얻었는데, 깨어보니 그 속에 어린아이가 있었다. 그가 자라서 13세가 되었을 때, 매우 영특하여 여섯마을의 왕으로 삼았고 국호를 서라벌이라 하였다. B.C 37년에 서울에 성을 쌓아 이름을 금성 이라 하고 B.C 32년에 금성에 궁궐을 지였다. 『한국백오대천황존형화집』 참조

신라 박혁거세

7) 백제 온조(百濟 溫祖王)

백제시조 온조대왕(재위 B.C 18~A.D 28)은 고구려 동명성왕의 셋째아들로 남하하여 하남 위례성에 도읍을 정하고 국호를 백제라 했다. B.C 5년에 남한산에 천도하고 9년에 마한을 멸망시켰으며, A,D 10년에 온조 아들 다루를 태자로 책봉하였다. 31년 정월에 국내의 민호를

백제 비류천황

나누어 남(南)북부(北部)로 삼았다. 38년 2월에 왕이 지방을 순무하여 동으로 주양(走壤)에 이르고, 북으로는 패하(浿河)에 이르렀는데, 50여일이 지나서 돌아왔으며 3월에는 사람들을 보내어 농상(農桑)을 권고하고, 인민을 괴롭히는 일이나 급하지 않은 일은 모두 폐지하였다.

『한국백오대천황존형화집』 참조

8) 발해 대조영(渤海 大祚榮)

발해(渤海)의 시조 고왕(高王)은 668년 고구려가 망하자 고구려 유민을 요하(遼河)서쪽에 이주시켜 당나라의 억압에 저항하였다. 당의 대장군 이해고의 군사를 천문령에서 대파하고 말갈족을 규합함으로써 국가기반을 다졌다. 699년 읍루의 동묘산에서 나라를 세우고 국호를 진

발해 대조영

(震), 연호를 천통(天統)이라 정하고 왕이 되었다. 713년 고구려 옛 영토를 거의 회복하고 국호를 발해라 하니 그 판도는 5,000리(동은 동해, 서는 거란, 남은 신라)에 이르고 10만여 호(戶)와 정병 수만을 거느린 해동성국을 이룩하였다. 신라와 국교를 열었고 당나라와 화친하였으며 사신의 왕래가 빈번하였다. 『한국백오대천황존형화집』 참조

9) 고려 왕건(高麗 王建)

대고려(大高麗)는 918년 왕건이 즉위한 이후, 1392년 이성계에 의해 멸망하기까지 한반도에 존재하던 국가이다. 통일신라 하대에 송악(현재의 개성특별시) 지방의 호족인 왕건이 918년에 개국하여, 919년에 송악을 개경이라 이름을 고치고, 수도로 삼았다. 그 뒤, 935년 신라, 936년 후백제를 차례대로 복속하였다. 『한국백오대천황존형화집』 참조

고려 왕건

10) 조선 이성계(朝鮮 李成桂)

조선은 1392년 7월에 고려의 무관이었던 이성계(李成桂)가 1392년 정몽주를 제거한 뒤 스스로 새 왕조의 태조가 되었다. 이듬해 국호를 조선(朝鮮)이라 하고 94년 한양으로 천도하였다. 사대주의와 농본

조선 이성계

주의를 건국이념으로 삼아 초기 국가의 기틀을 다지는데 큰 업적을 이룩하였다. 조선의 건국 세력인 신진사대부들은 신유교를 국시로 삼고 사회 전반을 개혁하고자 하였다. 조선은 숭유억불(崇儒抑佛) 정책을 펴주자 학인 성리학을 장려하고 상대적으로 불교를 억눌렀으며, 효과적인 중앙집권적 정책을 펴나가며 국력을 강화해 나갔다. 『한국백오대천황존형화집』 참조

11) 고종황제(高宗皇帝)

고종황제

조선의 제26대 왕(1852~1919). 대한 제국의 제1대 황제이기도 하다. 이름은 희(熙). 자는 성임(聖臨)·명부(明夫). 호는 성헌(誠軒). 안으로는 대원군과 명성황후와의 세력 다툼과 밖으로는 구미 열강의 문호 개방 압력에 시달렸

다. 1894년 갑오개혁을 단행한 뒤 일본의 힘을 빌려 내정 개혁을 하고자 하였으나 뜻을 이루지 못하였다. 1897년 국호와 연호를 각각 대한(大韓)과 광무(光武)로 고치고 황제라고 칭하였으나, 1907년 헤이그 밀사 사건으로 일제에 의해 퇴위되었다. 재위 기간은 1863년~1907년간이다. 『한국백오대천황존형화집』 참조

12) 대한민국 이승만(大韓民國 李承晩)대통령

아시아 대륙 동쪽에 돌출한 한반도와 그 부속 도서를 영토로 하는 자유민주 공화국은. 고조선으로부터 고구려, 백제, 신라, 발해와 통일 신라의 남북국 시대, 고려(高麗), 조선(朝鮮)및 대한 제국(大韓帝國)으로 이어져 오다가 1910년 일제(日帝)에 의해 국권을 침탈당한 후 1945년 해방되면서 건국되었다. 그러나 국토가 남과 북으로 분단되고, 1948년 남측만의 총선거로 대한민국 정부가 수립되었으나 1950년 6, 25 전쟁 이후 지금까지 남과 북의 분단이 고착되었다. 주민은 황색 인종인 한민족(韓民族)이며 언어는 한국어이고, 수도는 서울이며, 면적은 99,313제곱킬로미터이다.

대한민국 이승만

2. 간도지역의 역사

3. 우리민족의 최초의 국가 고조선

우리나라 최초의 국가인 고조선은 B.C 15세기에 청동검을 사용하였으며 생활용품으로는 주로 민무늬토기, 간석기, 옥기가 사용했으며, 죽은 후에는 지석묘를 남겼다. 고조선인들은 벼농사 등 농업이 발달하면서 오늘날과 같은 농촌마을이 형성되면서 사회적 계층화가 이루어져 우리나라 최초의 국가를 이룩하였다. 고조선은 청동기시대에 이어 철기문화로 이어졌고, 오늘날 지석묘 발굴을 통해 비파형동검과 세형동검 및 반달칼 등이 발굴되어 그 당시 생활상을 엿볼 수 있다. 지석묘는 한반도와 요령지역에 많이 분포 되어 있는 것으로 보아 고조선 강역을 알 수 있으며 주변국가로는 중국의 연(燕), 진(秦), 한(漢)과 대등한 국가로 성장 했다. 고조선은 한(漢)나라보다 수천년 앞서 건국된 국가로서 한(漢)나라와 오랜 전쟁으로 기원전 108년에 멸망하였다. 고조선 멸망 후 각 지역에 부여, 고구려, 옥저, 동예, 삼한 등이 일정한 세력을 이루고 열국시대를 열었다.

우리나라 최초의 국가인 고조선 지역인 대릉하 유역에서 홍산 유적이 발견되었는데 이 문화가 세계 4대문명 발상지의 하나라고 한족(漢族)들이 자랑하는 황하문명보다 무려 1500년 이상 앞선 문화라는 사실이 밝혀지자 중국은 황하문명을 버리고 요하문명을 중국 최초의 시원문화라고 바꿔치기 해버렸다. 힘이 강하면 역사도 문화도 다 갈취해가는 중국 잡거민족의 근성이 여기서도 드러난다.(하문식 『고조선지역의 고인돌연구』 백산자료원 2005)

우리 민족 최초의 국가 고조선

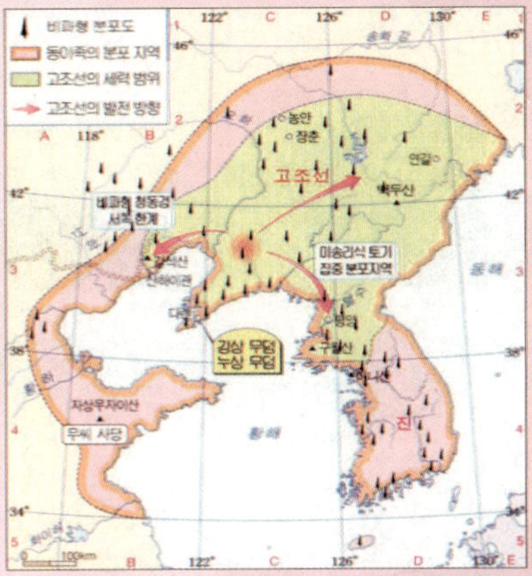

우리나라 최초의 국가인 고조선은 BC 15세기에 청동검을 사용하였으며 생활용품으로는 주로 민무늬토기, 간석기, 옥기가 사용했으며, 죽은 후에는 지석묘를 남겼다. 고조선 인들은 벼농사 등 농업이 발달하면서 오늘날과 같은 농촌마을이 형성되면서 사회적 계층화가 이루어져 우리나라 최초의 국가를 이룩하였다.

고조선은 청동기시대에 이어 철기문화로 이어지며, 오늘날 지석묘 발굴을 통해 비파형동검 세형동검 반달칼 등이 발굴되어 그 당시 생활상을 엿볼 수 있다. 지석묘는 한반도와 요령지역에 많이 분포되어 있는 것으로 보아 고조선 강역을 알 수 있으며 주변국가로는 중국의 연(燕), 진(秦), 한(漢)과 대등한 국가로 성장 했었다.

고조선은 한(漢)나라와 대등한 국가로서 오랜 전쟁으로 기원전 108년에 멸망하였다. 멸망할 무렵 각 지역에는 부여, 고구려, 옥저, 동예, 삼한이 일정한 세력을 이루고 있어 열국시대를 열게 되었다.

고조선 강역 지도

위의 고조선 강역지도는 당시에는 문헌이 없기 때문에 강역을 비정할 때에는 고고학적 자료--고인돌(지석묘, 비파형동검, 세형동검, 청동거울(銅鏡) 등--을 인용해 비정한다.

4. 대륙을 호령했던 고구려(高句麗)

1) 고구려 강역

고구려(B.C 37~A.D 669년)는 705년간 강성했던 나라이다. 고구려인들은 현재의 중국 만주 벌판에 나라를 건국하고, 중국대륙에서 밀려오는 이민족을 막기 위해 끊임없는 투쟁을 통해 우리민족의 기상을 드높였다. 요서지역에 천리장성을 쌓았고, 뛰어난 기마술을 바탕으로 한 강력한 군사력을 자랑하였다. 특히 수도를 3번(오녀산성, 국내성, 평양성)이나 옮기면서 영토를 확장한 동북아시아 최강의 나라였다. 고구려인들이 남긴 성곽의 치(雉)를 통해서 이민족과의 전쟁이 얼마나 치열했던가를 알 수 있다. 고구려의 대형무덤 적석총과 고분벽화를 통해 그 시대의 사회와 문화, 지배층의 성격을 살펴볼 수 있다. 이러한 고구려의 역사를 중국이 자신들의 지방정부라고 왜곡하고 있다.(백산학회편 『고구려사연구』, 백산자료원1995)

이 자료전시는 고구려가 중국 지방정부가 될 수 없다는 역사적 사실을 명확하게 보여 주고 있다. 또한 이를 통해 중국이 고구려 역사를 자신들의 지방정부라고 하는 것이 얼마나 허황된 것인가를 확인할 수 있게 하는 전시이다.

고구려는 간도대륙을 지배했던 나라이다

고구려(BC37~AD669년)는 705년간 강성했던 나라이다.
고구려인들은 현재의 중국 만주 벌판에 나라를 건국하고,
중국대륙에서 밀려 오는 이민족을 막기 위해
끊임없는 투쟁을 통해 우리민족의 기상을 드높였다.
요서지역에 천리장성을 쌓았고, 뛰어난 기마술을
바탕으로 한 강력한 군사력을 자랑하였다.
특히 수도를 3번이나 옮기면서 영토를 확장한
동북아시아 최강의 나라 였다.

고구려인들이 남긴 성곽을 통해서 이민족과의 전쟁이
얼마나 치열했던가를 알 수 있다.
고구려의 대형무덤과 고분벽화를 통해
그 시대의 사회 문화, 지배층의 성격을 살펴볼 수 있다.
이러한 고구려의 역사를 중국이 자신들의
지방정부라고 왜곡하고 있다.

이번 자료전시는 고구려가 중국 지방정부가
될 수 없다는 역사적 사실을 명확하게 보여 줄 것이다.
또한 이를 통해 중국이 고구려 역사를
자신들의 지방 정부라고 하는 것이
얼마나 허황된 것인가를 확인할 수 있게 될 것이다.

고구려 천리장성

2) 천리장성

천리장성은 고구려 631년에 당나라 사신 장손사(長孫師)가 와서 고구려가 지난 날 수나라와의 전쟁에서 승리한 것을 기념하기 위하여 세운 경관(景觀)을 헐어버린 사건이 발생하자 고구려의 당에 대한 경계심은 극에 달했다. 그리하여 고구려는 당나라의 침략이 있을 것을 예상하고, 당의 침략에 대비하여 영류왕 14년(631년) 12월부터 보장왕 6년(647년)까지 16년의 공사 끝에 천리장성을 완성하였다. 북단은 부여성(농안)으로부터 남단은 비사성까지로 연개소문에 의해서 완성되었다.

3) 고구려 수도 이주

고구려 천도

705년간 2번 천도한 고구려

만주와 한반도를 차지한 광대한 제국 고구려

고구려 오녀산성(개국)

고구려 국내성(집안)

고구려 평양성

고구려는 수도를 오녀산성-국내성-평양성으로 옮기면서 국토를 확장 시켜 효율적으로 다스리게 하였다.

4) 중국 정부 고구려 28대왕 왜곡 초상화

필자는 해외여행 처음나들이로 중국을 방문했는데 2001년 7월 12일 연변대학 (동방문화연구원)과 (백산학회)가 주최하는 '한국사의 재조명' 세미나 관계로 동년 10일 연변대학 (동방문화연구원)에 발표할 교수 등 20여명과 함께 세미나 관계로 참여했으나 중국정부 공안국에서 세미나를 못하게 해 세미나가 무산되고 연변대학 박문일 총장의 안내로 조선족민족학교 연변대학을 안내받고 우리민족이 남긴 유적탐방에 들어갔다. 2번째 수도인 국내성을 답사하고 집안박물관으로 갔다. 박물관 앞에 유물들이 널브러져 있고 건물 안에 고구려 1~28대 고구려왕 초상화가 눈에 띠었다. 그런데 초상화의 얼굴이 한(韓)민족의 얼굴이 아닌 중국풍 얼굴로 그려져 있었다. 이때만하여도 동북공정이 발표되지 않았던 시기인데, 우리는 모르고 있었지만 이전부터 계획된 것이었다. 이는 고구려역사를 중국 지방정부사로 만들기 위한 홍보용 초상화라는 것을 알게 되었다. 집안에는 국내성과 많은 유적들이 밀집되

고구려역사를 중국지방정부로 만들기 위한 왜곡된 고구려왕 초상화

어 있다. 광개토왕비, 장군총, 5.6호 고구려고분벽화 고분군, 호태왕릉 등이 있는데 국내성 안에는 아파트와 일반인 주거지가 밀집되어 있었다. 남의(대한민국)나라 유적이라 하여도 너무한다는 것을 확인할 수 있었다. 이러한 집안 국내성에 있는 고구려 유적을 중국변방정부로 만들기 위한 작업으로 유적만 남기고 일반인 주거지를 철거하고 고구려 유적을 중국문화로 세계문화유산에 등재했다. 압록강과 두만강 이북지역에 산재되어 있는 고구려 산성 및 유적을 중국문화재로 등재해 세계인들이 고구려 역사를 중국지방정부의 역사로 알게 만들었다. 천리장성 답사를 위해 요하지역에 있는 백암성을 보게 되었다. 성곽이 무너져 있고 마을에는 백암성 성 돌로 담장을 쌓아 놓은 마을이 눈에 띄었다. 이렇게 중국역사가 아니라고 방치했는데 이제 와서 중국역사유적이라고 안내판에 소개하고 있다. 이것뿐만이 아니다. 중국내 있는 고구

려 유적지는 모두 중국지방정부로 안내판에 소개하고 있었다.

이것도 간도영토를 중국영토로 고착화하기 위한 작업의 일환으로 고구려 유적을 모두 중국 역사로 둔갑시키는 작업을 진행하고 있었던 것이다.

2020년 소요산 근교 '대한민국 영토관'에는 북방을 호령했던 고조선

고구려 28대왕 초상화 유기송 작품

왕 초상화를 그린 김산호 화백의 작품과 고구려 발해 왕 초상화를 그린 유기송 화백 작품들이 진열되어 있다.

5. 대진국 大震國(발해 渤海)

1) 발해의 역사

668년 고구려가 나당연합군에 멸망하자 고구려 장수 대중상(大仲尙) 또는 걸걸중상(乞傑仲象)은 무리를 거느리고 읍루(挹婁)의 동모산에 웅거하였다. 동모산은 영주로부터 동쪽으로 2,000리에 위치하고 남쪽으로 신라의 이하(泥河)를 경계로 하였고, 동쪽은 먼 바다 서쪽은 거란이 있다. 동모산에 성곽을 쌓자 고구려 유민들이 모여들었다. 당의 측천무후는 대중상을 진국공(震國公)으로 삼았다. 대중상이 죽자 그

아들 대조영(大祚榮)이 698년에 고구려를 승계한 진국(震國)을 건설했다. 713년에 국호를 발해(渤海)로 고쳤다. 발해(698~926)는 대조영이 고구려 유민을 모아 만주 읍루 땅 동모산 일대에서 세운 나라이다. 발해는 돌궐과 교류했고 영토가 고구려보다 넓은 사방 5,000리에 가구가 10여 만호, 강력한 군대가 수만 명이었다. 전성기의 발해는 대동강 이북의 한반도 북부지역과 중국의 요령성, 길림성, 흑룡강성과 러시아의 연해주 일대에 이르는 넓은 영토를 차지하였고 통일신라와 남북국시대를 이루었다. 중국 당조가 2대 무왕(武王) 때 발해의 수륙양대군의 침략을 받아 산동성이 점령되고 산동성 자사가 죽임을 당해

발해는 통일신라와 남북국시대를 연 나라이다

〈서울대박물관 자료인용〉

발해(698~926)는 대조영이 고구려 유민을 모아 만주 동모산 일대에서 세운 나라이다.
전성기의 발해는 대동강 이북의 한반도 북부지역, 중국의 요령성, 길림성, 흑룡강성과 러시아의 연해주 일대에 이르는 넓은 영토를 차지하였었고 통일신라와 남북국시대를 이루었다. 중국에서 해동성국의 나라로 칭송할 정도로 수준 높은 문화를 이루었으며, 통일신라와 남북국 시대를 열게 되었다.
발해는 넓은 영토를 효율적으로 다스리기 위하여 5경을 두었고, 여러 차례 수도를 옮겼다. 도성인 상경, 중경, 동경에는 잘 지어진 궁전건축물과 화려하게 장식된 기와, 벽돌, 용머리장식, 토기, 무기, 각종 불상 등이 출토되어 발해사람들의 높은 문화수준을 보여주고 있다.
발해는 당나라와 신라는 물론 일본과도 활발하게 교류하면서 발전하였다. 발해 멸망 후 유민들은 대부분이 고려로 유입되어 고려인이 되었다.

발해의 위세가 등등해지자 발해를 '해동성국'(海東盛國)으로 칭송할 정도였고, 감히 당唐은 발해를 넘볼 수 없게 되고, 양국 간에 교류가 빈번했다. 발해는 신라와 남북국 시대를 열었다. 발해는 넓은 영토를 효율적으로 다스리기 위하여 5경(京)을 두었고, 여러 차례 수도를 옮겼다. 도성인 상경, 중경, 동경에는 잘 지어진 궁전 건축물과 화려하게 장식된 기와, 벽돌, 용머리 장식의 조각들, 토기, 무기, 각종 불상 등이 출토되어 발해 사람들의 높은 문화수준을 보여주고 있다. 발해는 당나라와 신라는 물론 일본과도 활발하게 교류하면서 발전하였다. 그러나 발해는 926년 발해가 갑자기 멸망 후---그 이유로 백두산 폭발로 극도의 국방・치안 상태가 취약해져 복속민인 말갈족의 반란과 침공으로 발해가 허무하게 건국 후 262년 만에 망해 한민족의 만주 고토 대부분을 망실하게 되었다---발해 유민들은 대부분 918년에 수립한 고려로 유입되었다. (김은국, 『해동성국 고구려를 품은 발해』, 동북아역사재단 2019)

길림성에 분포되어 있는 발해 상경유적 발굴조사에서 고구려 유물과 동일한 와당과 기와가 나왔고 우리민족의 주거지에서 전통문화인 온돌문화가 발굴되었다. 이것으로 발해의 옛터가 우리민족의 활동 무대였음을 여실히 입증되었다. 또 발해의 정효공주 무덤을 통해서도 발해 사람들의

정효공주묘 벽화

용두산 고분군(정효공주묘 보호각)

정효공주 무덤 안내판

정효공주묘 주실

인물화

정효공주묘 평단면도

문화수준을 알 수 있다.

정효공주 묘는 발해의 제3대왕 문왕의 넷째 딸인 정효공주의 무덤이다. 정효공주의 무덤은 1980년에 발굴되었고, 무덤은 중경 화룡현 용두산에 위치해 있다.

정효공주 묘는 천장의 평행고임 양식은 고구려의 영향을 받았고, 벽화의 화풍과 벽돌무덤 양식은 당나라의 영향을 받은 흔적이 보이며, 고분의 봉토위에 탑을 조성한 모습은 독자적인 발해만의 특색이었다. 그리고 정효공주 묘지명에서는 발해에서 융성한 유학과 불교의 모습이 엿보였고, "황상(皇上)" 호칭에서 발해가 황제 국이었음을 확인할 수 있었다.

2) "정효공주 무덤 발굴"에 관한 논문 입수에 대해

발해 정효공주 무덤 발굴 원고는 필자가 1983년 10월 "渤海 貞孝公主 무덤 管見"이란 원고를 입수 해 「백산학보」 28호 1984. 1. 수록했다. 이 원고는 중국 중화서국에 있는 정인갑이 미국에 이광덕 목사에게 보낸 원고를 동국대 발해 전공이신 이용범 교수가 가지고 있던 원고인 것이다. 이때만하여도 중국문헌은 불온문헌으로 분류되어 있어 사회에 발표하기는 어려움이 있는 시기인데, 『백산학보』 제28호에 수록, 세상에 발해 모습이 들어나게 되었다. 이글이 각 언론에 대서특필되어 현재 각 박물관에서 중요한 자리에 정효공주 묘가 복원되어 전시되고 있다.

6. 고 려

고려 지경

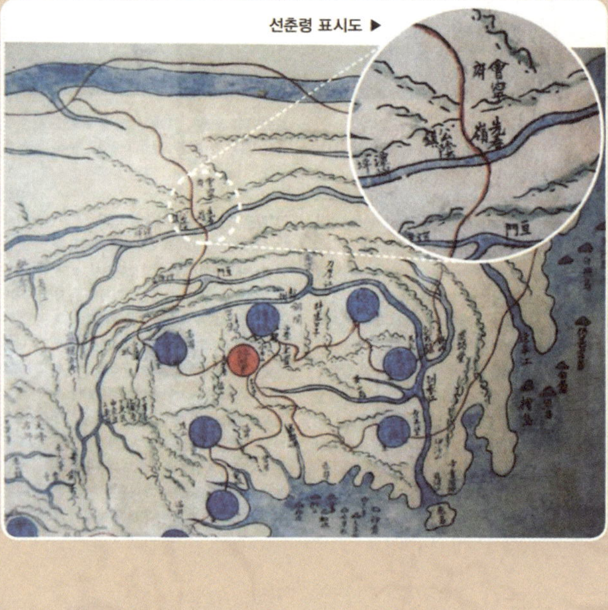

고려·조선 간도지역

◈ 윤관은 9성을 개척하고 두만강 북쪽 700리의 공험진의 선춘령에 '고려 지경'이라는 국경비를 세워 고려의 영토임을 주장.

◈ 1370년 고려 공민왕은 이성계·지용수로 하여금 동녕부(요령·심양 지역)를 정벌하여 우라산성을 함락시키고 그 일대를 고려영토로 선포.

▲ 윤관의 고려 국경비 건립
(고려대학교 박물관 소장)

▲ 윤관장군

고려 · 조선 간도지역

◈ 윤관(尹瓘, ?~1111)은 11세기 후반 여진의 완안부(完顔部) 추장 영가(盈歌)의 조카 오아속(烏雅束)이 세력을 확장하여 고려 영향권 안에 있던 여진 부족까지 복속시키려 하자 1104년 숙종(9년)은 정주(定州)에서 임간(林幹)으로 하여금 고려 보병을 이끌고 여진정벌에 나서게 하였으나 임간이 여진 적진에 너무 깊숙이 진격하여 여진 기병에 의해 참패를 당하자 윤관으로 하여금 2차 정벌에 나서게 하였으나 또 참패하였다. 이에 윤관은 숙종에게 건의하여 보병 중심의 고려군 편제의 취약점을 보완하여 기병(神騎軍)과 보병(神步軍), 승병(降魔軍) 및 특수군(도탕{跳盪}, 경궁{梗弓}, 정노{精弩}, 발화군{發火軍})으로 구성된 별무반 17만을 양성하였고 1107년 예종 2년 12월에 윤관을 원수로, 오연총을 부원수로 하여 여진족을 기습하여 여진족 135촌을 격파하고 약 5,000명을 죽였으며 사로잡은 포로도 많았다. 여진 정벌 후 윤관은 20세기 간도 지역인 웅주(雄州), 영주(英州), 복주(福州), 길주(吉主)에 성을 쌓았고, 이듬해 함주(咸州)와 공험진(公險鎭)에도 성을

윤관장군 공험진 고려지경 건립(고려대 박물관 소장)

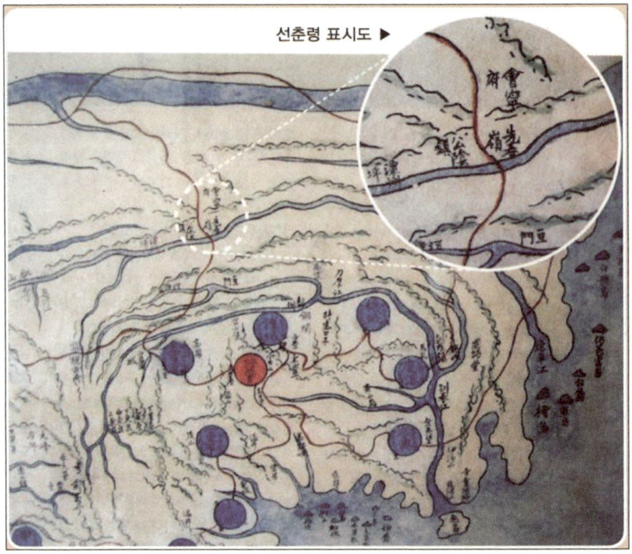

쌓아 6성을 쌓았다. 두만강 북쪽 700리 공험진의 선춘령에 '고려지경'(高麗之境)이라는 국경비를 세웠다. 또한 윤관은 여진 정벌을 확대하기 위해 예종 3년 1108년에 적진 깊숙이 들어가 평융진(平戎鎭)과 의주(義州), 통태진(通泰鎭)에도 축성하여 9성을 쌓아 남도 고려 주민 75,000여 호를 사민(斯民)토록 하고, 윤관과 오연총은 개경으로 개선하였다. 그러나 남도 고려 주민 75,000 여 호의 사민은 여진족의 생활기반을 완전히 빼앗는 생존이 갈린 위기 상황을 낳아 9성을 쌓고 한 달이 지난 무렵부터 여진의 군사적 반격이 크게 일었다. 고려 조정에서도 여진 땅에 새로이 개척한 9성 관리가 쉬운 일이 아니었다. 결국 조정에서도 여진족들이 9성을 반환해 주면 고려 변경 침략이 결코 없을 것이라는 화친을 요구해 윤관이 설치한 9성은 2년 만에 여진에게 되돌려주고 말았다. 바로 이 해에 윤관은 그 공로도 제대로 인정받지 못하고 사망에 이르렀다. (윤여덕 『발로쓴 신인문기행』, 백산자료원 2021)

◈ 1370년 고려 공민왕은 이성계, 지용수로 하여금 동녕부(요령·심양 지역)를 정벌하여 우라산성을 함락시키고 그 일대를 고려 영토로

고려문터

선포하였다. 윤관은 9성을 개척하고 두만강 북쪽 700리에 공험진의 선춘령에 고려지경이라는 고려 국경비를 세워 고려의 영토라고 주장했다.

고려사에 의하면 여진 정벌 이후 고려는 상서 유택을 함주 대도독부사로 삼고 영주, 복주, 웅주, 길주와 공험진에 방어사를 설치하는 등 이 지역을 고유의 행정체계로 주(州)와 진(鎭)으로 편제했다. 이 가운데 특히 공험진은 두만강 이북 지역에 설치된 곳으로 고려 말 조선 초에 걸친 영토분쟁에 중요한 위치를 차지하게 된다. 이후 이 지역에 추가로 의주, 통태, 평융 3성을 합쳐 동북 9성이 성립된다.

1966년 철수전 고려문

고려는 불과 1년 5개월 정도가 지난 1109년 7월에 9성에서 철수하였지만 9성 가운데 가장 북단에 위치한 공험진은 넘겨주지 않았다. 2년 뒤 예종은 공험진을 산성으로 수축했다는 기록으로 보아 고려의 영토가 공험진까지 알 수 있다.

또 공험진이 우리영토

고려시대의 고려문 주변도

의 경계라는 인식은 『세종실록 지리지』 함길도 편에 의하면 "준령이 백두산에서부터 기복하여 남쪽으로 철령까지 뻗어 있어 1천 여리에 있다. 북쪽은 야인의 땅에 연하였는데, 북쪽은 공험진에 이르기까지 1천 7백 여리다"라고 기록하고 있다. 기록에 의하면 조선의 동북 경계가 두만강 북쪽 7백

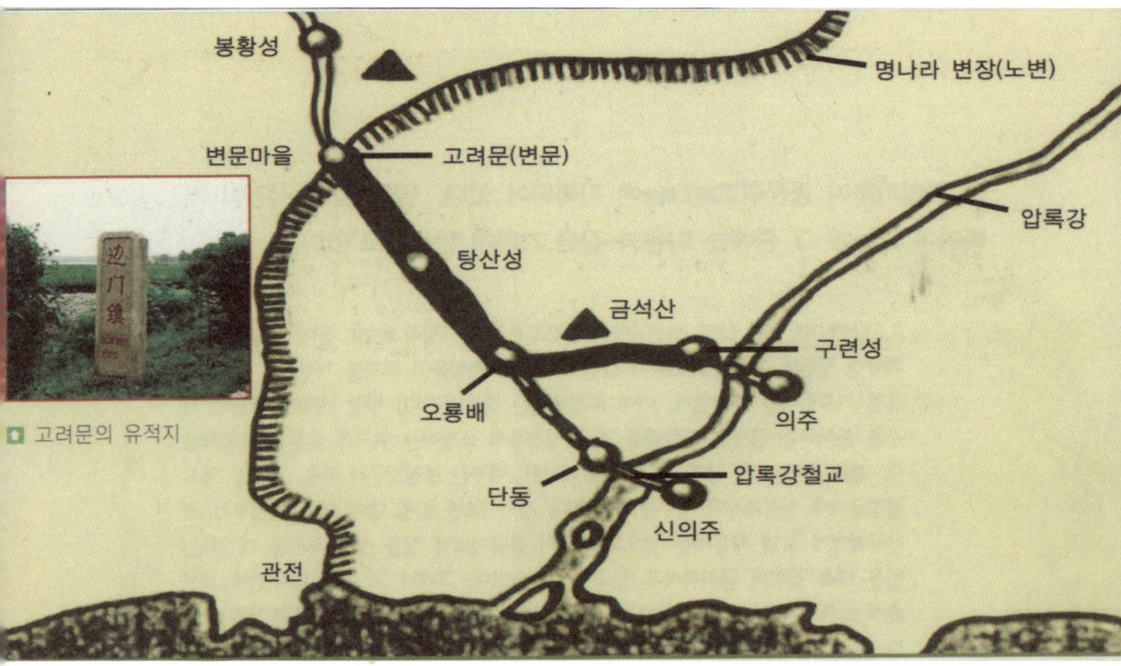

고려시대의 고려문 주변도

리 공험진이 분명하다.

또 고려시대 이후 봉황성(鳳凰城)에 '고려문'(高麗門)이 있었는데 이곳이 양국 국경 문으로 조선시대에는 청나라 사신을 이곳에서 맞이하였으며, 청나라 백성과 조선백성이 만나 서로 물물을 교환하는 장소로 활용하기도 하였다. 이곳에는 장사하는 사람뿐만 아니라 양국백성이 이곳 검문소를 통해 왕래하는 곳으로 조·청 양국 병사들이 지키고 있었다. 봉황산 변문진역(邊門鎭驛)(=고려문교역(高麗門橋驛)으로 조선인을 주축으로 집단촌이 형성되었는데 병자호란 이후에 잡혀온 포로들의 후예까지 합류하여 형성된 마을이다. 고려문 이라는 이름이 사라진 것은 1960년으로 본다. 그전까지는 고려문이 있었고 또 고려문 교역까지 있었다는 동아일보(2004. 5. 21) '영토분쟁의 현장을 가다' 취재로 밝혀졌다. 이 기사에 의하면 당시 중국과 북한 사이에 조·중 변계조약 체결을 앞두고 있는 민감한 시점이라 북한 쪽이 조선 땅 이라고 주장할 개연성이 있는 지명은 모두 없애버렸거나 바꾸었는데 이때 '고려문교역'을 '일면산역(一面山驛)'으로 바꾸고 고려문교를 아예 없애버렸다는 것이다. 현재는 변문진역이라고 되어 있다. 변문진이라는 것은 일면산역의 속칭이라고 한다. 이러한 유적지도 철수되고, 현재는 고려문 자리에 변문진이란 표지석이 있다.

동아일보의 이러한 보도는 움직일 수 없는 구체적 물증까지 갖추고 있는 서간도 국경문제에 대한 연구가 지금까지 너무 소홀했다는 반성의 계기가 되어야 할 것이다. 앞으로는 이러한 근거 자료의 발굴을 계기로 서간도에 대한 집중적인 연구가 이루어져야 할 것이다.

(동아일보(2004. 5. 21), '영토분쟁의 현장을 가다')

Ⅳ. 백두산정계비

1689년 청이 러시아와 '네르친스크 조약'을 체결, 흑룡강 지역으로 국경을 확정하면서 간도지역에 대한 조선과 잦은 영토분쟁을 우려한 나머지 1712년 5월 15일(숙종 38년, 강희 51년) 오라지방(길림) 총관인 목극등(穆克登, 1664~1735)을 보내어 봉황성(단동)부터 장백산(백두산)까지 답

한·중 국경

백두산정계비문에 의한 조선도

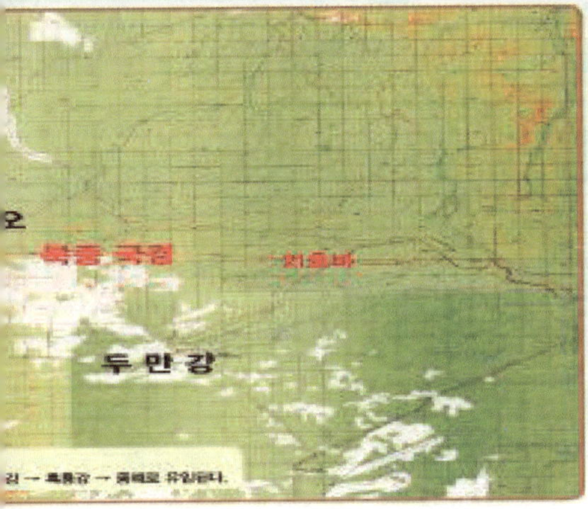

사하고 백두산정계비를 천지 장군봉에서 동남쪽 4km, 지점에 조·청 국경을 가름하는 국경비를 세웠다. 이 백두산정계비의 내용은 "동위토문 서위압록(東爲土門 西爲鴨綠)", 즉 동쪽으로는 토문강으로, 서쪽으로는 압록강을 경계로 하여 국경을 정한다는 것이었으나 여기에서 토문강을 경계로 삼는 조선의 입장과 두만강을 경계로 보는 청의 입장 차이로 1885년 을유년과 1887년 정해년 두 차례나 감계회담(국경회담)이 열리었지만 결렬되고 말

았다. 이후 조선과 청나라 양국 간에 영토와 관련한 국가 간의 정식회담이 전혀 없었음에도 불구하고 중국이 간도를 현재까지 점유하고 있는 것은 엄연히 불법이다. 중국정부는 백두산정계비를 인정하고 동위토문에 의한 영토를 대한민국 영토로 인정하여야 한다.

1. 백두산정계비 근거에 의한 지도

이 지도는 1997년 필자가 제작한 지도이다. 1990년대에는 주로 백두산 정계비에 의한 연구가 활발했다. 이 연구에 의하면, 서쪽으로는 압록강, 동쪽으로는 토문강을 경계로 한다는 것이다. 압록강은 이상 없지만 동위토문의 영토가 우리 땅이라고 하면서 동위토문에 대한 지도가 없어 필자가 한·중지도를 펴놓고 백두산을 찾고 토문을 찾아 그 물줄기가 어디로 흐르는지 확인, 그물줄기는 송화강으로 흘러 흑룡강을 합쳐 동해로 들어가는 것이 확인되었다. 이것이 동위토문에 의한 조선의 영토이다. 그런데 연해주도 포함되어 있다. 연해주는 네르친크조약으로 청나라가 러시아에 넘겨주어 현재는 러시아 영토로 되어 있다. 중국과도 영토분쟁으로 힘겨운데 러시아까지 주장한다는 것은 무리라고 판단하고 같은 색상으로 연해주를 진하게 표시 하였다. 이 제작 지도를 석학들의 고증을 통해 토문강지도가 탄생한 것이다. 현재는 연해주와 북간도, 동간도, 서간도, 심요지역 까지 찾아야할 영토로 규정하고 있다.

백두산정계비 비문에 의한 토문강
조선지도 1997년 제작

2. 백두산정계비 건립 배경

여러 해 동안 숙원으로 되었던 백두산정계비는 우리 측이 원치 않았음에도 불구하고 청나라는 처음으로 우리 고토지역에 일방적으로 조・청 경계표지석인 백두산정계비를 1712년 5월 15일에 건립하였다.

청(淸)나라 강희제(康熙帝)는 백두산에 조・청 국경비를 건립 한 동기에 대하여, 그 하나는 백두산(장백산)을 청나라 시조의 발상지라고 하여 중요시하고, 『성경일통지(盛京一統志)』 편찬사업에 필요하기 때문이라고 하였다. 또 조선과 청나라의 불분명한 영토경계로 인하여 조선인과 청나라인 간의 분쟁이 자주 발생하는 것을 막기 위해서라고 했다.

그런데 강희제는 1711년 압록강과 두만강 일대의 역사적 지리인식과 산천에 관한 인식이 부족하여 조・청간의 국경이 모호한 관계로 청나라 민족과 조선백성들이 자주 충돌하여 국경비를 세우기 위한 사전 답사를 명(命)하였다. 이에 지시를 받은 오라총관 목극등(穆克登)은 1711년 8월 압록강 하류 봉황성으로 부터 백두산에 가서 변경을 답사하려고 하였으나 도로가 멀고 수로 또한 험난해서 목적지에 도달하지 못하고 휘발성(暉發城) 토문하(土門河)까지만 답사하고 다음해 봄 해빙기를 기다려 다른 하급관리들과 함께 의주에 가서 작은 단정을 타고 강을 역상할 생각이 있다. 만일 이것이 불가능할 경우에는 육로로 백두산까지 가서 지형을 답사할 것을 조선정부에 전문으로 통첩했다.

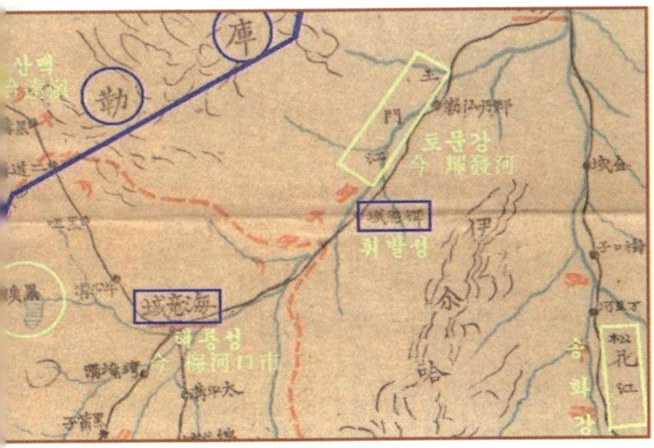

목극등이 답사한 휘발성과 토문하 지도

다음해에 청 황제의 특사인 목

극등이 강희 51년(1712, 숙종 38) 2월 15일에 의주에서 압록강 강물을 따라 올라가 휘발성 토문강으로 가지 않고 장백산(백두산) 남쪽을 거쳐 바로 장백산(백두산)에 올라 장군봉 동남 4㎞ 지점에 백두산정계비를 건립하였다. 관원 2명과 수행원 50명 등으로 구성된 목극등 일행은 홍경의 변문을 떠나 작은 배를 만들어 두도구(頭道溝)에서 압록강으로 들어가서 수륙으로 나아가 강을 거슬러 오르기 10일 만에 후주(厚州)에 도착하여 조선 접반사들과 만났다.

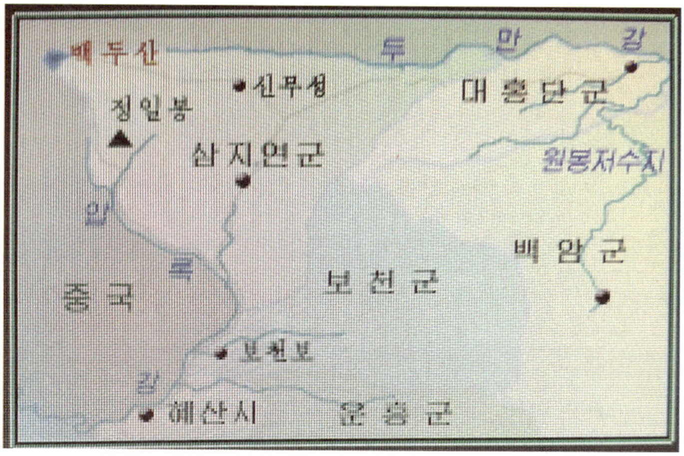

백두산 주변도

1712년 5월 5일 목극등 일행은 혜산에서 만난 조선 측 대표 박권(朴權)과 함경도관찰사 이선부(李善溥)와 동행하는 것을 거부하였다. 목극등은 "그대는 고령이기 때문에 험한 백두산에 오르기가 힘 든다."면서. "두 번 다시 청하지 말라"고 강압적으로 못을 박기까지 하였다. 이때 박권의 나이 54세, 목극등의 나이 48세, 불과 6살 차이인데 이러한 나이 차이 이유로 나라와 나라 사이의 중차대한 국경획정에 조선국 대표의 참석을 거부하는 것은 외교관례상 전무한 것인데, 청나라가 독단적 행위를 자행한 것으로

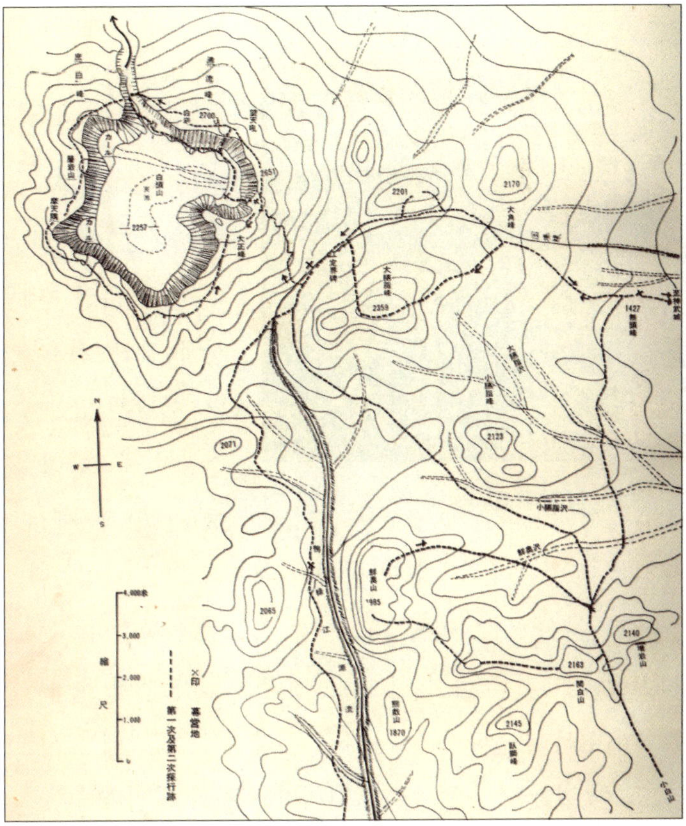

백두산 답사도

볼 수밖에 없다.

이 때 토민 애순(愛順)이라는 자가 있었는데, 지난 날 백두산에 잠입하여 약재와 산삼을 채취했기 때문에 산길을 잘 알고 있어서 목극등은 이를 데려와 만나보고 그 죄를 용서하는 대신에 길 안내를 하게 했다. 5월 6일에 필첩식(筆帖式) 소이창(蘇爾昌), 대통관 이가(ニ哥)와 장정 20명, 우마 4, 5십필, 인부 43명, 접반사 군관(接拌使 軍官) 이의복(李義復), 순찰사 군관(巡察使軍官) 조태상(越台相), 거산찰방(居山察訪) 허량(許樑), 나

백두산정계비 전경

난 만호(羅暖萬戶) 박도상(朴道常), 역관 김응헌(金應瀗), 김경문(金慶門), 도자(導者) 3명, 부수(斧) 10명, 인부 47명이 함께 11일 백두산 정상에 올라 천지 앞에 섰다. 이날은 맑아서 사방의 전망이 수 천리 경성(鏡城)의 장백동에서 대산이 바로 부르면 대답할 것 같은 거리 안에 있는 것처럼 맑은 날이었다.

드디어 장군봉 동남쪽 3, 4리를 내려가자 비로소 압록강의 수원을 만났으며 또 동쪽으로 가다가 돌아서 한 짧은 언덕을 넘자 샘이 하나가 있었는데 서쪽으로 3, 4십리 흐르다가 두 갈래로 갈라져서 한 갈래는 서천(西泉)과 합쳐지고 또 한 갈래는 동쪽으로 흘러내리는 것이 확인되었다.

그런데 그 흐름은 매우 가늘며 또 동쪽으로 한 언덕을 넘으면 곧 샘이 있다. 동쪽으로 백보 가량 흐르면 중천(中泉)이 갈라지고 동쪽에서 흐르는 물이 합쳐지는 것을 보았다. 목극등은 중천 중간에 앉아 역관 김경문을 돌아다보면서 이곳을 분수령이라 이름하고 비를 세워 경계로 정한다고 말했다.

그 위치는 수세가 갈라져서 팔자"八"모양을 이루었는데 그곳에 불거져 나와 있는 작은 바위가 마치 호랑이가 엎드린 등 모양과 같은 바위가 이곳에 있다는 것은 조·청 국경선을 정하라고 있는 것 같다며, 이 바위를 그대로 비석의 귀부(龜趺)로 삼고 높이 70.6cm 폭 54.6cm의 백두산정계비에 다음과 같은 비문(碑文)을 새겨 넣었다.

大靑(대칭)

烏喇摠管穆克登 奉(오라총관목극등 봉)

旨査邊至 此審視西爲鴨綠(지사변지 차심시서위압록)

東爲土門(동위토문)

故於分水嶺上勒石爲記.(고어분수령상늑석위기)

康熙五十一年五月十五日(강희오십일년오월십오일)

筆帖式蘇爾昌通官二哥(필첩식소이창통관이가)

朝鮮軍官李義復趙台相(조선군관이의복조태상)

着使官許梁朴道常(착사관허양박도상)

通官金應瀗金慶門(통관김응헌김경문)

(황제의 명으로 주변을 조사하기 위하여 이곳에 이르러 살펴본 결과 서쪽으로는 압록강, 동쪽으로는 토문강으로 경계를 정한다. 그 내용을 돌에 새겨 분수령 상에 세운다.)

백두산정계비

라고 기록 건립하였다.

1712년 5월 15일 한·중 국경비는 이렇게 건립되었다. 천지에서 동남쪽 4km, 해발 2,200m, 토문강과 압록강 분수령 위에 돌을 깎고 글자를 새겨 위에서 말한 귀부 위에 정계비를 세웠다. 정계비는 大淸은 횡서하고 80자는 종서했다. 석질은 청색이고 비석의 상면과 정면은 쪼기만 하고 갈지는 않았다. 정확한 위치는 북위 42도 6분, 동경 128도 9분, 해발 2,200m, 행정구역상으로는 함경북도 무산군 장삼면 농사동에 속한다.

다음날 12일 목극등은 토문의 원류는 땅 속으로 잠행하여 경계가 분명치 않은 것으로 보고 애순을 길잡이로 하여 김응헌, 조태상에게 그 수계를 확인토록 했다. 김 등은 60여 리를 갔다가 일몰 후에 돌아와서 물은 과연 동쪽으로 흐르고 있다는 것을 보고했다.

목극등이 강을 확인하기 위해서 떠나보낸 후에 목극등은 김경문을 곁으로 오라 하여 한동안 보내주지 않았다. 그 한적한 산에 대해 이야기 하면서 말하기를 대인이 와서 이 산을 보고 반드시 그림으로 그려 황상에게 진상해야겠다고 했다. 총관이 말하기를 "황지를 받들어 변경을 조사하여 이미 강의 발원을 알아냈다. 그리고 이 산의 모양은 다른 산과 다르다. 또 데리고 온 화공이 있으니 이 산(형세)을 그려서 진상하지 않을 수 있겠는가" 했다. 김경문이 말하기를,

"중신 박권, 이선부등이 왕명을 받고 대인을 보필하게 되었으나 연세가 많다는 이유로 이곳에 오지 못하고 무산에서 대기하고 있습니다. 단지 소생만이 이곳까지 대인을 보필하여 조·청 국경비를 건립하게 되었습니다. 그러나 이 중요한 사항을 우리 국왕에게 보고 할 길이 없어 대인이 데리고 온 화원이 그린 산세를 똑 같이 복사해서 1부를 주시면 무산에서 기다리고 있는 접반사 박권을 통해 국왕에게 전달하는 것이 어떻겠습니까?" 라고 했다.

"그러면 내가 두 질을 정사하게 하겠다. 하나는 내가 가지고 돌아가서 황상에게 바치기 위해서이고, 하나는 네가 가지고 돌아가서 국왕에게 바치도록 하라! 도화를 그리는 것이 이를지 늦어질지 그것은 아직 모르겠지만 이미 계획이 되어 있으니 그려서 주겠다."

위의 기록을 보면 총관 목극등도 백두산은 조선의 영토란 것을 알고 있으면서 장군봉에서 동남 4㎞ 지점에 조선의 영토 내에 조·청 국경비를 건립한 것은 건립 당시부터 잘못된 것임이 확인된 것이다. 이 비문의 골자는 "西爲鴨綠 東爲土門" 즉, 서쪽은 압록강을 동쪽은 송화강의 상류인 토문강을 경계로 한다고 되어있어 정계비에 의한 대한민국의 북방영토는 압록강→토문강→ 송화강→ 흑룡강→동해에 이르는 동남쪽이 조선의

...... "역관 譯官이 백산 白山 지도 地圖 1건 件을 얻기를 원하니, 총관이 말하기를 '대국 大國의 산천은 그려 줄 수 없지만, 장백산은 곧 그대의 나라지역이 어찌 그려 주기 어려우랴." .....
하였다.
이 말로 미루어본다면 백두산을 조선의 산으로 인정하고 있는 것이다.
조선왕조실록 숙종실록편

백두산 정계시 답사지도(듀장각 소장)

영토이고 동북쪽이 중국의 영토이다. 송화강 연변 길림과 연해주 지역도 비문으로는 조선의 영토에 포함되었다. 정계비문에 의하면, 서쪽 압록은 이의가 없으나 동쪽 토문강은 두만강이냐 토문강이냐를 두고 오늘날까지도 분쟁상태로 이어지고 있다.

백두산 정계를 마치고 하산한 후 총관 목극등과 접반사 박권 사이에 토문강의 수원을 다시 확인하자는 논쟁이 있었으나 총관이 주장한 간략한 설

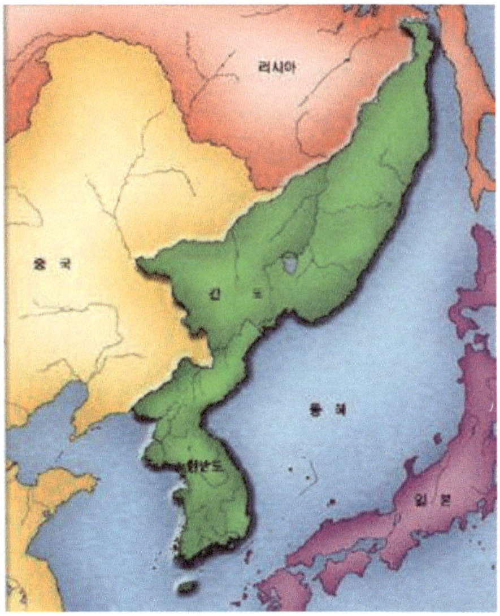

백두산정계비에 의한 조선도

명으로 박권 접반사의 의견은 견해 타진선에서 끝나고 말았다. 그 후 목극등이 데리고 간 화원이 그린 백두산정계비 주변의 그린 지도를 가리키며 말하기를,

"수원의 물이 끊긴 곳이 이처럼 모호하여 분명하지 않아 만약 표시를 세우지 않으면 피차 경계가 모호하여 어려움이 있을 것이니 목책으로 한계를 정함이 어떠하겠는가" 라고 접반사의 의견을 구하므로 박권 접반사는 다음과 같은 방법을 제시하였다.

"목책은 그곳에 나무가 있기도 하고 혹 없기도 하니 차라리 그 주변에 따라서 흙을 쌓고 혹은 돌로 쌓으며 목책을 설치하여야 할 것 같습니다. 하지만 감히 제 마음대로 하지는 못합니다. 마땅히 조정의 지시에 따라 역사를 시작해야 할 것입니다. 대국사람이 와서 확인하면 좋겠습니다."

접반사 박권은 목극등의 국경을 표시하자는 견해에 적극 찬동하여 목책이나 토축 또는 석축을 쌓는 것이 좋겠다고 하였으며 공사가 끝나면 청나라에서 최종 점검하는 것이 좋겠다는 의견을 제시하였다. 목극등과의 약속을 이행하기 위하여 조정에서는 함경감사에게 목책을 설치하도록 조치하였다.

사진으로나마 석퇴, 토퇴를 볼 수 있으나 북한지역이라 현지답사로 확인할 길이 없었다. 18세기말 「함경북도 여지도」에 의하면, 정계비에서 목책이 토문강원으로 연결되어 있으며 지금까지 알려진 가장 최근의 석퇴, 토퇴 사진 사료는 1942년 일본인 탐험대의 것이다. 비경 백두산천지 『秘

토문강의 지명유례

境白頭山天池』 탐행 기록 사진첩에 보이는 사진에는 돌무더기가 5미터 떨어진 곳에 또 하나의 돌무더기가 보인다. '정계비의 고원'이란 제목이 붙은 이 사진첩에는 백두산정계비에서 동북쪽 선상에 50~100m의 불규칙적인 간격으로 토퇴, 석퇴가 있다. 동북쪽은 청나라 영토이고 동남은 조선의 영토라고 설명되어 있다.

토퇴 석퇴 경계표시

이 지역이 북한에 위치하고 있기 때문에 북한에서 조사한 것이 보다 정확할 것이다. 북한에서 이 지역을 조사하고 「문화유산 연구지」(1957년 간행)에 실린 민속학 및 고고학 전공의 황철산 답사보고에 의하면. 1948년 7월에 청진교원대학 백두산탐사대에 참가하여 조사한 자료라고 밝히고 있다.

이 보고에 의하면, 돌무더기의 총수는

106개이고, 돌무더기가 처음 있는 지점부터 끝까지의 거리는 5,391m에 달한다고 했다. 조사에 의하면 1948년까지 석퇴가 있었음을 알 수 있다. 황철산은 당시 탐사에서 전장석이 역사과 학생 4명을 데리고 그 주변을 조사 했는데, 토문강 양 안(岸)의 절벽으로 된 곳과 그 아래까지 가보았지만 돌무더기는 더 이상 보이지 않았다는 보고를 받았다고 했다.

이 조사는 일반 관광객이 아니고 학자들이 조사하고 작성하였다는 점에서 믿을만한 조사이며, 조선과 청나라의 국경 연구에 중요한 자료라고 할 수 있다. 이 조사에 의하면 백두산정계비에서 토문강 오도백하 건천을 연결, 토문강의 유래지인 토벽까지 석퇴, 토퇴가 되어 있는 것이 확인되었다. 중국은 지금도 백두산정계비에서 연결되는 두만강 물줄기가 한국과 중국의 국경이 아니라는 것을 알고 있기에 역사 왜곡으로 간도를 중국영토로 지키기 위한 작업을 계속하고 있다. 이 표시는 백두산에 있는 토문강이 오도백하, 사도백하, 삼도백하, 이도백하와 합류하여 송화강으로 이어지며, 송화강은 흑룡강과 합류하여 동해로 유입된다.

백두산정계비 터 등산로

3. 백두산정계비 분실

이러한 분쟁의 근거인 백두산정계비는 만주사변이 발생한 1931년 7월 28일 오전 10시 일본인들로 구성된 등산대가 정계비 있는 곳에서 잠시 휴식을 취하고 일본 국경수비대의 지시에 따라 산정에 올라 천지 근방에서 노숙하고 그 다음날인 29일 아침 9시경에 도착하였을 때는 있어야 할 정계비는 없어지고 그 자리에 '백두산등산도' 라고 쓴 안내 표목만이 서 있었다. 표목을 써서 세운 것으로 보아 미리 사전에 계획된 행위라고 볼 수밖에 없다.

영구히 보존하여야할 한·중 양국의 국경비를 없앤 것은 국경을 모호하게 만들려는 몰지각한 자의 소행이라 볼 수밖에 없다. 그 당시 만약 비석을 찾을 의향이 있었다면 작은 바위 크기의 비석을 산 정상에서 옮겨 가기는 어려웠을 것이므로 그 부근 어딘가에 묻혀 있을 것으로 보이는데 일본 당국은 그런 노력을 하지 않았다. 그 당시에는 일본 국경 수비대가 백두산을 경비하고 있었기 때문에 일본인에 의한 행위라고 볼 수밖에 없다. 오늘까지도 백두산정계비는 그 모습을 드러내지 않고 있다. 다행히 백두산정계비 사진은 백산학회에 소장되어 있고 탁본은 국립중앙박물관에 소장되어 있어 연구하는 데 큰 무리는 없다.

위의 기록을 보면, 총관 목극등도 백두산은 조선의 영토란 것을 알고 있으면서 장군봉에서 동남 4㎞ 지점 조선의 영토 내에 조·청 국경비를 건립한 것은 건립 당시부터 잘못된 것임이 확인된 것이다. 동쪽으로 흐르는 물이 두만강인 것을 안 목극등은 왜 비문에 동위토문이라 했을까? 목극등이 1711년 조사는 길림지방에 있는 휘발성 토문하가 송화강으로 유입된는 것을 확인하고 일기관계로 철수한 바 있다.

목극등은 백두산정계비에 왜 두만강이라 안하고 토문하라 했을까? 이는 1711년 한·중 국경을 확정하기 위해 목극등을 경계사로 삼아 1차 답사에서 휘발성 토문하를 조사한바 있다. 일기차로 철수를 하고 1712년에 압록강 하류 의주에서부터 상류로 조사하고 백두산에 올라 정계비를 세웠는데 서위압록 동위토문으로 비문을 새겨 건립하였다. 목극등은 1차 토문하를 경계로 하고자 비문에도 토문이란 비문을 새겨 건립한 것이라고 볼 수 있다. 강희제는 백두산을 차지하기 위해 청나라 정사인 『성경통지』의 지명을 바꾸면서 까지 왜곡하고 있다.

이 부분에 대한 자료와 연구가 충분히 이루어져야한다. 백두산정계비 비문에는 "西爲鴨綠 東爲土門" 즉, 서쪽은 압록강을, 동쪽은 송화강의 상류인 토문강을 경계로 한다는 내용에 따라 대한민국의 북방영토는 압록강 →휘발성 토문하→ 송화강 → 흑룡강 → 동해에 이르는 동남쪽 영토이고, 동북쪽은 중국의 영토이다. 따라서 현재 통화, 백두산, 연변 길림과 연해주 지역은 조선의 영토가 된다.

백두산정계비 복원은 2004년도 (백산학회)에서 『백산학보』 2호 게재된 탁본과 사진을 근거로 제작되어 2004년 원주시 부론면 손곡리 손곡초등학교 내에 복원건립 되었다가 2006년 경기도 동두천시 (간도문화체험마을)에 이전했다. 또 2009년 9월 4일 대구경일대학교 '독도 간도교육센터'에서

간도문화체험마을에 경계비 복원

대구 만우공원 복원

도 복원, 이를 대구 망우공원에 건립하였고 그리고 최종적으로 2018년 4월 28일 동두천 '간도 문화체험마을'에 건립하여 우리 국민들에게 동간도, 북간도, 연해주가 대한민국 영토란 것을 알리는데 큰 몫을 하고 있다.

중국도 동북지역에서 발행한 『동북사지』 2004년 10기에 백두산정계비를 복원한 비(碑) 사진이 표지 뒷면에 수록되어 있다. 중국이나 한국에서도 한·중 간의 백두산 국경비가 중요하다는 것을 알고 중국도 이를 복원하여 '장백산 문화박람성'에 전시하고 있다.

4. 정사인 『성경일통지(盛京一統志)』 까지도 왜곡

백두산은 중요한 위치에 있다. 우리는 '민족의 영산'이라 숭상하고, 저들은 '청조(淸朝)의 발상지'라 주장하는 하나의 산. 우리가 "백두"라 부르는 이 산을 중국은 "장백"이라 한다. 백두산에 대한 김정호의 대동여지도 설명과 백두산지형과 맞지 않는다는 8. 15특집 SBS스페셜 "백두인가 장백인가"(2011년 8월 24일 방영)의 내용은 다음과 같다.

1677년 무목눌 일행은 청 태조의 발상지 장백산 답사기라는 최초의 기록을 남겼는데 『성경통지』 에 장백산도가 실려 있다. 1684년 늑초 일행이

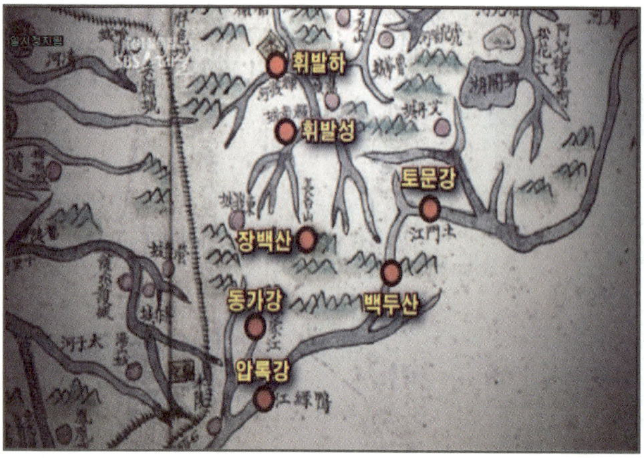

성경지도

그린 지도 장백산도상의 도문하는 납노와집에서 나온다. 『성경통지』(권27 산천3)에는 눌인, 눌연, 액음, 액인음 모두가 같은 말로 만주어로 강물을 뜻한다.

『성경통지』의 지명이 바뀌고 지워진 지도 『장백산』 『취장록』 『길림지지』 『성경통지 초간본』 새인눌인하는 길림성 남쪽 530여리에 있다. 원류는 장백산에서 나온다. 서북쪽으로 흘러 다시 꺾이어 동북쪽으로 흘러 혼동강으로 들어간다.

『성경통지』 제27 산천3에 의하면 액음하는 길림성 서남쪽 5백여 리에 있다. 원류는 석백석 동쪽의 이름 없는 산에서 나온다. 동쪽으로 흘러 부륵합하로 들어간다. '강희제의 지시'로 그쪽 부분을 좀 정확하게 조사해 왔다. 『성경통지』 '늑극산' 찰륜과하는 길림성 남쪽 607리를 흐른다. 모두 늑극산에서 발원하여 동쪽으로 흘러 삼음과 액혁 두 액음하와 합류하여 혼동강으로 흘러든다. 만주일대에 걸쳐있는 장백산은 횡으로 길이가 천리에 이른다.

현재 백두산 일원의 장백산맥은 길이 약 1300여km(2256리)이고, 『대명일통지』 권지89의 장백산은 옛 회령부(현재 개원) 남쪽 60리에 있으며, 횡으로 뻗어 천리, 높이가 200리 이다. 그 정상에 못이 있는데 둘레가 80리이다. 남쪽으로 흘러 압록강이요, 북쪽으로 흘러 혼동강이며, 동쪽으로 흘러 아야고하 이다.

백두산과 다른 장백산, 길림합달령은 중국에서는 장백산을 상당히 북쪽에 올라가 있는 산지가 되겠다. 『성경통지』 초간본(1684년) 3차본(1736년)의 지명변천 순서를 보면 이투하-압자하-혼동강(요나라 1024년)-이통하로 변하였다. 『황조통지』 권28의 토문하는 흥경 동북쪽 유조변 바깥의 길림합달령에서 나와 휘발하를 경유한다. 『수도제강』 권25 토문하는 계림합달(길림합달) 서남쪽에서 나와 동쪽으로 흘러 수십 개의 강과 함류해 휘발성과 나아불로성(나단불륵성)을 경유한다.

성경통지 지도 초간본(1684년)
도면에 혼동강 휘발성, 휘발하로 명시되어 있는데, 3차본(1736년) 압록강으로 되어 있고 지명이 지워져 있다.

이러한 기록으로 보아 백두산과 장백산은 2개의 산이란 것이 밝혀져 장백산은 길림합달령으로 보는 것이 정확하다.

강희제는 백두산을 차지하기 위해 『성경통지』 (1684년) 초간본 지도에 지명을 기록하였는데 『성경통지』 (1736년)도 3차 간행본 지도에는 지명을 지우거나 혼동강을 압록강으로 바꾸어 싣고 있다. 또 길림 합달령의 혼동강가에 휘발성이 있고 휘발하, 토문하가 있는데 백두산과는 먼 거리에 있다. 장백산을 길림 합달령으로 보는 근거는 성경통지에 장백산과 백두산이 따로 있는 점이다. 강희제는 1711년 한 · 중 국경을 확정하기 위해 목극등을 경계사로 삼아 1차 답사에서 휘발성 토문하를 조사 한바 있다. 일기차

장백산과 길림 합달령

로 철수를 하고 1712년에 압록강 하류 의주에서부터 상류로 조사하고 백두산에 올라 정계비를 세웠는데 "서위압록 동위토문"으로 비문을 새겨 건립하였다. 목극등은 1차 토문하를 경계로 하고자 비문에도 토문이란 비문을 새겨 건립한 것이라고 볼 수 있다. 강희제는 백두산을 차지하기 위해 청나라 정사인 『성경통지』 의 지명을 바꾸면서까지 왜곡하고 있다.

(SBS스페셜 역사전쟁 "백두인가 장백인가," 2011방영)

2007년 중국은 '남 · 북한의 중국 장백산 도모행위에 대한 연구보고'라는 문서를 통해 "원래 중국 영토였던 장백산을 남 · 북한이 영토적 야심을 가지고 자신들의 역사라 우기면서 중국을 매도하고 있다" 고 강조하며 한층 과격해진 동북공정 계획을 드러내었다. 이 계획에는 심지어 길림성 경내에 '백두산'으로 간판이 등록된 상호 명칭을 취소시키라는 지침까지 포함되어 있었다.

양국이 공동으로 관리해온 봉금지역을 청 · 일 간도협약 이후 중국이 오늘까지 주인행세를 하고 있다. 이 사실을 안 중국정부는 동북공정으로 중국영토로 고착화하고 있는 것이다. 무인지역은 국제법적으로 선점이론에 의해 선점한 나라의 영토가 된다는 것이다. 조선족이 선점 개간 한 영토는 조선의 영토가 되어야 되는데도 우리정부는 지금까지 방관만 하고 있다.

V. 각수봉강(各守封疆)(소홀이한 서간도)

"각수봉강(各守封疆)"

조·청간에 최초로 국경문제가 논의된 것은 1627년 정묘호란(丁卯

胡亂)의 전후 강화조약인 강도회맹(江都會盟)에서부터이다. 즉 그 제3조에서 명시하고 있는 "... 今後兩國 各遵誓約(금후양국 각준서약) 각전봉강(各全封疆)"으로까지 거슬러 올라가게 된다. "이후로 양국은 각각 약속을 준수하며 경계를 준수하여 두 나라는 이를 지킨다." 마땅히 각각 자기 강역을 지켜 두 나라가 서로 편안하고 즐거워함이 대대로 이어져야 한다고 되어 있다. 구체적으로 어디를 경계로 한다는 것인지 문서상에는 나타나지 않는다.

이에 대해서는 청 강희제 때에 중국에서 제작된 몇 가지 지도를 통해 정묘호란 당시 강화조약을 맺으면서 획정한 국경선의 위치를 자세히 살필 수 있다. 강희제의 명에 의해 실측을 정밀하게 하여 작성된 지도책은 당빌(D' Anville)의 『새 중국지도』와 듀알드(Du Halde)의 『중국지』 그리고 <황여전람도>등이다.

이 지도의 원고는 당시 북경에 주재하고 있던 선교사들에 의해 파리

보엔지도 세부도

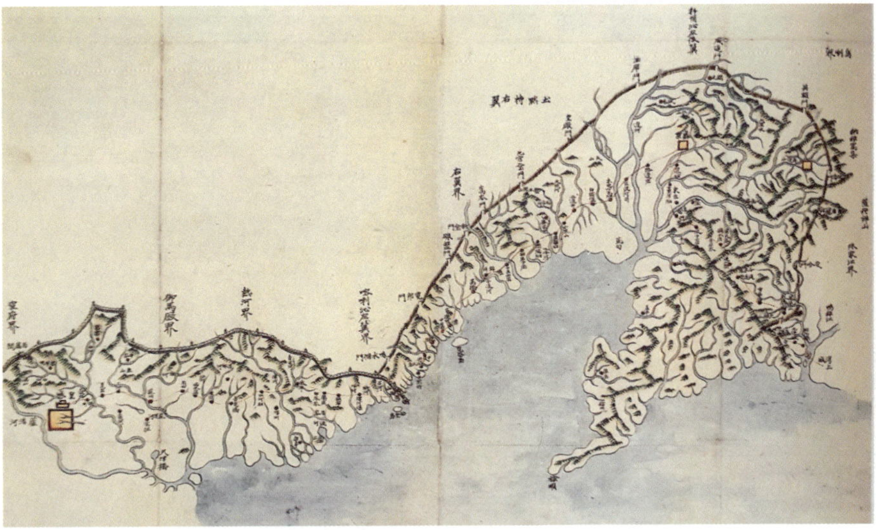

명나라 때에 만든 변장

에 있는 동양학자 듀알드 신부에게 전해져 듀알드가 프랑스 국왕 루이 15세에게 제출하여 왕림 도서관에 보관하고 있던 것을 지리학자인 당빌이 원고를 보고 만든 지도가 <새 중국지도>이다. 이 지도는 한·중 국경을 압록강, 두만강, 이북지역에 점선으로 한중국경 표시가 되어있고, 또 'PING-NGAN'이란 지명이 압록강 이북지역에 표시되어 있어 대한민국 영토로 되어 있다. (김득황 『백두산과 북방강계』 46쪽)

명나라 때 만든 노변(초소)

명나라 영종 7년(1442) 몽고와 여진을 방어하기 위해 산해관부터 시작하여 압록강 입구에 이르는 구간에 모두 20개의 변문邊門(초소)을 설치하였다. 명나라 때 만든 노변은 성경까지 약 1천여㎞이다. 요동변장(遼東邊墻) 경계를 표시하기 위해 나무와 돌로 둑을 쌓고 해자 등을 설치하였고, 1544년에 명은 요동지역에서 한족(漢族)과 건주여

청나라 때에 만든 신변

진을 막기 위해 동북쪽 금주(錦州)를 지나 광령(廣寧)에 이르고 남쪽으로 요하(遼河)의 중하류를 따라 남하 하다가 삼차하구(三岔河口)에 이르러서는 요하의 동쪽을 따라 북상하여 개원에 이르는 지역을 명나라 때에 설치하여 조선과 명나라 간 최초의 국경을 설정하였다.

청나라 때 만든 신변

1638년(인조 3년)에 청의 태종이 조선과 청나라 사이에는 압록강하류 남단에서 고려문을 거쳐 왕청 변문에 이르는 국경선이 설치되었는데 이는 조·청간에 체결된 최초의 국경 조약이다. 청나라 때에 만든 신변(新邊) 6개(초소)는 청나라(강희 9년) 초기인 1681년에 완성하였는데 11년간 약 334㎞구간을 설치하였다. 신변은 요령성의 북쪽 약 20리 떨어진 성경 노변 북쪽과 연결되어 있다. 신변의 북쪽은 길림성 구태(九台)경내에서 삼태(三台)라는 곳까지 이른 후 송화강(松花江)을 건너 서란시(舒蘭市) 법특진(法特鎭)의 북쪽으로 20여리 떨어진 왕대

촌(王大村)에서 동쪽으로 향하는데, 변차하(卞岔河)의 두태(頭台)를 지나 동쪽으로 10여리 연장된 지금의 연화향(蓮花鄉), 황금촌(黃金村) 부근에 있는 마안산(馬鞍山)에서 끝나는 지역을 말한다. 한·중 국경은 "압록강 두만강 이북의 흑산령 산맥으로부터 압록강의 수계(水系)로 되어있다." 이곳을 국경으로 보는 근거는 1627년 강도회맹에서 조·청 양국이 국경지역으로 규정한 "각수봉강"이라 한 것으로 보아 이때 양국 간에 국경이 강도회맹 이전에도 존재하고 있었다는 것이 증명된다.

청대 사서인 길림통지 『吉林通志』는 "조선의 변경이 선양(瀋陽)지린(吉林)에 접하였다"고 적었다. 통문관지 『通文館志』는 봉황성(鳳凰城·지금의 펑청) 부근을 조선과의 경계로 기록했다. 청 강희제의 명을 받아 1708년부터 1716년까지 변경 지도를 작성한 프랑스 선교사 레지(R´egis) 실측도에는 조선의 북서쪽 국경선인 이른바 '레지선'이 압록강과 두만강 이북에 점선으로 국경이 그려져 있다. 그 후(1736년) 역시 프랑스인 뒤 알드가 지은 『中國通史』(Description de la

유조변과 위원보 변문(요령성 박물관소장)

China)에 의하면

“ 봉황성(鳳凰城)의 동방(東方)에는 朝鮮의 西쪽 국경이 있다. 만주(滿洲)가 中國을 침공하기 앞서 벌인 朝鮮과의 전쟁에서 승리하자 장책(長柵)을 세워 淸의 국경을 표시하고 朝鮮국경과의 사이에 무인(無人)지대를 설치하였다. 이 국경을 도산(圖上) 점선으로 표시한 것이 그것이다.”

라고 하는 기록이 보인다.

청은 왕조의 발상지인 변장의 동북쪽 지역에 대한 관심이 명보다 컸다. 하지만 이 지역에 온전한 지배력을 행사했는지에 대해서는 해석이 엇갈린다.

중국학자들은 이 지역에 대한 청의 실질적 지배를 기정사실화 하면서 유조변이 ‘만주를 보호 관리하기 위한 문화적 구분선’이었을 뿐이라고 주장한다. 반면 러시아와 일본의 학자들은 대체로 유조변이 사실상의 국경선이었다고 해석한다. 이에 따르면 압록강에서 북쪽으로 120리쯤 떨어진 책문이 청의 국경이 된다.

한국 학자들은 “1712년 백두산정계비가 세워지기 전까지는 청이 압록강과 두만강을 조선과의 국경으로 표현한 문건은 거의 없다”고 말한다. 그때까지 청의 공식문건에 나타난 가장 바깥쪽 변경은 벤먼(邊門) 북쪽의 펑청(鳳凰城)이라는 것이다.

그동안 압록강 대안의 서간도 문제는 국내 학계에서도 동간도보다

소홀히 취급돼 왔다. 백두산정계비의 '동위토문(東爲土門)' 해석 문제에 집착해왔기 때문이다. 그렇지만 변장과 유조변에 맞닿아 있는 서간도 문제는 한국과 중국의 국경은 변장을 중심으로 한 영토에 대한 연구가 시급하다고 볼수 있다.

중국제국도 ; 프랑스 드보공디 /G. R..de Vaugondy 세부도
압록강 북쪽에 PING-NGAN 이란 지명으로 우리나라 영토로 표기

VI. 지도에 나타난 우리나라 강역

지도는 오랜 옛날부터 인간이 자기가 살고 있는 땅의 영역을 올바로 알기 위해 제작하였다. 처음에는 약도를 그리듯 간략하게 시작하여 기술이 발달함에 따라 국가적 차원에서 국가와 국가 사이에 국경표시와 행정적으로 지세와 교통로 등을 파악하는데 이용하였으며, 시대에 따라 나라와 나라 사이의 국토 변천사가 지도를 통해 전해지고 있기 때문에 지도를 통해 영유권을 주장 할 수 있다. 그래서 고지도들은 오늘날 영토 취득에 중요한 위치를 차지하고 있다. 17세기 서양인들이 제작한 고지도에 의해 우리

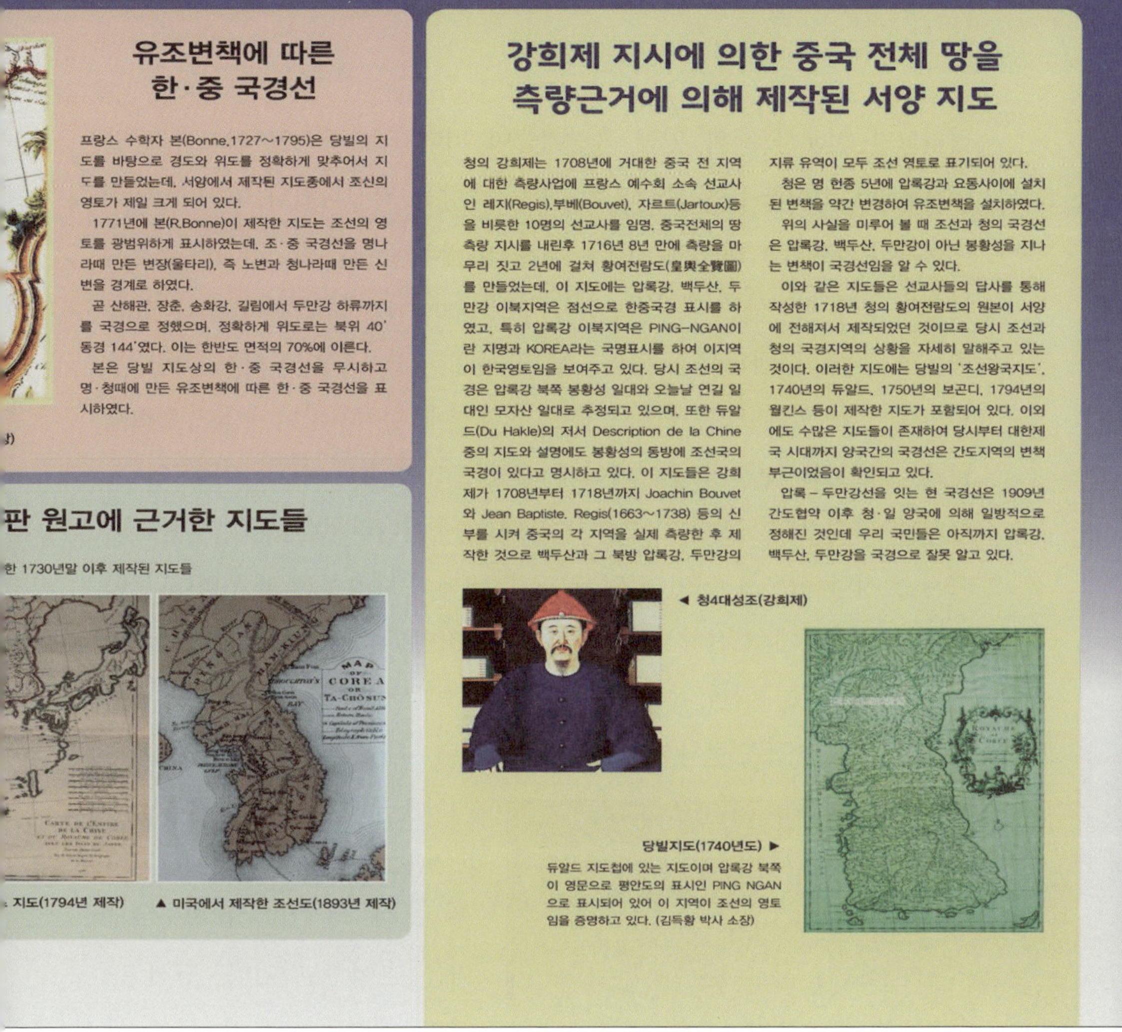

유조변책에 따른 한·중 국경선

프랑스 수학자 본(Bonne,1727~1795)은 당빌의 지도를 바탕으로 경도와 위도를 정확하게 맞추어서 지두를 만들었는데, 서왕에서 제작된 지도중에서 조신의 영토가 제일 크게 되어 있다.

1771년에 본(R.Bonne)이 제작한 지도는 조선의 영토를 광범위하게 표시하였는데, 조·중 국경선을 명나라때 만든 변장(울타리), 즉 노변과 청나라때 만든 신변을 경계로 하였다.

곧 산해관, 장춘, 송화강, 길림에서 두만강 하류까지를 국경으로 정했으며, 정확하게 위도로는 북위 40' 동경 144'였다. 이는 한반도 면적의 70%에 이른다.

본은 당빌 지도상의 한·중 국경선을 무시하고 명·청때에 만든 유조변책에 따른 한·중 국경선을 표시하였다.

판 원고에 근거한 지도들

한 1730년말 이후 제작된 지도들

지도(1794년 제작) ▲ 미국에서 제작한 조선도(1893년 제작)

강희제 지시에 의한 중국 전체 땅을 측량근거에 의해 제작된 서양 지도

청의 강희제는 1708년에 거대한 중국 전 지역에 대한 측량사업에 프랑스 예수회 소속 선교사인 레지(Regis),부베(Bouvet), 자르트(Jartoux)등을 비롯한 10명의 선교사를 임명, 중국전체의 땅 측량 지시를 내린후 1716년 8년 만에 측량을 마무리 짓고 2년에 걸쳐 황여전람도(皇輿全覽圖)를 만들었는데, 이 지도에는 압록강, 백두산, 두만강 이북지역은 점선으로 한중국경 표시를 하였고, 특히 압록강 이북지역은 PING-NGAN이란 지명과 KOREA라는 국명표시를 하여 이지역이 한국영토임을 보여주고 있다. 당시 조선의 국경은 압록강 북쪽 봉황성 일대와 오늘날 연길 일대인 모자산 일대로 추정되고 있으며, 또한 듀알드(Du Hakle)의 저서 Description de la Chine 중의 지도와 설명에도 봉황성의 동방에 조선국의 국경이 있다고 명시하고 있다. 이 지도들은 강희제가 1708년부터 1718년까지 Joachin Bouvet 와 Jean Baptiste. Regis(1663~1738) 등의 신부를 시켜 중국의 각 지역을 실제 측량한 후 제작한 것으로 백두산과 그 북방 압록강, 두만강의 지류 유역이 모두 조선 영토로 표기되어 있다.

청은 명 헌종 5년에 압록강과 요동사이에 설치된 변책을 약간 변경하여 유조변책을 설치하였다.

위의 사실을 미루어 볼 때 조선과 청의 국경선은 압록강, 백두산, 두만강이 아닌 봉황성을 지나는 변책이 국경선임을 알 수 있다.

이와 같은 지도들은 선교사들의 답사를 통해 작성한 1718년 청의 황여전람도의 원본이 서양에 전해저서 제작되었던 것이므로 당시 조선과 청의 국경지역의 상황을 자세히 말해주고 있는 것이다. 이러한 지도에는 당빌의 '조선왕국지도', 1740년의 듀알드, 1750년의 보곤디, 1794년의 윌킨스 등이 제작한 지도가 포함되어 있다. 이외에도 수많은 지도들이 존재하여 당시부터 대한제국 시대까지 양국간의 국경선은 간도지역의 변책 부근이었음이 확인되고 있다.

압록 – 두만강선을 잇는 현 국경선은 1909년 간도협약 이후 청·일 양국에 의해 일방적으로 정해진 것인데 우리 국민들은 아직까지 압록강, 백두산, 두만강을 국경으로 잘못 알고 있다.

◀ 청4대성조(강희제)

당빌지도(1740년도) ▶
듀알드 지도첩에 있는 지도이며 압록강 북쪽이 영문으로 평안도의 표시인 PING NGAN으로 표시되어 있어 이 지역이 조선의 영토임을 증명하고 있다. (김득황 박사 소장)

나라의 국경표시 영토변천사와 국내에서 제작한 지도에 나타난 우리나라 국경 변천사 일부를 열거해 보고자 한다.

1. 서양 고(古) 지도에 나타난 강역

1689년 러시아가 '네르친스크 조약'에 의해 흑룡강 유역에 진출하자 이에 위협을 느낀 청나라 제4대 강희제 황제는 청국영토를 정확히 확정하고자 선교사로 와 있는 측량기술이 뛰어난 프랑스인 선교사 당빌(d'Anville, 1697~1782)에게 청국영토 측량을 지시하였다.

청의 강희제는 1708년에 거대한 청국 전 지역에 대한 측량사업에 프랑스 예수회 소속 선교사인 레지(R'egis), 부베(Bouvet), 자르트(Jartoux) 등을 비롯한 10명의 선교사를 임명, 청 전체의 땅을 측량 지시를 내린 후 1716년 8년 만에 측량을 마무리 짓고 2년에 걸쳐 「황여전람도(皇輿全覽圖)」 42장을 만들어 강희제에게 제출하고, 측량한 원고를 모국인 프랑스로 가져갔다. 18세기 이전 지도에는 우리나라 국명인 조선왕국이 빠져 있거나 섬으로 되어 있던 지도가 18세기 이후부터는 우리나라 한반도가 정확하게 조선왕국이라는 국명과 지명도 정확하게 표시되어 있다. 이 지도에는 압록강, 백두산, 두만강 이북지역에 점선으로 조·청 국경선을 점선으로 정확하게 표시되어 있다. 특히 압록강 이북지역에 PING-NGAN이란 지명과 KOREA라는 국명까지 표시를 하여 이 지역이 한국영토임을 보여주고 있다. 당시 조선의 국경은 압록강 북쪽 봉황성 일대와 오늘날 연길 일대인 모자산 일대로 추정되고 있으며, 또한 듀 알드(Du Halde)의 저서 『Description de la Chine』 중의 지도와 설명에도 봉황성의 동방에 조선국의 국경이 있다고 명시하고 있다.

KOREA 국명으로 되어 있는 뒤알드 지도(김득황 소장)

PING-NGAN으로 되어 있는 당빌 지도
(김득황 소장)

두만강의 지류 유역이 모두 조선 영토로 표기되어 있다. 청(淸)은 명(明) 헌종 5년에 압록강과 요동사이에 설치된 유조변(柳條邊)이나 유조변책(柳條邊柵), 또는 유조변장(柳條變牆)을 설치하였다. 위의 사실을 미루어 볼 때 조선과 청의 국경선은 압록강, 백두산, 두만강이 아닌 봉황성을 지나는 변책이 국경선임을 알 수 있다. 이와 같은 지도들은 선교사들의 답사를 통해 작성한 1718년 청의 「황여전람도」의 원본과 측량한 원고가 서양에 전해지면서 제작되었던 것이므로 당시 조선과 청의 국경지역의 상황을 자세히 보여주고 있다. 이외에도 수많은 지도들이 존재하여 당시부터 대한제국 시대까지 양국간의 국경선은 간도지역의 변책 부근이었음이 확인되고 있다. 압록강 – 두만강 선을 잇는 현 국경선은 1909년 9월 4일 청·일 간도협약 이후 양국에 의해 일방적으로 정해진 것인데, 우리 국민들은 현재까지도 압록강, 백두산, 두만강을 국경으로 잘못 인식하고 있다.

1) 서양지도에 나타난 조·청 강역 지도

17세기 서양 고지도에는 중국과 일본은 나타나는데 한국은 나타나지 않는다. 우리나라 동해도 중국해로 표기되어 있다. 그 이후에 나타난 한국 형태는 섬 모양으로 그려져 있거나 그 모양도 제각각으로 부정확하게 그려져 있다. 그 다음은 반도모양으로 나타나는데, 그 형태는 현재의 우리나라의 모습과는 너무 다르다. 18세기 당빌지도에 의해 우리나라 형태가 어느 정도 제대로 그려져 있다.

여기 수록된 지도 중 일부분을 소개한다.

(1) 신아시아 지도

A. 오르텔리오스 1570년 제작지도
(서울역사박물관 소장)

•벨기에 A. 오르텔리오스가 1570년에 제작한 신아시아 지도이다. 아랍을 포함한 아시아 전체를 그리고 있지만, 동남아시아에 비해 중국 동남부의 해안선은 여전히 정확하게 표현되지 않았으며, 한국 역시 등장하지 않고 당시 교역관계에 있던 일본만이 왜곡되어 나타나고 있다.

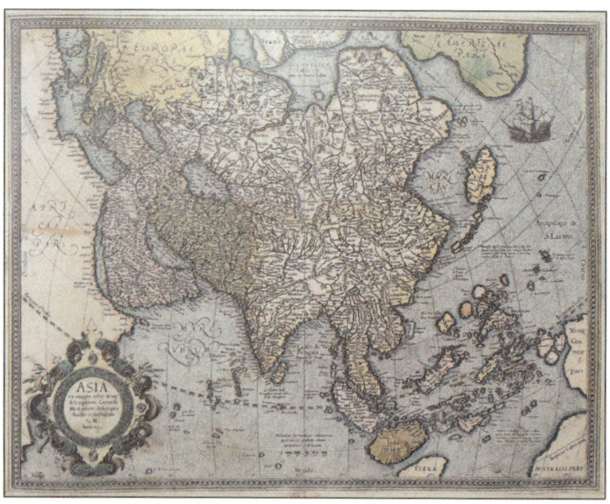

G.메르카토르 1595년 제작지도
(서울역사박물관 소장)

(2) 아시아 지도

•네덜란드/G.메르카토르가 1595년에 제작한 아시아 지도 G 메르카토르 2세 가문의 아시아 지도는 1595년 제작되었는데, 아메리카와 아시아를 나누는 애니언 해협이 보이고, 하단에는 거대한 남방대륙의 일부가 미지의 세계로 그려져 있다. 우리나

라는 아직도 표현되지 않고 있고, 일본도 마치 연 같은 모습으로 불확실하게 표기되어 있다.

J.얀손이 1658년에 제작한 지도
(노영돈 소장)

(3) 일본해도

•네덜란드/J. 얀손이 1658년에 제작한 지도

얀손이 일본지도는 1658년 제작한 일본 해도에는 우리나라는 모르띠에 Mortier의 일본지도와는 달리 완전한 반도지형이 아니라 섬 모양으로 나타나 있다. 더구나 북부지역은 좁고 길 다란 육지로 되어 있고, 남해안은 비교적 다도해를 이루는 복잡한 해안지형으로 그려져 있는데, 자세하게 그려진 지도는 우리나라가 처음 등장한다.

L.테쎄라가 1595년에 제작한
(이동수 소장)

(4) 포르투갈 / L. 테쎄라가 1595년에 제작한 일본전도

동양에 선교사로 왔던 L 테쎄라가 1595년에 <일본전도>를 제작했다. 이 지도에는 우리나라는 지역의 윤곽만이 표현되었을 뿐이며 형태에도 오류가 있다. 이 지도에서 한국은 섬으로 나타나 있으며 국명은 COREA로 표기되어 있다.

J.B.B. 당빌(d'Anville,1737년 제작지도
(이돈수 소장)

(5) 조선왕국전도

프랑스인 J. B. B. 당빌(d'Anville,1697~1782)은 지리와 역사학자로그가 수집한 고지도만도 1만여 점에 달한다고 한다.

당빌은 중국전체와 한·중국경 지역인 만주지역을 측량한 지리학자로 당빌의 「조선왕국지도」가 기준이 되고 있다. 당빌이 1737년에 제작한 「조선왕국지도」는 『신중국지도첩』에 수록되어 있다. 당빌은 청의 강희제의 명에 따라 뛰어난 측량술을 가진 선교사들이 실측을 통하여 제작했기 때문에 당시의 지도로서는 가장 정확한 지도라고 할 수 있다. 한국의 형태와 지명이 정확하며 당시 조선과 청의 국경을 점선으로 표시하고 있다. 또한 동쪽에서 시작되어, 녹둔도를 포함하는 흑산령 산맥에서 보타산에 이르는 지역과 압록강 상류로 들어가는 두도구에서 십이도구에 이르는 하천과 송화강 서대원제수와 분수령인 장백산과 그 지맥에서 혼강 본류의 서방을 거쳐 대소하의 수원에서 압록강과 봉황성 중간에 이르는 선상에 점선으로 국경선을 그어 한·중 국경임을 표시하고 있다.

(6) 만주국 지도

프랑스인 수학자 본느(R. Bonne,1727~1795)가 1771년 당빌의 지도를 바탕으로 경도와 위도를 정확하게 맞추어서 지도를 만든 것이다. 서양에서 제작된 고지도 중에 조선의 영토가 제일 크게 제작된 것은 본느(R.Bonne)가 제작한 만주국 지도이다.

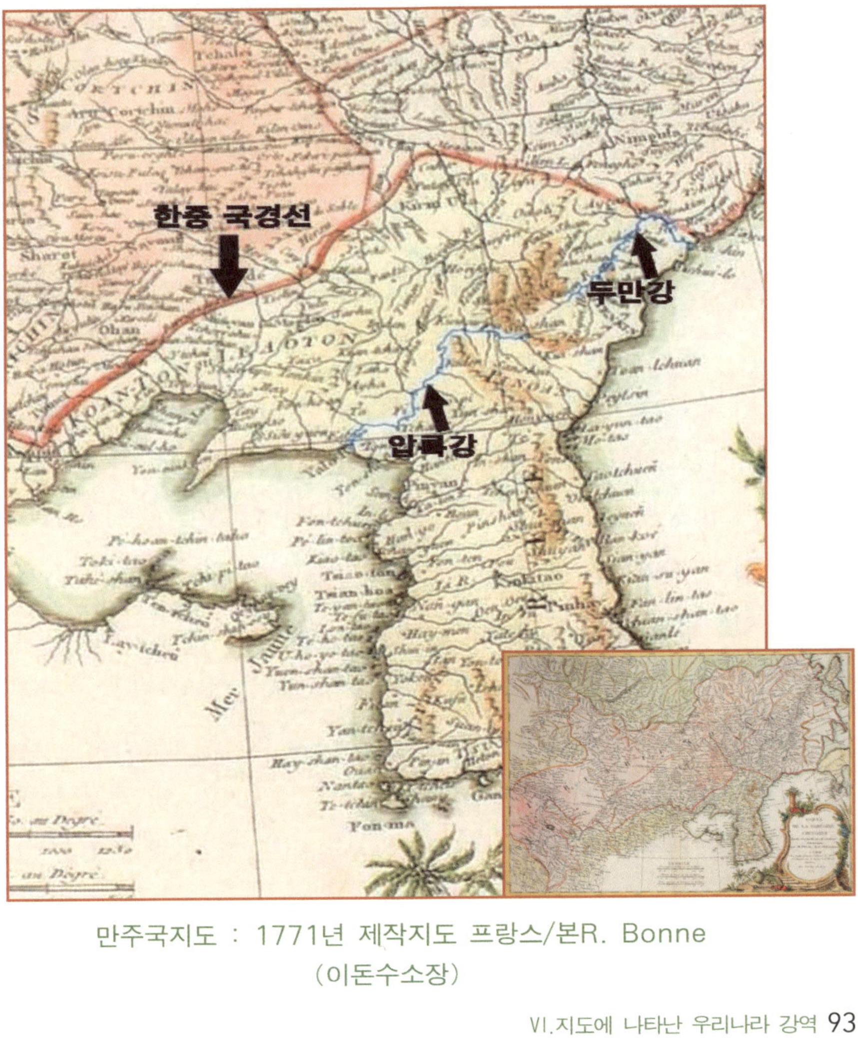

만주국지도 : 1771년 제작지도 프랑스/본R. Bonne
(이돈수소장)

1771년에 본느(R.Bonne)가 제작한 <만주국 지도>의 경우 광범위한 영역이 조선의 영토로 표시되어 있다. 이 경우 국경선이 명나라 때 만든 변장 즉 노변(老邊)과 청나라 때에 설치한 신변(新邊)을 경계로 하였다. 산해관, 장춘, 송화강 길림에서 두만강 하류까지를 국경으로 정했으며, 정확하게 위도로는 북위 44′ 서위 동경 144′이다. 이 지도의 면적을 환산해 보면, 약 16만 7247㎢(이명원이 환산한 자료)에 이른다. 한반도 면적의 0.75배에 이른다. 이는 당빌에 의한 측량자료에 의해 제작된 지도인데 당빌 지도와 많은 차이가 있다. 본느(R.Bonne)는 당빌 지도를 잘 알고 있으면서 당빌선(국경)을 따르지 않은 것은 국경을 유조변장으로 삼았기 때문이다.

(7) 드 보공디 제작 지도

프랑스인 드 보공디(G. R. de Vaugondy,1668~1766)가 1751년에 만든 이 지도는 당빌 지도의 영향을 받은 것으로 보이는데, 1442년 명나라 때 만든 압록강 하류 함반(檻盤), 봉황성(鳳凰城), 감양변문(鹻陽邊門), 변장(울타리)을 경유하고 두만강 하류로 이어지는 점선을 조선과 청의 국경선으로 하고 있다. 뿐만 아니라 압록강 이북 지역과 압록강에 걸쳐 평안도의 중국식 발음인 'PING NGAN'이라는 지명이 표시되어 있는 것으로 보아 18세기 서양지도에서 조・청 국경선이 압록강, 백두산, 두만강 이북지역으로 되어 있는 것을 영향 받은 것 같다. 압록강 두만강 이북지역으로 되어 있는 G. R. de Vaugondy선을 조・청 국경으로 정한 것은 청나라 황제의 명에 의해 10년에 걸쳐 측량한 지도에 나타난 것이기 때문에 더 이상 부인할 수 없는 증거이다. 그래서 강희제 때에도 압록강 두만강 이북지역까지 조선의 국경선으로 보았던 것이다.

중국제국도 : 1750년 제작 프랑스 드보공디/G. R..de Vaugondy
(김우준 소장)

(8) 레지(R'egis)선

서양지도 제작은 레지와 부베를 중심으로 측량이 이루어 졌고 일반적으로 레지선을 기준으로 하였다.

1735년 제작된 레지의<조선왕국도>에는 두만강 하류 녹둔도가 우리나라 영토로 되어 있고, 흑산령 산맥, 보태산을 거쳐 두도구, 십이도구, 제수와 송화강의 서대원 제수와 분수령인 장백산과 그 지맥에서 혼강 류의 서방을 거쳐 대소하의 수원에서 압록강과 봉황성의 중간에 이르는 선상에 점선으로 국경을 표시하였다.

18세기 서양지도에서 압록강, 백두산, 두만강 이북지역이 조·청 국

한·중 국경선 레지선(SBS 스페샬)

경선으로 되어 있는 것이 대부분이다. 서양에서 본 조·청 국경선은 압록강 두만강 이북지역을 레지선으로 정하고 있는 레지의 주장에 따른 것인데, 이 레지선은 청나라 황제 강희제의 명령에 따라 8년에 걸쳐 측량한 근거에 의해 설정한 국경선임을 앞에서도 누누이 언급한 바 있다.

(9) 중국지 : 중국 제국의 지리 역사적 안내도

듀알드의 저서로 1741년 영국에서 출판된 『중국 제국의 지리 역사적 안내도』에 우리나라의 지도가 삽입되어 있는데, 한·중 국경을 압록강 백두산 두만강 북쪽에 점선으로 표시하고 있으며, 압록강 이북 지역을 'PING-NGAN'으로 표시한 다른 지도와는 달리 이 지도는 압록강 이북 지역을 KOREA라는 국명으로 표기하였다.

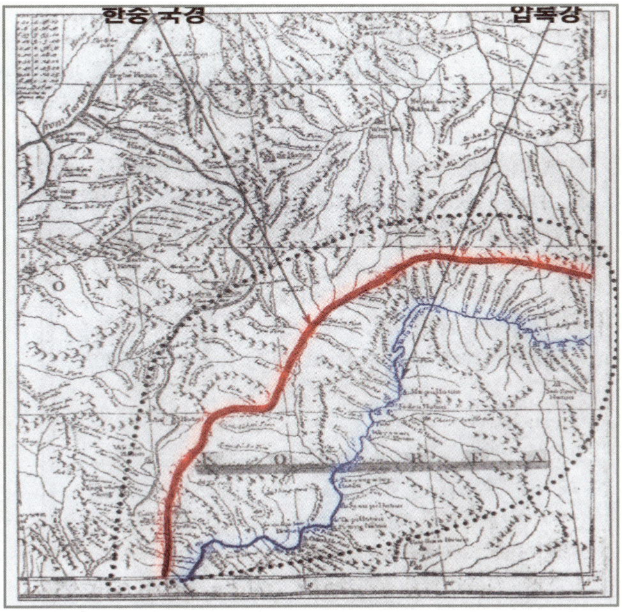

듀알드 지도 ; 1741년 (일본국회도서관소장)

서양지도들을 조사한 결과 강희제의 명에 의해 측량하고 만든 지도 이전에도 1705년 드릴(G. de l'Isle)이 만든 지도에는 서쪽의 산해관부터 동쪽으로 조·청 국경선이 되어 있었으며, 압록강 백두산 두만강 이북 쪽에 조·청 국경선이 그어져 있어 서양지도 중에서 가장 정확하게 청과 조선의 국경을 정확히 보여주고 있음을 알 수 있다. 이 지도를 제작한 뒤알드는 프랑스 예수회 신부로 파리의 루이르그랑 대학의 교수로도 몇 년 동안 재직하였으며 출판과 인연이 있어 상술한 『중국지』를 발행하였다.

(10) 로마 교황청의 『조선말 한국지도』(1924)

이 지도는 백두산정계비에 근거해서 제작한 것으로 보아 백두산, 토문강, 송화강, 흑룡강 동해로 유입되는 경계를 따랐으나 연해주를 빼고 그렸다.

이 「조선말 한국지도」는 로마교황청이 1920년과 1924년에 프랑스 파리의 외방정교회에서 발행한 『한국의 가톨릭(Catholicism en

조선말의 한국지도 : 로마 교황청이 제작 (도교 한국연구원 소장)

Coree)』에 실려 있다.

1831년 9월 9일 로마 교황 그래그리오 16세는 조선교구의 제정을 허락하였다. 1920년에는 조선교구를 대구교구, 경성교구, 원산교구, 간도 길림 등으로 나누었고, 원산교구는 연길 목단강 북단, 하바로브스크 접경까지, 동계는 우스리강까지, 서북계는 숭그리강까지 표시되어 있다. 이 지도는 <바티칸 정청>이 한국에 있어서의 교구관할 영역을 표시한 지도로 프랑스 파리의 소시에떼 데미시용 에트랑제트가 발행한 『까똘리시즘 앙꼬레{=한국천주교}』(1924) 수록본을 축소한 복사본이다.

<바티칸 정청(政廳)>은 이 지역이 역사적으로 한(韓)민족이 장구하게 거주해온 지역인데, 1905년 대한제국의 외교권을 강압적으로 탈취한 일본이 1909년 9월 4일 대륙 침략의 방편으로 체결한 '청일간도협약'에 의해

淸國이 관리를 하고 있는 지역이다. <바티칸 정청>은 '국제법적으로 무효가 드러난 청일간도협약'에 의해 간도가 불법적으로 淸에 양도된 대한제국의 영토임이 명백하다는 전제하에서 교구지도에 이와 같이 표시한 것이다.

이 지도는 <파리외방선교회>가 발행한 『한국 천주교』(1924)라는 책자에 부록으로 수록된 지도이다. 이 지도는 한국의 천주교 교구를 설명하기 위해 만든 지도로 원산교구 선교사가 한반도 이북의 땅을 관할하고 있다는 내용을 지도에 표시한 것이었다.

보웬(Bowen, 1752년 제작 한국지도
(서울역사박물관 소장)

이 지도는 국제소송법상 영토분쟁 소송이 제기될 경우 문서증거로 1차적 자료로 활용할 수 있으며, 많은 서양지도들도 중국 측에 의해 제작되었기 때문에 간도영토 주장 소송에 근거 문서로 제출할 수 있는 중요한 자료로 판단된다.

(11) 한국지도

영국 지도 제작자 보웬(Bowen, ?~1764)이 1752년 제작한 『한국지도』에는 한국을 'Kauli' 또는 'Coree왕국' 등 두

가지로 표시하고 있다. 이중 '카올리 Kauli' 는 고려의 중국식 발음으로 서양에서 우리나라를 부를 때 쓰는 말이다. 이 지도는 한국과 중국의 국경을 점선으로 표시하고 핑안(PING NGAN)이라는 문자가 압록강 넘어 봉황성 위쪽에 적혀 있으며 점선으로 국경선이 표시되어 있다. 이 점은 당빌 지도와 같으나, 당빌 지도와 다른 점은 두만강 하류의 한국과 러시아 간 영유권 분쟁지역인 녹둔도가 한국의 영토로 되어 있다는 것이다.

아시아지도 : 1703년 제작 니콜라스 드 페르(Nicolas de) (이돈수소장)

(12) 아시아지도

1703년 니콜라스 드 페르(Nicolas de Fer)의 『아시아지도』 에는 조선왕국을 DE COREE로 표기하고 있고, 이 지도는 한반도가 부정확하게 표현되어 있지만 조선왕국이란 명칭은 정확하다. 조·청 국경선에서 요동성이 한국의 영토로 되어 있다. 주로 서양 지도들은 1718년 「황여전람도」 이전에 만든 지도에 요동성이 한국영토로 편입된 것을 보아 「황여전람도」 이전에는 요동성이 한국영토인 것을 알 수 있다.

(13) 인도와 중국지도

1781년에 출판된 지도로는 프랑스 G. 드릴(de l'isler)과 부아쉬

인도 · 중국지도 : 1781년
프랑스/드릴(G.de l'isle과 부아쉬 Buachce)
(역사박물관소장)

(Buachce)가 제작한 지도가 있다. 그러나 이 지도는 당빌 이후에 제작된 지도인 데에도 한국의 형태가 상당히 부정확하고, 한국의 이름은 조선을 뜻하는 'R. De Coree'로 표기되어 있고, 또 다른 조선의 호칭으로 'Chausien'이라는 명칭이 있다. "인도와 중국지도"는 한국이 사각형의 모양으로 되어있는데, 우리나라를 독립적인 왕국으로 표시하고 있고, 또한 압록강의 명칭은 'R. d' Yalo', 백두산은 Kian Kiai'라고 표기하는 등 우리나라 지명이 정확하다. 조·청 국경선에서 요동성이 한국의 영토로 되어 있다. 요동성이 조선 영토로 되어 있는 것으로 보아 강희제가 측량하기 이전에도 요동을 조선의 영토로 보았다는 근거 지도로 볼 수 있다.

위에서 설명한 서양지도들을 다시 검토해 보면, 조·청 국경선은 압록강 두만강이 아니며 모두 그 이북에 위치해 있다. 프랑스인 De Halde의 지도 중 레지의 비망록에는 "봉황성의 동방에는 조선국의 국경이 있다"고 하였다. 또한 '로마 교황청의 「조선말의 조선지도」(1924)는 1712년 백두산정계비 비문에 의한 지도 중 연해주를 뺀 지역을 조·청 국경선으로 되어 있다. 그리고 1718년 청의 「황여전람도」를 근거로 한 수 많은 서양지도 중 당빌의 「조선왕국지도」와 1740년의 듀알드, 1750년의 보곤디, 그리고 1794년의 윌킨스가 제작한 지도에는 압록강 이북의 봉황성 일대에서 두만강 위쪽의 연길 일대로 이어지는 동간도 지역으로 국경 표시가 되어 있다. 본느(R. Bonne)가 제작한 만주국 지도는 산해관, 장춘, 송화강 상류인 길림에서 두만강 하류 까지를 조·청 국경으로 보고 있다. 이와 같은 국경선은 1909년 9월 4일 '청·일 간도협약'이 체결되기까지 유효하였음을 알 수 있다.

청 4대 황제인 강희제의 명에 의해 1708년에 중국 영토에 대한 실측 사업을 실시 8년에 걸쳐 측량을 마무리하고 2년에 걸쳐 「황여전람도」 42장을 강희제에게 제출하고 측량원고를 본국인 프랑스로 건너가 그 근거에 의해 당시 출판된 것들이다. 위에서 보는 바와 같이 이 지도들은 산해관에서 길림성 두만강으로 이어지는 지도와 또 조·청 국경선이 압록강, 백두산, 두만강 이북지역에 점선으로 나타나 있다. 압록강 이북 봉황성에 중국식 발음인 PING NGAN 이라는 지명이 선명하게 표시되어 있고, 또 압록강 북쪽에 KOREA 즉 한국영토라는 국명이 표시되어 있는데도 우리위정자들은 말 한마디 못하고 있다.

간도지역에 대한 조선주민들의 영토 인식은 우리 민족이 반만년 간 지배해 왔던 북방고토지역이라는 친연성(親緣性) 때문에 기회만 있으면 간도지역에 들어가 농사를 짓고 생활 터전을 닦는 것을 하나의 관례처럼 여겨 왔다. 이러한 우리민족의 고토에 청조는 일방적으로 1708년 중국대륙 전체를 측량하고 중국영토로 고착화하고, 4년 후 1712년에 백두산을 중국영토로 만들기 위해 백두산정계비를 세워 일방적으로 동간도 지역의 조·청 국경을 획정하여 장백산(백두산)이란 명칭으로 중국영토로 확정했다. 그 동안에 한·중 국경연구는 청이 일방적으로 건립한 백두산정계비에 근거한 연구에만 주력해 왔고, 위에서 검토한 바 처럼 청이 측량하고 만든 고지도에 대한 연구는 미진하여 압록강 북쪽 서간도 영토에 대한 연구는 소홀이 해왔다.

2. 국내 지도에 나타난 한·중 강역지도

국내에서 제작한 한·중 강역지도는 대한민국이 부정확하게 그린 지도와 백두산정계비 건립 후에 나온 지도들이 대부분을 차지하고 있다. 주로 동위토문에 대한 인식에 의해 토문강 지류를 그린 지도들이 대부분을 이루고 있고, 또 백두산정계비와 정계비에서 토문강으로 이어지는 목책도 보이고, 목책이 두만강으로 이어지는 지도도 보인다. 많은 지도들이 토문강이 짤린지도 들이다. 토문강이 송화강으로 이어지는 지도는 필자는 규장각에서 2점을 확인했다.

이 지도는 청나라에서 간도지역의 조선인 쇄환을 요구하자 간도에 거주하는 조선인들이 백두산정계비와 주변(석퇴·토퇴)의 경계를 조사하고 만든 지도로 대택(大澤; 天池)을 중심으로 산맥과 강이 자세하게 그려져 있고, 두만강 하류에는 이성계의 선조 묘인 안릉(安陵)과 정릉이 삽입되어 있다. 또 이 지도 상단에는 주변을 설명한 주석이 붙어 있는데, 간도 주민들은 이 지도를 정부에서 조사차 나온 어윤중에게 제출하여 어윤중은 고종에게 바침으로써 고종은 비로소 간도는 물론이고 연해주까지 우리영토인 것을 알게 되었다, 고종은 그 후 청국과 을유·정해 2차례 국경회담이 개최되었고 이 지도를 토문감계사 이중하는 요긴하게 활용했다.

또 청일 간도협약 이후 대한제국 시대에 만든 지도는 두만강 북쪽에 북간도라는 지명이 함경북도에 편입되어 있다. 이에 국내지도를 다음과 같이 종류별로 검토해 본다.

(1) 1776년 이전 제작서북피아양계만리일람지도 (西北彼我兩界萬里一覽之圖)』

영조 대에 제작된 것으로 추정되는 이 지도는 우리나라의 북부 지방에 대한 수맥과 산맥, 그리고 압록강과 두만강의 국경지대 교통망과 군사요지가 표시되어 있다.

이 지도에 만주지방에는 몽고족의 침입을 막기 위해 명나라 때 설치

서북피아양계만리일람지도

한 '노변 유조변장'(老邊 柳條邊墻)(울타리)과 청나라 때 설치한 '신변 유조변장'(新邊柳條邊墻)과 목책 장성 및 만리장성의 일부가 표시되어 있다. 곧 의주, 봉황성, 성경(심양)을 거쳐 산해관에 이르는 출입구와 도중에 관, 첩, 보 등의 요지를 표시하고 있고, 또 우리나라의 회령, 경원에서 영고탑, 개원을 거쳐 심양에 이르는 경로도 비교적 자세히 표시하고 있다. 또 백두산정계비문의 토문과 두만이 같은 강이라는 반론의 지도로 토문강과 두만강이 구별되는 강원(江源) 문제는 분계강으로 흘러가는 별도의 강원임을 알 수 있고, 간도 지역에 대한 수복의지를 읽을 수 있다.

조선팔도도 고금총람도 : 1673년 김수흥 제작지도 (허영환 소장)

(2) 1673년 김수홍 제작 「조선팔도고금총람도」

김수홍의 「조선팔도고금총람도」는 산맥은 연결되지는 않지만 산봉은 장백산과 백두산이 뚜렷하게 표시되어 있다. 현재 백두산을 중국에서는 장백산이라 하고, 우리는 백두산이라 한다. 한, 중간에 이 명칭이 중요한 것은 중국에서는 장백산은 청나라 시조전설 '포고리옹순'이란 시조설화가 있어 중요하며, 대한민국의 백두산은 단군설화와 고구려 주몽설화가 있다. 또 우리나라 산맥은 백두대간을 형성하고 있다. 이러한 관계로 장백산과 백두산의 명칭이 중요하다. 백두산이 어느 나라의 산이 되는가에 따라 한·중 강역이 달라진다.

토문강과 두만강이 다른 지도 (규장각 소장)

1673년에 김수흥이 제작한 <조선팔도고금총람도>에는 장백산과 백두산 2개의 산이 구분되어 있어 장백산은 중국의 종산이고 백두산은 엄연한 대한민국의 종산으로 알려져 왔다. 뒤장에서 자세하게 설명하겠지만 청조가 원래 장백산의 명칭을 '계림합달령'이나 '길림합달령'으로 바꿔버리고, 백두산을 장백산으로 호칭케 하고 백두산의 명칭을 아예 없애버림으로써 장백산과 백두산 사이의 영역이 청의 강역이 되어 그 만큼 조선령이 축소되고 청의 영토가 확대된 결과를 낳았다. (이돈수, 『간도학보』 7호

이태조의 안릉과 정릉

(3) 백두산 정계비 주변을 조사하고 만든 지도

백두산정계비를 건립하고 제작

한 지도들로서 고종 때 을유·정해 감계 직전에 제작하였다. 이 지도 상단 분계비론에 의하면, 대청(大淸) 강희 51년에 오라총관 목극등이 청국 군관을 대동하고 조·청 변계를 조사하며 백두산 정상 장군봉에서 동남방 4.2 km 아래 지점에 정계비를 세우고, 비문에 '서위압록 동위토문 5월 15일'이라 기록하고, 또 자세히는 보이지 않지만 위치와 거리까지 표시하였다.

정계비 근교에서 쌓은 토퇴와 석퇴, 목책들이 토문강으로 이어졌고, 이 토문강은 송화강과 흑룡강으로 연결되고 있어 두만강과 토문강이 뚜렷히 별개의 강이 임을 알 수 있다. 이렇게 토문강과 두만강을 별개의 강으로 표시한 지도는 1885년 이전에 그린 지도로 추정되며, 청과 국경담판 이후 조선의 영토는 토문강 이동이 조선의 영토라는 인식을 잘 나타내 주고 있다. 두만강 하류에는 이태조의 선조 목조(穆祖)의 부부능인 덕릉과 안릉의 옛터가 표시되어 있다.

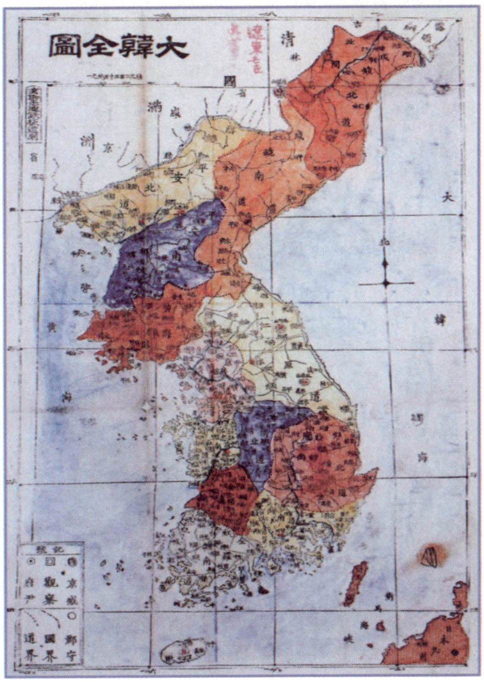

대한전도 1907년(영남대 박물관 소장)

청 정부에서 간도지역에 거주하고 있는 조선족을 소환해가라는 통지를 받은 조선 주민들은 이 땅은 본시 조선의 영토란 것을 알리기 위해 지형도와 상단의 설명서까지 첨부하여 백두산정계비 주변 지도를 제작해 간도지역을 시찰 차 나온 어윤중에게 바쳤다. 어윤중은 이 지도를 조선 조정에 보고하였는데, 조선 조정은 이때 비로소 백두산에 국경을 가름하는 비가 있다는 것을 알고 청 정부에 간도지역은 우리 땅 이라고 강조함으로서 청나라와 을유·정해 국경회담 개최하게 한 지도였다.

(4) 대한전도

대한제국 시기에 제작한 지도는 장백산을 한·중 국경으로 설정하여 만든 지도이다. 일본은 1909년 9월 4일 '청일간도협약' 이후 한·중 국경선으로 그린 지도들은 일본이 대륙침략의 교두보를 확보하기 위해

함경도 팔도지도 18세기(규장각 소장)
(영남대 박물관 소장)

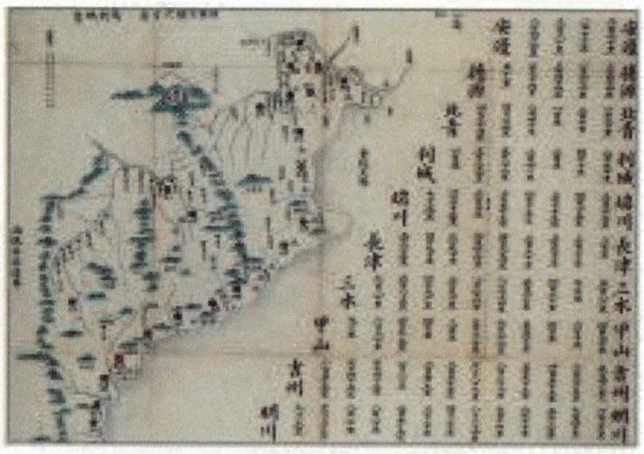

함경도각도지도 18세기 (영남대 박물관 소장)

함경도(여지도)19세기 (영남대 박물관)

함경도 지도 18세기(규장각 소장)

만주철도 부설권과 탄광채굴권 등 이권을 챙기고, 그 댓가로 간도를 청나라에 넘겨주면서도 함경북도 백두산, 종성, 온성 북쪽에 간도일부를 함경북도에 북간도란 명칭으로 조선의 영토로 그려 넣었다.

(5) 18세기 말 함경도여지도」(대한제국시기 지도)

「함경도여지도」는 백두산정계비가 표시되어 있고 목책으로 토문강으로 연결되어 있는 지도와 목책이 없고, 토문강이 잘린 지도 두 종류가 주류를 이룬다. 이 지도들은 백두산정계비 건립 이후 우리의 국경은 토문강이란 전제하에서 제작되었다. 조선의 국경 감계사 이중하는 을유(1885), 정해(1887) 감계담판 시 조·청 간 동쪽 경계는 두만강이 아니라 토문강임을 끝까지 주장하였다.

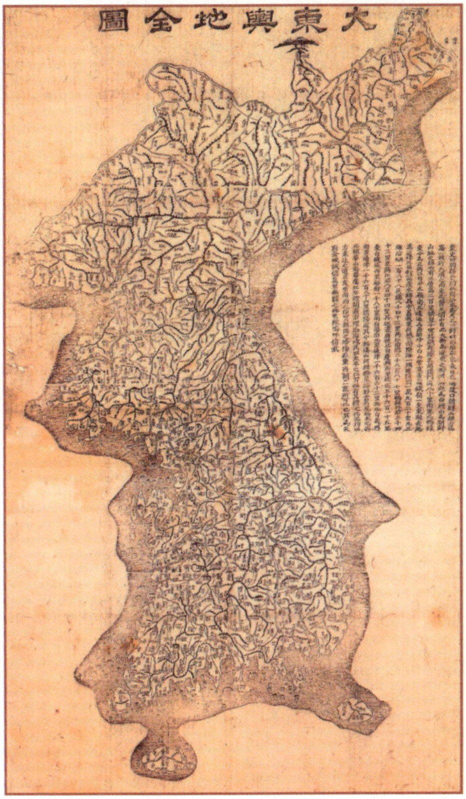

대동여지도 목판본 김정호 1860년 (숭실대 박물관 소장)

(6) 『대동여지전도』(순조34, 1834) 답사지도

간도 자료전시를 하다 보면 우리나라 국민들은 김정호의 『대동여지도』에 간도 지역이 빠져 있어 간도 영유권 주장에 의문을 제기한다. 『대동여지전도』는 제작 당시 조, 청간에는 간도 지역이 봉금관계로 출입이 자유롭지 않았고, 그 시대만 하여도 조, 청간에는 모화사상에 우리영토란 것을 밝히지 못했기 때문에 누락되었다고 본다.

(7) 청·일간도협약 후 대한제국시기의 지도

일본은 대륙을 침략하고자 간도는 조선의 영토이고, 조선인을 보호한다는 구실로 '청·일 간도협약'을 체결하였다. 체결 후 대한제국 시기의 지도에는 함경북도 종성, 온성, 두만강 넘어 장백산맥을 북간도란 지명으로 함경북도에 편입되어 있다. 이들 지도에 표시된 청국과의 국경은 백두산 천지를 중심으로 동쪽으로는 두만강이 아닌 장백산맥을 경계로 표시하여 간도가 조선의 함경북도의 일부였다는 것을 알려주고 있다. 즉 일부분이지만 간도가 조선의 영토라는 역사적 사실이 간도협약 이후에도 지속적으로 인정되고 있다는 것을 역설적으로 보여주고 있는 대목이다.

이상 국내지도와 서양지도를 검토해 보았다. 국내지도는 서양지도보다 모화 사상관계로 국경인식이 소극적이다. 17세기 이후 국내지도들은 백두산정계비에 의한 '동위토문'으로 백두산정계비에서 목책을 연결시켜 토문강으로 이어지는 지도나 토퇴, 석퇴로 토문강으로 이어지는 지도들이 대부분을 차지하고 있고, 두만강으로 이어지는 지도는 몇 점밖에 없다. 그런데 토문강이 송화강, 흑룡강, 동해로 이어지는 지도는 단지 2점 뿐 임을 확인하였다. 이 지도는 청나라에서 조선인들을 조선으로 쇄환해가라 하니까 간도지역에서 살고 있는 조선인들은 이지역이 조선의 영토란 것을 조선 조정에 알리기 위해 지도 상단에 해설까지 첨부해 만든 지도이었다.

대한제국시대 지도에는 장백산맥을 중심으로 북간도를 함경도에 편입된 지도들이 많이 있다. 일제는 '청·일 간도협약'을 체결하고 함경

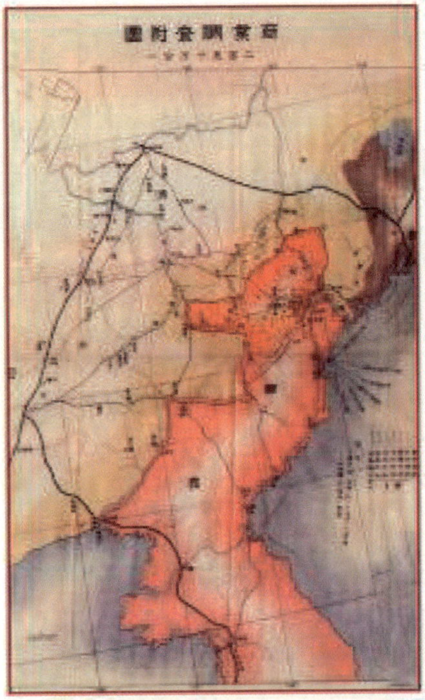

한국과 간도 상업조사부도

북간도지도1920(조선 경남철도 허가 선로 약도) 간도 지도(시립대 박물관 소장)

북간도지도 1942년 (시립대박물관소장)

북도에 장백산맥을 중심으로 편입되어 국경선이 여러 가지 모양으로 그려져 있다.

3. 간도되찾기운동본부의 주장 지도

간도되찾기운동본부에서 주장하는 지도에 대해 의견들이 분분하다. 어떠한 자료를 근거로 연구되었나에 따라 다른 견해가 나올 수 있다. 간도본부에서는 간도문제로 박사학위를 취득한 이일걸 한국간도학회 회장 견해에 따라 주장하기로 했다. 아래의 내용은 이일걸 박사가 2022년에 간행한 「간도신문」 (44호)를 참고한 내용이다.

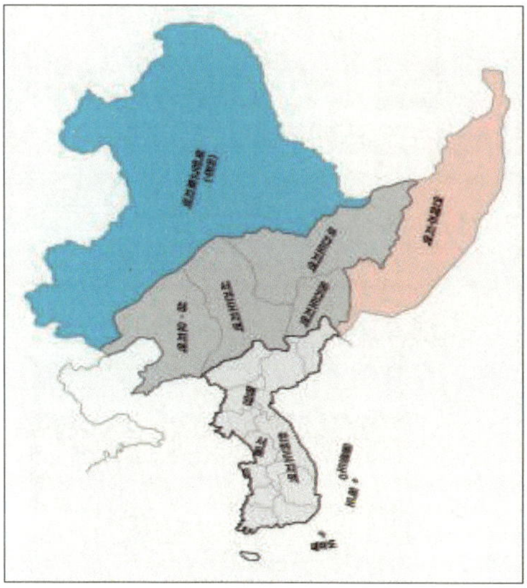

간도본부에서 주장하는 지도

청나라를 세운 사람들 역시 만주족이므로 우리민족과는 같은 동이족일 뿐만 아니라, 만주족의 선조격인 말갈 역시 고조선, 부여, 고구려, 발해의 주민으로 3,200년 이상 우리와 같은 나라의 백성이었으므로 이 지역은 우리민족의 영역에 포함시키는 것이 마땅하다고 본다.

우리가 새롭게 제기하는 간도지도는 다섯 부분으로 나뉘어져 있다. 각각의 성격이 다르기 때문에 이를 다섯 가지로 나누어 보겠다.

(1) 두만강 건너 동간도 구역

동간도 지역은 백두산을 중심으로 두만강 이북 지역인 산맥을 중심으로 노령산맥과 노야령 산맥 이남을 말하는 것인데, 이 경계는 백두산정계비의 동위토문 토문강을 기준으로 그렸을 때 백두산정계비 근처 토문강 구역이다. 따라서 백두산정계비를 기준으로 우리가 중국 측에 요구할 수 있는 영역이다. 이 지역은 실제로 조선민족들이 처음 개간을 시작한 지역이고 가장 많이 개간과 정착을 한 지역으로서 무주지 선점이론에 의하더라도 가장 강력히 주장할 수 있는 지역이다. 특히 현재의 연변지역은 중국내 조선족 자치구로 되어 있다.

(2) 노야령산맥 이북 북간도 지역

노야령산맥 이북지역과 송화강, 흑룡강으로 이어지는 이남지역이 북간도인데, 이 경계는 동간도에서 송화강, 흑룡강 동해로 이어지는 구역이다. 따라서 백두산정계비를 기준으로 우리가 중국 측에 요구할 수 있는 영역이다. 이 지역은 실제로 조선민족들이 북간도 개척 후 개간을 시작한 지역이고 북간도에 이어 개간과 정착을 한 지역으로서 무주지 선점이론에 의하더라도 가장 강력히 주장할 수 있는 지역이다. 현재의 흑룡강 지역이다.

(3) 압록강 북부 서간도 지역

서간도지역은 조선말 대한제국시기까지도 평안도로 행정구역이 되어 있던 확실한 우리의 영토이다. 백두산정계비에 의하면 서쪽으로는 압록강을 경계로 정했는데, 문제는 백두산정계비를 세운 이후에도 압록강 이북지역이 실질적으로 계속 조선의 영토였다는 것이다.

정계비를 세울 당시의 청나라 강희제가 프랑스 신부 레지(R'egis)를 시켜서 제작한 지도에는 분명히 조선과 청의 국경이 압록강 북쪽에 있었고 정계비를 세운 이후에도 계속 변화가 없었다.

대한제국시기인 1903년에도 압록강 이북 서간도 지역은 우리나라 행정단위인 32면으로 평안도에 편성되어 있었다. 그런데 이 지역 역시 일제가 간도협약으로 청나라에 넘겨주었다.

(4) 산해관(심요) 지역

요동반도 지역은 명나라에서 건립한 유조변책을 이용, 청나라가 한족(漢族)들의 출입을 엄금한 지역이다

이 지역은 청의 수도인 심양이 포함된 지역이며 고조선, 고구려, 발해시기 한족과 각축을 벌이던 지역이었다. 특히 고려인들이 많이 살고 있던 지역으로 종래 조선과 청 사이에는 국경이라는 개념이 없었는데, 1626년 정묘호란의 강화조약인 '강도회맹'(江都會盟)에 의해 양국 간에 서쪽과 북쪽의 국경을 책정하였다. 1627년 3월 3일 체결한 강도회맹에 "조선 국왕은 금국(金國)과 더불어 맹약을 한다. 우리 두 나라가 이미 화친을 결정하였으니, 이후로는 서로 맹약을 준수하여 각각 자기 나라 강역을 지키도록 한다."조선국여금국입서 아양국이강화호 금후양국 각준서약 각수봉강"朝鮮國與金國立誓 我兩國已講和好 今後兩國 各遵誓約 各守封疆는 내용으로 보아 양국 간에 이 때 비로소 국경을 정했음을 알 수 있다.

(5) 연해주 지역

러시아 영토로 되어 있는 연해주 역시 간도의 일부분으로서 우리민족이 개척한 우리의 영토이다.

1937년 스탈린이 이 지역 고려인들을 중앙아시아로 강제 이주시켰는데, 그 수가 18만 명에 달했다. 이 지역은 1860년 청나라가 영국과 프랑스에게 침략을 당하여 북경이 함락되자 이를 중재하는 명분으로 러시아가 개입을 하면서 압력을 넣어 청나라로부터 북경조약에 의해 할양을 받은 것이다.

그런데 문제는 이 지역이 청나라 영토가 아니라 우리영토라는 데에 있다. 기본적으로 청나라가 심양에서 북경으로 수도를 이전하면서 산해관 동쪽으로는 아무도 살지 않는 빈 황무지로 주인 없는 땅이었던 것이다. 200여만 명 정도밖에 안 되었던 만주족은 광활한 중국 본토로

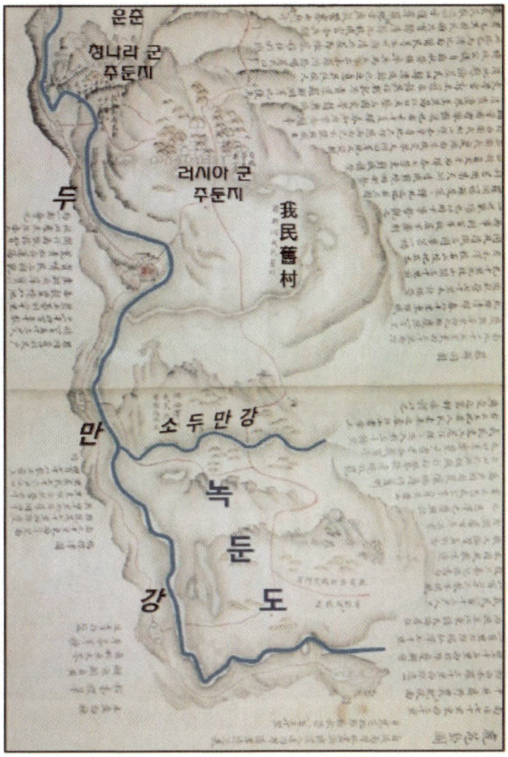

아국여지도 녹둔도

모두 들어가 각지에 흩어져서 한족들의 지배층이 되었기 때문에 당연히 간도지역으로는 올 일이 없었고 올 사람도 없었다. 게다가 한족들은 출입을 엄금하였으므로 원주민과 같은 조선인들만 들어가게 되었던 것이며, 서간도에서부터 연해주까지가 사실상 우리의 영토였던 것이다.

우리나라와 러시아와의 사이에는 또한 연해주 전체의 문제 이전에 녹둔도 문제가 걸려있다. 녹둔도는 두만강 하구의 섬인데, 여의도의 약 1.5배 정도 되며 이 지역은 조선의 행정구역으로 편성된 우리의 영토였고, 이순신 장군이 한 때 조산造山만호로 부임하여 여진족과 맞서 전쟁을 벌인 곳이기도 하다. 그런데 이 섬에 모래가 쌓이면서 러시아 쪽으로 붙어버렸고 그것을 빌미로 러시아에서는 자국영토로 편입시켰으며, 그 섬에 살던 100여 호의 주민들을 이주시켰다고 한다. 녹둔도 반환문제는 현재 북한에서도 러시아에 제기하고 있으며 우리 정부가 당장에라도 나서야 할 사안이다.

간도 조선인 개척

간도의 우리 동포들은 고조선, 고구려, 부여, 진국(발해)의 고래의 우리 후손들과 19세기에 이주하여 살고 있는 간도동포는 중국의 56개 민족가운데 정치, 경제, 문화, 교육 모든 분야에서 가장 우수하다.

간도지역은 연변 조선족 자치주 설립 시기의 조선족 인구는 전체의 80% 이상을 차지했으나 중국정부의 소수 민족정책으로 32:68% 떨어졌다. 최근에는 다행스럽게 조선족들이 중국 내지에서 간도지역으로 되돌아오는 추세를 보이고 있다.

우리민족은 조상들이 남겨준 전통을 잘 보전하고 있고 한글을 사용하고 있다. 특히 8월 15일은 '노인절'(老人節)이라하여 재중동포들은 이날을 기념하고 우리민족의 전통의상을 입고 각종 행사를 진행해오고 있으며, 2001년에는 용정이주 100주년 행사를 기념하여 "백년아리랑 룡두레 대축제"를 거행하기도 했다.

현재 간도지역의 동포들은 간도를 지키는 간도 땅의 실제 주인이기 때문이다. 따라서 국내에서도 이들 재중동포들에 대해 지대한 관심을 기울여야 하며, 국내에 거주하는 재중동포들에게는 국내인과 대등한 대우를 해주기 위한 법적 조치가 종합적으로 강구되어야 할 것이다.

재중동포 내농토 푯지석

만주농가

조양천 거리

조선족들의 널뛰기

명동촌 여인들의 그네타기

간도조선인 결혼식

Ⅶ. 간도지역에 이주한 조선인

일찍이 간도는 고조선을 건국한 우리 민족의 발상지였고, 고구려의 북방 진출의 교두보 역할을 했으며, 고구려를 계승한 발해의 주 활동 영역으로 역사 속에서 검증된 우리 민족의 후손들(토착인)과 여진족, 거란족이 각지에 흩어져 살았으나 이후 지리적으로 접근하기 유리한 우리 민족이 대대적으로 이주해 개척을 시작하면서 실질적인 간도의 주인으로 확고한 위치를 점하기 시작하였다. 일제 강점기에는 청산리 대첩과 봉호동 전투 등 항일 무장투쟁의 근거지로 민족정신을 일깨운 현장이었다. 이처럼 우리 땅 간도는 우리 민족과 따로 뗄 수 없는 불가분의 관계이다. 먼 옛날 고대가 아닌 불과 110년 전인 근 현대에 간도거주 동포들이 어떻게 이 지역을 개척하여 삶의 터전으로 자리 잡고 살고 있었는가를 알아보고자 한다.

크게 두 단계로 볼 수 있는데, 먼저 1단계로 1644년 청나라가 산해관을 넘어 명나라를 멸망시킨 후 수도를 북경으로 정하자 동북지역 대부분의 여진족들도 군대를 따라 북경으로 들어갔다. 이후 1677년(강희 16년)에 지금의 신빈현 동쪽과 압록강, 두만강 이북지역을 봉금지대로 230여 년간 무인 무주지로 관리해 왔다.

그리고 봉금으로 인해 230년이나 출입금지 구역으로 방치된 옥토를 찾아 조·청 양국의 국경수비대를 피해 두만강을 건너 봉금지역으로 월경한 조선족 농민들은 간도 지역에 초막을 짓고 나무를 베고 밭을 개간하고 곡식을 심었다. 시초에 그들은 철새처럼 봄에 두만강을 건너 씨 뿌리고 돌아와 가을에 다시 건너가 곡

1900~1910년 이주 초기 생활모습
조선인들은 대체로 산비탈에 초막집을 짓고 살았다.

식을 타작하여 등짐을 지고 고향으로 돌아오곤 하였다. 생활에 쪼들린 나머지 두만강을 건너는 조선족들은 매년 불어나고 있었다. 그들 가운데 어떤 사람들은 계절농사로 드나들었고, 어떤 조선족은 깊숙한 산골에 아예 정착하여 거주하였다.

봉금지역은 이름 그대로 어느 민족도 발을 붙일 수 없는 출입금지구역이었다. 만약 들어갔다 발각되는 날에는 목이 잘린다(참수{斬首})는 엄한 벌칙이 있기 때문에 국경수비대들의 눈을 피해 침입하곤 하였다.

그러다가 우리 민족의 대규모 간도 이주를 급격히 촉발시킨 계기는 1869, 1870년 2년에 걸친 함경도와 평안도 지방의 사상 유례가 없는 참혹한 대가뭄(大旱災) 이었다. 가난한 사람들은 굶주리다 못해 두만강, 압록강을 건너 통화, 집안, 장백, 신빈, 룡정, 화룡 등 압록강과 두만강의 연안에서 자리를 잡았다. 1870년에 집안 한곳에만 해도 조선족들이 1천여 호가 살았으며 1881년에 이르러 1만 명을 훨씬 넘어섰다. (류연산, 『혈연의 강들』 상, 하 덕림문화재단 1999)

1880년 회령부사 홍남주에 의한 경진개척(庚辰開拓)은 민생고 해결책으로 북간도지역에 대한 집단개척을 허가해 주면서 갑산간도, 종성간도, 온성간도로 함경도에 입적시켜 허가해 주었다. 이는 봉금정책이래 처음으로 지방관아의 비호 하에서 진행된 집단개간이었다. 이에 조선 관청에서는 관원을 파견하여 우리민족이 개간한 토지를 조사, 등록하고 토지대장을 만들어 직

함경북도 갑산, 종성, 온성 지도

접 관리하기도 하였다.

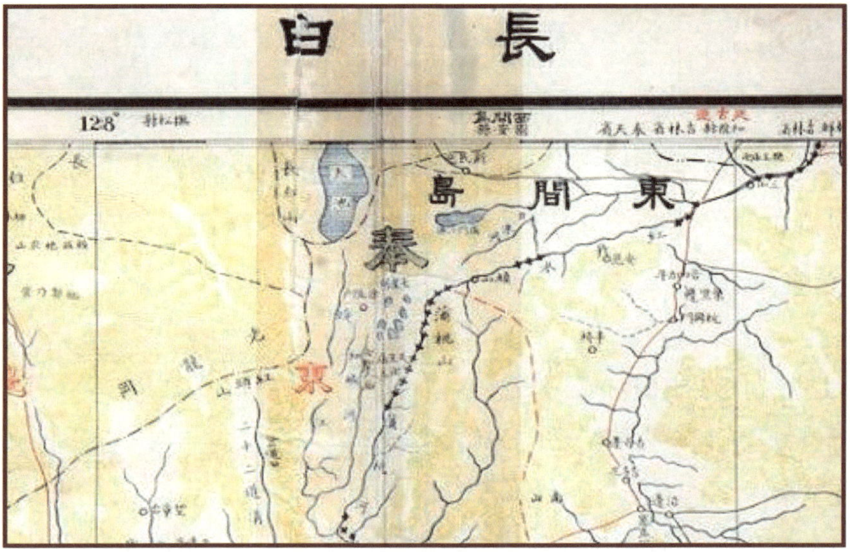

간도지명이 표기된 중화민국참모본부의 '청바이 지도' 조선함경도와 중국 지린성 일부를 표시한 이 지도의 윗부분이 백두산천지와 오른쪽에 동간도라는 표기가 뚜렷하다.

1. 韓人의 서간도 진출

백두산을 중심으로 동쪽은 북간도, 서쪽은 서간도라 한다. 서간도지방은 북간도보다 훨씬 넓고 땅도 비옥할 뿐만 아니라 지하자원도 풍부하다고 알려져 왔다. 서간도는 청 태종과의 협정에 의하여 조선의 영토에 속하게 된 지역으로 프랑스 왕실의 지리학자인 당빌은 이곳이 조선의 평안도에 속하는 땅이라고 해서 PING-NGAN이라고 佛文으로 표시한 조선의 영토이다. 그러나 이 지역은 230년 동안 무인의 공백지역으로 봉금을 시켜놓은 지역이다.

서간도는 북간도처럼 문제를 일으키지 않았던 곳으로 19세기 말엽에 이르러 간도영유권을 놓고 한·청 양국 간에 분규가 생겼을 때에도 서간도문제는 거론되지 않았다. 일본이 간도협약 맺을 때에도 서간도 문제는 거론되지 않아 등한시한 지역이다. 그러다가 청·일 간도협약을 체결하면서 서간도는 어이없게도 청국으로 넘어가고 말았다.

조선정부에서는 압록강 넘어 서간도가 조선의 영토라는 것을 알고 있으면서 나약하고 무기력한 군주들과 사대주의와 무사안일주의에 빠진 위정자들은 오늘날까지도 우리 영토라고 언급 못하고 있다.

西間島는 32개 面에서 관리

압록강 일대에 조선인 이주자가 많아지자 주민의 보호를 위하여 행정기관의 설치를 필요로 하게 되었다. 이에 고종 38년(1891년) 평안도 관찰사는 정부의 지시를 받지 않고 압록강 북의 한인(韓人) 거주 지역을 28개 면으로 구획하였다. 이 28개 면은 강계, 초산, 자성, 후창의 4개 군으로 나누었다가 그 다음해에는 다시 행정구역을 통폐합하여

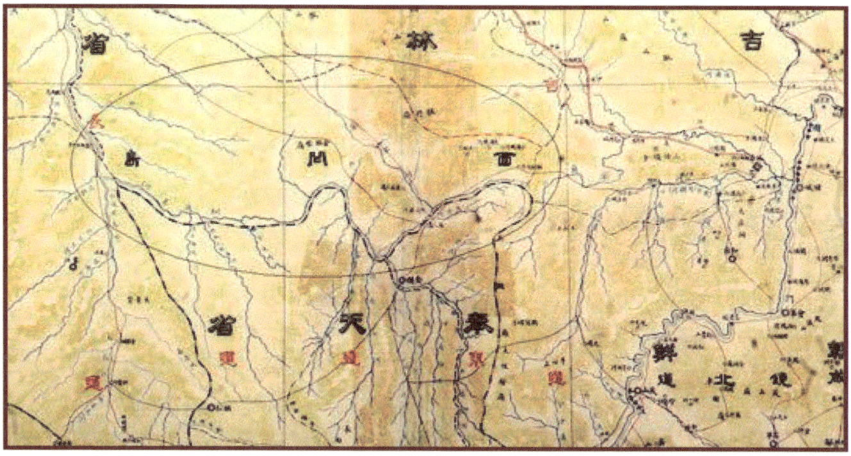

서간도면 지도

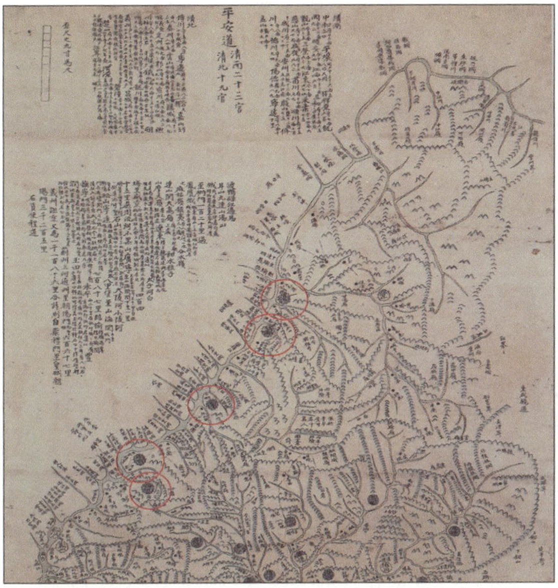

서간도지역 평안도 4개면에 입적 관리

강계군에 11면을, 자성군에 4면을, 벽동군에 2면을, 초산군에 7면을 소속시켜 압록강북 지역을 도합 24개 면으로 나누었다. 광무 2년에 이르러 한국정부로서 압록강 일대에 거주하는 한인(韓)의 보호를 느끼어 다시 통화, 팔도강, 강전자(江甸子) 일대를 12면으로, 삭주(朔州)대안을 4면으로, 흥경부 일원을 2면으로 분할하여 행정사무를 관장하게 하였다. 정부에서는 서상무(徐相懋)를 서변계 관리사로 임명하여 압록강 지방에 거주하는 한인의 모든 행정사무를 통괄하도록 임명하였다. 이때에 서간도에 거주하는 한인의 호수는 8,722호에 이르고 인구는 37,000명에 달하였다. 그 후 광무 7년 5월에는 면의 구획과 인구수가 32면 9,945호로 인구는 44,050명으로 늘어났다. (김득황, 『백두산과 북방강계』 1987. 7 pp. 121-124)

한국정부에서도 서간도에 관심을 가지고 광무 6년에는 서간도 즙안에 향약소(鄕約所)를 설치하고 의정부 참찬 이용태(李容泰)를 향약장으로, 서상무를 부향약장으로 겸무토록 하였다. 이 향약소는 1909년 일본이 간도협약의 체결과 더불어 폐쇄되었다. 이 향약소에서는 다음과 같은 향약을 제정하여 한인의 공동생활의 규범으로 서간도 한인(韓)을 관리하였다.

1. 면장의 급료는 봄, 가을 2기로 나누어 매기에 320냥씩 지급한다.
2. 면 고용인의 급료는 봄, 가을 2기로 나누어 매기에 30냥씩 지급한다.
3. 면장은 한 면의 대표임으로 면의 일을 위하여 내왕하는 여비는 면장이 부담한다.
4. 연하의 사람이 연상의 사람을 능멸하였을 때에는 곤장 30대를 친다.
5. 불법을 행한 자에 대해서는 면에서 상의하여 처벌한다.
6. 주정을 부리거나 잡기를 하여 규약을 무시한 자는 면에서 징계한다.
7. 범인이나 장물을 은닉하였을 때에는 중벌을 면할 수 없다.
8. 노소를 불문하고 이웃과 화목하지 않았을 때에는 곤장 30대를 쳐서 경외로 추방한다.

이와 같이 서간도 일대에 우리 민족의 이주가 급증하여 주거지가 확대되자 1889년 조선 정부에서는 평안도 관찰사로 하여금 압록강 대안 지역의 우리민족 주거지역에 행정구역을 설치하여 조선 정부의 관할 내로 편입시키도록 하였다.

한편 우리 동포들이 개간한 농경지에는 다양한 농작물이 재배되기 시작했다. 조, 옥수수, 고량, 기장, 콩 등의 밭농사도 크게 성행했지만, 가장 큰 비중을 차지하던 농업은 역시 하천 유역의 저지와 습지에서 일으킨 벼농사였다. 수전 농사가 제일 먼저 시작된 곳은 1875년 통화(通和)지방이었으나, 벼농사가 성공하면서 1900년대 초에 서간도 압록강과 요하 유역, 북간도 두만강, 혜란강 유역 및 목단강과 송화강 유역까지 고루 확산되어 갔다.(조선족 100년사화)

이 당시 수전 농사는 간도거주 우리 동포들의 경제적 기반을 향상시키는 한편 민족공동체 형성에 크게 기여하였다. 수전 농사는 우리 동포들의 협동노동을 전제로 하고 있었기 때문이다. 저습지를 개간하여 논으로 만들거나 수로를 만드는 일은 개인의 힘으로 불가능하고 협동

서간도지역 농지개척

노동을 통해서만이 가능했다. 수전 농사를 매개로 형성되는 두레와 품앗이 등 협동노동은 민족사회 내부의 연대를 끈끈하게 하는 계기를 만들었다.

2단계로 1910년 한일합방은 조선인들의 간도이주를 더욱 가속화 시켰다. 이 무렵 간도지역 우리 동포들의 증가세를 보면 '청·일 간도협약' 체결 1년 전인 1908년에 12만 명에 불과 했는데 1910년에 20만 명, 1920년엔 46만 명, 1930년경에 60만 명을 상회했다. 이후에도 인구는 계속 늘어나 광복 직전 간도 거주 조선인 수는 약 216만 명에 이르렀다.(조선족역사 연변인민출판사 1986)

1908년 간도개척의 선구자 김약연은 명동촌에 애국지사들을 집단으로 이주시켜 학교와 교회를 세우고 민족의식을 고취, 결집하여 많은 인재를 양성하고 독립운동에 헌신케 한 민족교육의 요람과 항일운동의 중심지로 만들었다. 명동촌에서 명동서숙을 세우고, 이어 1909년 명동학교를 개교한 규암 김약연은 북간도 한인 사회의 첫 단체인 <간민회>의 총회장이었고, 1919년 3.1운동의 여파가 북간도에 전파되기 전에 미주와 노령에 가서 만세운동을 주도했으며, 3월 13일 북간도 용정의 반일시위 운동에서 발표한 독립선언서 포고문에 서명한 17명중 대표였다. (독립기념관, 『북간도 명동촌 삶과 독립운동』 2005. 2. 해제)

2. 봉금지역 해제

봉금해제 후 1875년대로부터 1940년대 초에 이르기까지 몇 시기로 나누어 한반도로부터 이주한 조선족들이 요령성, 길림성, 흑룡강성에 집중적으로 모여 살았는데 그 수가 200만 명에 이르렀다. 이들이 우리의 역사와 문화를 지키면서 조선족이란 민족의식을 간직하고 전 중국 14억 인구 중에서 정치, 경제, 문화, 교육 등 가장 똑똑한 소수민족 일원으로 정평을 얻고 있다. 특히 문화 교육면에서 교육수준은 중국 56개 민족들 중에서 가장 우수한 민족으로 높이 평가받았다.

1966년 중공의 권력투쟁으로 문화수준이 높다는 이유로 문화혁명기간 동안 주덕해를 비롯한 1,000여 명이 처형되고 고문으로 불구가 된 자가 수천 명에 이르러 간도에 사는 조선족들이 많은 피해를 입었다.

1905년 을사늑약과 1910년 8월 22일 한일병합으로 국권을 강탈당한 이후 일본은 헌병경찰제로 무단통치와 토지조사사업을 실시하여 수많은 조선인 땅을 총독부가 강제 수탈하여 지권(地券)--땅의 소유권을 증명하는 문서--을 일본인들에게 빼앗기는 만행에 항변하지 못하고 많은 조선 농민들은 살길을 찾아 두만강 압록강을 건너 간도지역으로 대량 이주하여 조선인 마을이 형성되었다. 또 상당수의 독립투사들이 간도지역으로 이주를 선택한 이유는, 첫째, 한반도와 두만강, 압록강을 사이에 두고 있다는 지리적 이점과 둘째, 한국인이 거주하고 있다는 점, 그리고 셋째, 이 지역에는 일본의 권력이 미치고 있지 않다는 점 등을 들 수 있다.

19세기 말 일제의 간도지역 이주정책으로 집단이주한 지역에는 이주민들이 송화강 유역으로 이주해 오면서 고향의 군 이름을 따다가 붙였다. 오늘날 조선족 마을들은 대개가 조선의 군(郡) 이름을 그대로 옮겨온 것들이다. 이주민들의 조국애와 애향심을 나타낸 것으로서 조선 지명의 복사판이라 해도 과언은 아닐 것이다. 송화강 유역 마을 이름은 현재 조선족이 살던 안 살던 간에 마을 이름만 보면 조선족 이주민 집단부락이란 것을 알 수 있다. 대개 집단이주민 부락들은 조선에서 살던 마을 이름을 그대로 따온 것이다. 유하현, 창성, 벽동, 경기, 초산, 가평 등은 한반도의 평안도와 경기도에서 군(郡) 이름을 따온 것이다. 안도현에 있는 금화, 원주, 고성은 강원도의 군 이름이고 장수, 정읍, 김제, 익산은 전라북도 군 이름 이다.(류연산 혈연의 강들 1999)

1982년 중국 전국인구 조사에 의하면 조선족은 176만 3천 8백여 명으로 주로 동북 3성에 분포되어 있다. 길림성에 110만 3천 4백 명이 있는데 그중에 75만 4천 5백 명이 연변조선족자치주에 거주하고 있다. 흑룡강성에 43만 1천 1백 명이 있고, 요령성에 19만 8천 3백 명이 있으며 내몽고자치주에는 1만 7천 5백 명이 있으며 나머지는 전국 각지에 널려 있었다. 1952년 9월 3일에 연변조선족차치주를 세웠으며 1958년 9월 15일에 장백조선족자치현을 세웠다. 동시에 길림성, 흑룡강성, 요령성 그리고 내몽골 등 조선족이 집단거주하고 있는 지역에 40여개 민족향을 세웠는데, 이들은 지역발전에 크게 기여하였다. 이러한 간도지역은 연변조선족자치주로 행정구역이 편성되어 있지만 현재는 한인(韓) 재중동포와 중국인의 비율이 8:2이었던 것이 3:7로 역전되었다. (연변출판사 『조선족역사』 1986.6)

이것은 중국 공산당 정부의 소수민족 정책에 기인하지만 점차 독자적인 소수민족의 정체성을 배제하려는 중공의 의도인 것이다. 현재 간도에는 100여 년 전 이곳에 이주했던 간도 한인 2, 3세들이 거주하고 있으며, 조상들이 남겨준 전통을 보존하며 한글을 사용하고 있었으나 중국의 동북공정 일환인 소수민족 정책으로 중등교육시 한글전용이 중국교육으로 바꾸었다. 그러나 매년 8월 15일은 '노인절'이라 하여 재중동포들은 이날을 기념하고 우리 민족의 전통의상을 입고 각종 행사를 진행하고 있다. 2001년에는 용정 이주 100주년 행사를 거행하기도 하였다. 1992년 한·중 수교 후 재중동포 사회도 젊은이들의 탈 농촌화 바람으로 인해 농촌이 피폐화 되었으며, 조선족 마을에 한족(漢)이 70%를 차지하고 있어 재중동포 사회의 위기감이 감도는 실정이다. 따

백년아리랑룡두레대축제(일송저 입구 2001년 7월 필자찰영)

라서 이에 대한 시급한 대책이 필요하다. 왜냐하면 재중동포는 현재 간도지역을 지키는 땅의 실제적인 주인이기 때문이다. 그러므로 이들 재중동포들에 대해 지대한 관심을 가져야 한다. 재중동포들의 생활수준은 국내 거주하고 있는 조선족들의 생활수준과 별 차이가 나지 않도록 대한민국 정부 측에서 특단의 대책을 강구하기 위한 법적 조치가 필요하다.

3. 조선족 교육

우리민족은 예로부터 민족문화를 숭상하고 자녀교육을 중시하는 민족이다. 간도에는 토착민족과 1869년 기사년 한재(旱災)---심한 가뭄---로 식량기근이 크게 들어 한반도에서 간도로 이주한 이주민 마을들이 형성되면서 자녀교육을 위해 서당교육을 실시하였다. 서당에서는 시대에 따른 근대교육을 위해 1906년 애국지사 이상설 등이 용정에 서전서숙(瑞甸書塾)을 개교하여 민족교육을 실시하였으나 이 학교는 1907년 일본에 의해 일년도 안된 서전서숙을 폐교시켰다. 그 후 서전서숙학교 출신들은 반일 사립학교를 설립하거나 교편을 잡아 연변 조선족들의 민족교육과 조선족학교 발전에 크게 기여 하였다. 이미 1899년 김약연, 문병규, 남도천, 김하규 등 네 가문이 명동촌에 집단 이주하였으며, 윤재옥 가문은 이듬해 이주하여 간도를 우

1906년 서전서숙 개교

리의 영토로 인식하여 개간하기 시작하였다. 1916년 12월 일제의 교육기관 조사보고 자료에 의하면, 간도지역의 조선족이 운영하는 사립학교수가 무려 328개교로 보고되고 있다.

간도조선인 민족교육

우리민족은 예로부터 민족문화를 숭상하고 자녀교육에 중요시하는 민족이다. 간도에는 토착민족과 1869년 기사년 한재에 의한 한반도에서 간도로 이주한 민족들의 마을이 형성되면서 자녀교육을 위해 서당교육을 실시하였다. 시대에 따른 근대교육을 위해 1906년 애국지사 이상설 등이 용정에 서전서숙(瑞甸書塾)을 개교하여 민족교육을 실시하였으나 1907년 일본에 의해 폐교되고 말았다. 그 후 서전서숙 학교 출신들은 반일 사립학교를 설립하거나 교편을 잡아 연변 조선족들의 민족교육과 조선족학교 발전에 큰 기여를 하였다.

1916년 12월 일제의 교육기관 조사보고 자료에 의하면 간도지역의 조선족이 운영하는 사립학교수가 무려 328개교로 보고되어 있다.

서전서숙. 이상설이 세운 북간도 민족교육기관. 근대교육의 장으로써 철저한 민족교육을 실시하였는데 일제의 방해공작으로 1907년 9월경에 폐교되었다.

조선족 근대교육

조선족 서당교육

1918년 4월 9일 명동학교 낙성식 광경

정동중학교

명동학교 고등과 제5회 졸업식(1926.3.26)

1910년대의 명동중학교 건물, 1908년 설립된 명동서숙은 1910년 중학부가 설치되면서 근대적 교육기관의 면모를 갖추게 되었다.

4. 간도지역의 독립운동

대한제국 당시의 적극적인 간도정책은 일본의 흉계에 의해 간도가 1909년 9월에 청에 넘겨지면서 무산되었지만 간도지역은 여전히 조선족이 8할을 차지하는 등 이 지역을 꾸준히 개간하여 왔다. 더구나 일제의 토지수탈 정책과 탄압으로 한인(韓)의 간도지역 이주가 현실화되었지만 한때는 독립운동기지로 자리 잡기도 하였다. 1919년 3.1운동 후 <서로군정서>(西路軍政署) 등의 독립군이 결성되어 봉오동 전투와 청산리 전투, 그리고 대전자령 전투 등 독립전쟁에서 홍범도, 김좌진, 지청천 등이 승리를 이끌었다. 결국 간도지역은 50여 개의 독립운동 단체들이 생겨났으며

1925년에는 참의부, 정의부, 신민부 등 3부로 정립되었다. 그 후 일본과 중국의 '삼시(三矢, 미쓰야)협정'---1925년 조선 총독부 경무국장 미쓰야(三矢)와 중국 장쭤린이 체결한 협약. 미쓰야 협정의 내용은 '만주에서 활동하는 독립군을 체포하여 일본으로 넘길 것과 이때 일본은 대가로 상금을 지불할 것을 조인하였다. 1921년 간도 참변과 미쓰야 협정 때문에 만주에서의 독립군 활동은 많은 타격을 입었다. ---으로 독립운동이 쇠퇴해졌으며 1931년에 만주국이 일본에 의해 성립되었다. 이에 대항하는 한인 위주의 항일유격대가 각 지역에 결성되었으며, 이 7개의 유격대가 '동북항일연합군'으로 발전하여 수많은 항일 혁명 열사를 배출하기도 하였다.

이 시기 간도는 근대 한민족의 역사 속에서 우리 겨레의 피땀과 눈물이 배어있는 곳 일뿐만 아니라 민족의 얼과 넋이 숨 쉬는 곳으로 한일 무장투쟁의 무대가 된 곳이다.

간도지역의 조선족 독립운동

대한제국 당시의 적극적인 간도정책은 일본의 흉계에 의해 청에 넘겨지면서 무산되었지만 간도지역은 여전히 조선족이 8할을 차지하는 등 이 지역을 꾸준히 개간하여 왔다. 더구나 일제의 토지수탈 정책과 탄압으로 한(韓)인의 간도지역 이주가 현실화되었으며, 한 때는 독립운동기지로 자리 잡기도 하였다. 이미 1899년 김약연, 문병규, 남도천, 김하규 등 네 가문이 명동촌에 집단 이주하였으며, 윤재옥 가문은 이듬해 이주하여 간도를 우리의 영토로 인식하여 개간하기 시작하였다. 1919년 3.1운동 후 서로군정서 등의 독립군이 결성되어 봉오동 및 청산리 독립전쟁에서 홍범도, 김좌진 등이 승리를 이끌었다. 결국 간도지역은 50여 개의 독립운동 단체들이 생겨났으며 1925년에는 참의부, 정의부, 신민부 등 3부로 정립되었다. 그 후 일본과 중국의 삼시(三矢)협정으로 독립운동이 쇠퇴해졌으며 1932년에 만주국이 일본에 의해 성립되었다. 이에 대항하는 한인 위주의 항일유격대가 각 지역에 결성되었으며, 이 7개의 유격대가 동북항일연군으로 발전하여 수많은 항일 혁명 열사를 배출하기도 하였다.

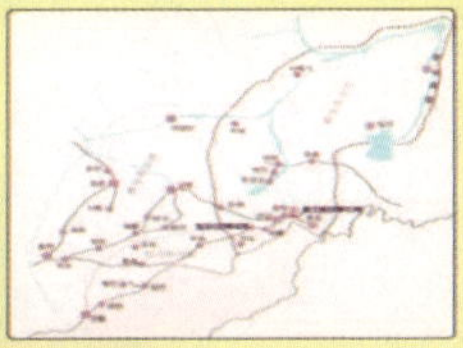
간도지역 독립운동

1920년 7월 7일 봉호동 전투에서 대승과 10월 10일 완구두 전투, 10월 25일 일본군을 물리쳤다. 고동곡 전투 10월 22일 어랑촌 전투에서 싸웠다. 중간이 홍범도 장군.

1920년 9월 청산리전투를 앞두고 왕청현(汪淸縣) 서대파(西大坡)에서 북로군정서 장교(기념사진) 앞줄에 앉은 사람 김좌진 장군

15만원 탈취 사건의 주역들 임국정, 윤주희, 최봉설, 한상호, 김준, 박웅세 이들은 무장 독립운동을 위해 철혈광복단을 조직해 무기구입을 위해 1920년 일본 조선은행 회령지점에서 용정출장소로 이관하던 15만원을 탈취한 후, 블라디보스트에서 무기구입 중 친일파 신고로 무기 구입에 실패했다.

발렘 신부와 정근·공근 두 동생에게 유언하고 있는 안중근의사

즉 서간도 지역의 대한 독립단과 서로군정서, 북간도 지역의 대한 독립군과 북로군정서 등 수십 개에 달하는 항일 무장 단체들이 조직되기도 하였다.

봉오동 승첩지. 봉오동은 삿갓을 뒤집어 놓은 듯한 지형의 천연 요새지로 하·중·상동 마을이 30-40호씩 모여있던 곳이나, 지금은 중동어귀까지 도문시(圖們市)의 상수도물 저장을 위하여 물에 잠긴 호수댐을 이루고 있다.

의정부·참의부·심민부의 활동지역 영토

청·일 간도협약

간도파출소장

1907년 용정에 통감부임시 간도파출소 설치

- ◈ 1907년에는 용정지역에 간도 임시파출소까지 세우며 간도는 조선영토이며 간도한민 보호를 천명
- ◈ 1908년 4월 일제는 간도를 미확정 지역이라고 정책전환
- ◈ 1909년 2월 6일 일제는 동삼성 6안을 청에 제안

1909년 간도협약체결

청일간의 간도협약 교섭이 원만히 진행되지 않자 동삼성 6안을 제시하여 대륙진출을 위한 이권(만주철도부설권, 광산채굴권)을 얻는 대가로 간도를 청나라에 넘겨 주는 간도협약 체결하였다.

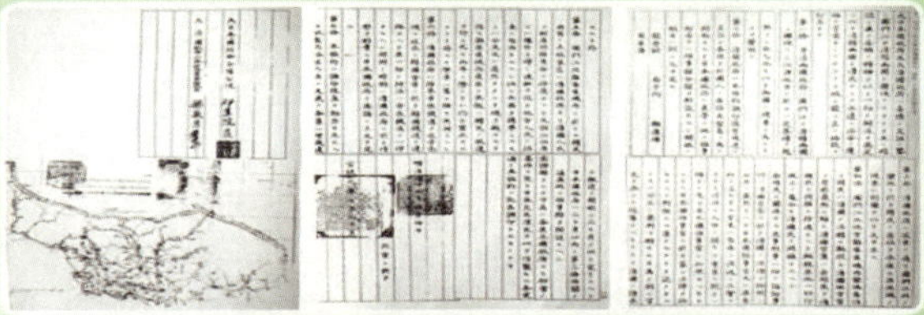

▲ 청일 간도 협약서(1909.9.4)

▲ 청일간도협약 후 기념사진

간도협약이 무효인 까닭은?

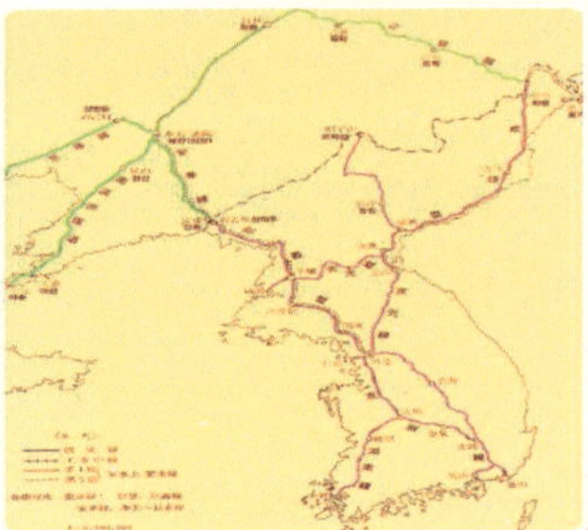

간도협약이란 1909년 대한제국의 외교권을 강탈한 일제 강점기에 청일 간 맺은 불법조약으로 피보호국(대한제국)의 이익을 증가시키거나 유지시키는 조약이 아니라 이익을 해치는 조약이므로 조약의 성격상 원천무효이다.

또한 중·일 간에는 1914년 이전의 모든 조약이 무효라고 합의가 있었고, 한·일 간에도 1910년 8월 22일과 그 이전의 모든 조약이 무효라는 확인이 있었다. 그럼에도 불구하고 이 간도협약은 광복 후 혼란기, 한국전쟁, 남북분단의 상황을 거치면서 정부에서 아무런 이의 제기가 없었기 때문에 현재까지 지속되고 있다. 이로 인하여 현재 중국이 간도를 불법 점유하고 있으며 반드시 정부는 간도협약 원천 무효화 선언과 함께 간도지역이 미해결된 영토 분쟁 지역임을 중국정부에 공식 통고하여야 한다.

◀ 청일 간도 협약에 의한 철도부성권

Ⅷ. 청·일 간도협약

1. 청·일 간도협약 무효

'청·일 간도협약'은 대한제국과 청국 간에 체결된 것이 아니라 청국과 일본 간에 체결된 협약이다. 이와 같이 대한제국이 아닌 일본이 간

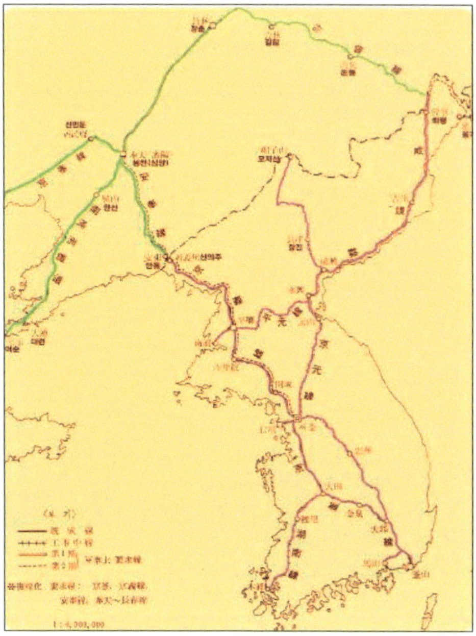
간도협약 4개 철도 부설권

도협약을 체결한 근거는 1905년 이월 17일 '을사늑약'에 의해 조선이 일제에 외교권을 강탈당한데 있다.

간도지역은 동북아시아에서 매우 중요한 위치에 있기 때문에 강대국들의 관심이 집중되는 지역이다. 이 지역을 확보하고자 청일 전쟁과 러일 전쟁에서 승리한 일본은 아시아에서 군사적 우위를 확보하고 만주 진출을 위한 구실로 간도한인 보호라는 이름하에 간도(만주)에 통감부 임시 간도파출소를 1907년 8월에 설치하고 간도(만주)에 진출할 수 있는 발판을 마련하게 되었다. 첫째, 만주침략에 필요한 만주철도 부설권인 대련↔장춘철도, 남관령↔여순철도, 대장신↔류목둔철도, 대석교↔영구철도와 연대 탄광철도, 소가둔↔무순철도, 봉천(심양)↔안동 간 철도 운수업 경영을 청국이 일본에 허가했다. 둘째, 철도운행 할 연료 해결 방안으로 연대 탄광채굴권을 확보하였다. 이에 1906년 11월 한국정부는 참정대신 박제순 명의로 간도체류 한국인의 생명과 재산을 보호 해달라는 공문을 일본의 통감부에 발송해오자 일본은 간도가 한국의 영토란 전제하에 소위 "통감부 임시 간도파출소본부"를 1907년 8월 용정에 설치하고, 소장에 육군중좌 사토스에지로 제등계치랑(齊藤季治郎)를 임명하였다.(최장근, 『한중국경문제연구』 1998. 60-65쪽) 일본은 청국 관헌과 충돌을 피하고자 통감부 설치 경위를 청국에 통보하고 착오가 없도록 조처를 요구하였다.

1. 간도를 한국의 영토로 한다.
2. 한국인은 청국의 재판권에 복종하지 않는다.
3. 청국 관헌이 징수하는 일체의 세금은 인정하지 않는다.
4. 청국 관헌이 발하는 일체의 법령은 인정하지 않는다.
5. 청국 관헌이 명하는 도향약(都鄕約)에 대하여는 일반 한국민과 동일하게 취급한다.

청국은 이에 항의하여 간도는 청에 속하는 영토라고 주장하여 "통감부 간도임시파출소"의 철수를 요구했다. 그러자 일본은 만주침략의 제1단계인 '동삼성육안 東三省六案'(길림성, 요령성, 흑룡강성)을 청국에 제시하고, 이를 토대로 1909년 1월 6일부터 북경에서 청국과 교섭을 시작했다.

청국 주재 일본공사와 청국 외무부는 북경에서 간도귀속문제를 포함한 '동삼성육안'에 관한 청·일 외교 교섭을 시작한 것이다. 이에 일본은 한국의 영토인 간도를 포기할 것을 전제로 5개 사항에 대한 청국의 양보를 요구하였다.

'동삼성 6안'

1. 만주철도의 병행선인 신법(신민군-법고문)철도에 대한 부지권 문제
2. 대석교-영구간 철도지선 문제
3. 경봉철도를 봉천성 밑까지 연장하는 문제
4. 무순 및 연대 탄광의 채굴권 문제
5. 안봉선 연안의 광무(光武)년의 北淸變亂 문제

6. 간도귀속 문제(청나라에 넘겨준 조항)

통감부간도 임시 파출소 일본 헌병장교들

간도파출소 사이또 소장

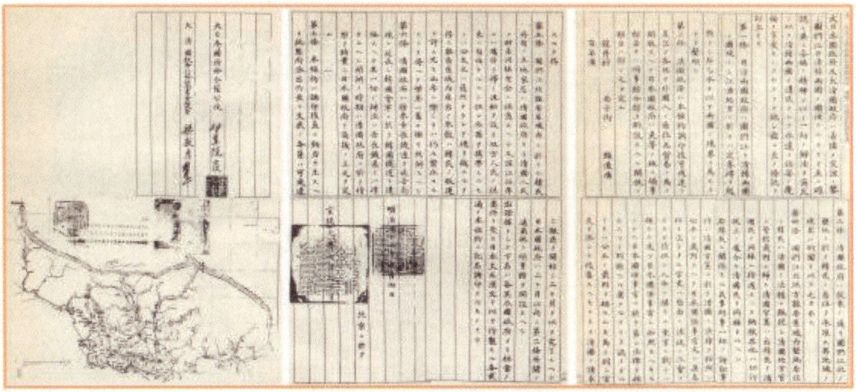

청일간도협약체결(1909. 9. 4)

이에 따라 청국은 5가지를 일본에 양보해 주고, 일본은 간도문제를 청국에 양보함으로 1909년 9월 4일 북경에서 청·일 양국 간에 협약(간도협약)을 다음과 같이 체결하였다.

※ 5개 사항

1. 간도는 한국의 영토이다.
2. 한국인은 청국의 재판에 복종할 필요 없다.
3. 청국 관헌이 징수하는 일체의 조세를 인정하지 않는다.
4. 청국관헌의 법령 일체를 인정하지 않는다.
5. 청국관헌이 임명한 향약 등에 대해 일반 한인과 동일한 취급을 한다.

간도방면 청·한 양국 국경에 관한 일·청 협약 조인서(1909. 9. 4)
대일본 정부와 대 청국 정부는 선린교의에 비추어 도문강(圖們江)이 청, 한 양국의 국경임을 상호 확인하고, 더불어 타협의 정신으로 모든 방법을 동원하여 청·한 양국의 변민이 영구히 안녕을 향유할 수 있도록 아래와 같이 조간(條款)을 정한다.

'청·일 간도협약문서'

제1조. 일청 양국 정부는 도문강을 청한 양국 국경으로 하고, 강의 발원지역에 있어서는 정계비를 기점으로 하여 석을수(石乙水)를 양국의 경계로 할 것을 성명한다.

제2조. 청국정부는 본 협약 조인 후 가능한 한 빨리 아래의 각 지역을 외국인 거주 및 무역을 위해 개방하고, 일본정부는 이들 지역에 영사관 또는 영사관 분관을 배치한다. 개방 시기에 관해서는 별도로 정한다. 용정촌(龍井村), 국자가(局子街), 두도구(頭道溝), 백초구(百草溝)

제3조. 청국은 종래와 같이 도문강 북방의 개간지에 한인 거주를 승인하고, 그 지역의 경계는 별도의 지도에서 제시한다.

제4조. 도문강 이북지방의 잡거지 구역 내에 있는 개간지 거주 한인은 청국의 법권에 복종하고, 청국지방관의 관할 재판에 복종한다. 청국 관헌은 전술한 한인을 청국

민과 동일하게 대우하고, 납세 그 외의 모든 행정처분도 청국민과 동일하게 할 것. 상기 한인과 관련되는 민사 형사 모든 소송 사건은 청국 관헌에 의해서 청국 법률에 따라 공평하게 재판한다. 일본국 영사관 혹은 그 위임을 받은 관리는 자유로이 법정에 입회할 수 있다. 단 인명에 관한 중대안건에 관해서는 먼저 일본국 영사관에 통고하기로 한다. 만일 일본 영사관이 청국이 법률을 무시한 판단을 했다고 생각될 때에는 공정한 재판을 기하기 위해 별도로 관리를 파견하여 재심을 청국 정부에 청구할 수 있다.

제5조. 도문강 이북 잡거지역 내에 한민 소유의 토지, 가옥은 청국정부가 청국인민의 재산과 동등하게 철저히 보호해 주고, 또 강 연안에 장소를 지정하여 도선을 설치하여 쌍방 인민의 왕래를 자유로이 한다. 단 병기를 휴대하는 자는 공문 혹은 여권 없이는 국경을 넘을 수 없다. 잡거지역 내에서 생산한 미곡은 한인의 판매와 수송을 허락한다. 그러나 흉년에는 임시 금지조치를 취할 수 있다. 땔감은 관례에 의거하여 처리한다.

제6조 청국정부는 장래 길장철도를 연길 남쪽경계까지 연장하여 한국 회령에서 한국철도와 연결한다. 모든 운영방법은 길장철도와 일률적으로 한다. 개통 시기는 청국정부가 형편에 따라 살펴서 일본정부와 상의하여 결정한다.

제7조 본 협약은 조인 후 바로 효력이 발생하고, 통감부 파출소 문무(文武) 요인은 최대한 빨리 철수를 개시하여 2개월 이내로 완료 하도록 한다. 일본국정부는 2개월 이내에 제2조에 정한 통상지에 영사관을 개설한다.

위의 사실을 증명하기 위해서는 하기인은 각각 본국 정부로 부터 상당한 위임을 받아 일본문과 한문으로 작성한 각2통의 본 협약에 기명 조인하는 것으로 한다.

메이지(明治)42년 9월 4일 북경(北京)에서

선통(宣統)원년 7월 20일

대일본특명전권공사 이슈인(伊集院彦吉) (官印)

대청국 흠명(欽命)외무부상서(尙書) 회변(會辨)대신 양돈언(梁敦彦) (花押)

1. 안봉선의 개축조건
2. 연대 탄광 채굴권
3. 영구 지선 문제
4. 법고문 철도 문제
5. 경봉철도의 봉천성까지의 연장 문제 등
6. 간도를 중국에 위 5안건과 교환조건으로 넘겨준 것

1909년 9월 4일 : 청이 일본에 1~5 넘겨주고
: 일본이 청에 6안 넘겨주는 조건이다.

대륙침략의 전진기지라고 할 수 있는 만주에서 1-5개의 이권을 획득하고 간도영토를 교환조건으로 6항 안건을 중국에 넘겨주는 청일간도협약을 체결하였다. 국제법상 인정되었던 바대로 일본은 그들의 인원과 장비를 보호한다는 구실로 병력을 주둔시킴으로써 대륙침략의 교두보를 확보하게 된 것이다.

그러나 청·일 간도협약은 무효가 될 수밖에 없다. 무효인 이유는 다음과 같다.

간도협약이란 일본(1909. 9. 4)이 대한민국을 배재한 체 청국과 일본 간에 맺은 조약이다. 이 조약이 왜 무효인가를 따져볼 필요가 있다.

2. 을사늑약(乙巳勒約) 무효

1905년 11월 17일 을사보호조약 원문에는 제목이 없다. 제목이 없는 관계로 사람에 따라 부르는 명칭이 다양하다. 을사보호조약, 을사5조약, 한일협약, 2차 한일협약, 한일신협약 등 여러 이름으로 불리고 있다. 을사년에 체결했다고 해서 '을사보호조약'이라고 보편적으로 부

고종황제

을사반대운동 일본에 의해 무장해제된 조선군

고종황제의 퇴위를 압박하는 일본군의 무력시위

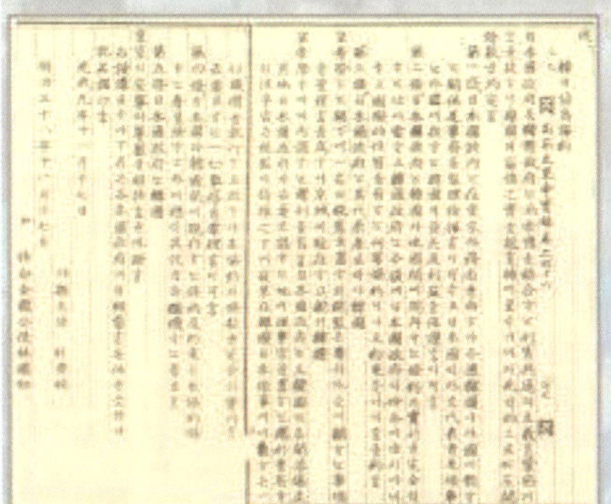

을사늑약 전문(고종실록 46권)

이등박문

르고 있지만 을사년에 강압과 억압에 의해 체결되었기 때문에 '을사늑약'(乙巳勒約)이라 부르는 것이 옳다. 다시 말해서 보호가 아니라 강압이기 때문에 을사늑약이라 부르는 것이 정확한 명칭이 될 것이다.

러일전쟁에서 승리한 일본은 1894년 농민전쟁을 구실로 조선에 군대를 파견하고 청과 전쟁을 일으킨 뒤 일본은 조선침략의 본색을 드러내기 시작하였다. 일본은 조선에서 농민전쟁이 일어나자 자국국민을 보호한다는 명목으로 1개 여단 8천여 명의 병력을 인천을 통해 서울로 진입시켰다. 일본은 조선정부의 철병 요청에도 불구하고 7월 23일 새벽 1개 대대병력을 완전무장하고 경복궁에 진입시켜 고종을 감금하다시피 하여 노골적으로 내정간섭을 하는 한편 충남 성환 부근에 있던 청군을 공격, 청일전쟁을 일으켰다.

일본제국주의 특파대사로 한국에 온 이토 히로부미(伊藤博文) 하세가와 요시미치(長谷川好道) 은 한국주차 군사령관과 그의 부관, 헌병사령관 아카이시겐지로(明石元二郎) 등을 대동하고 공사 하야시 곤스케(林權助)와 함께 무장한 일본군이 몇 겹으로 덕수궁 궁궐 밖과 안을 에워싼 가운데 대한제국 황궁을 공포 속에 몰아넣고 극도의 불안감을 조성하여 이토는 고종황제에게 한·일 조약의 승인을 압박하였으나 고종은 끝내 조약승인을 거부 하였다.

그러나 이토는 이미 고종황제의 승인 거부를 예상하고 6일전인 11월 11일 대신들을 그의 숙소로 불러 조약체결에 찬성하도록 강압을 되풀이하였다. 1905년 11월 17일 경운궁에서 어전회의를 하였으나 5시간이 지나도록 고종이 승인을 하지 않자, 이토는 하세가와 군사령관과 헌병대장을 대동하고 수십 명의 일본헌병대의 호위를 받으며 직접 대궐로 들어가 노골적인 위협과 강박으로 황제와 대신들을 위협하며 메모지와 연필을 대신들에게 내밀며 가(可)에 서명하도록 협박과 압박을 가했다. 이때 조용하던 궐내가 술렁이더니 반대하는 대신의 통곡소리가 들렸다. 그것은 지금까지 일본인들의 무례한 공갈과 협박에 분노를 참고 있던 참정대신 한규설(韓圭卨)이 터뜨린 통분의 통곡이었다. 이토와 헌병대장은 항변하며 통곡하는 한규설을 별실에 감금하고 더 이상 항변하면 죽여 버리라고 외쳤다.

회의결과 참정대신 한규설, 탁지부대신 민영기(閔泳綺), 법무대신 이하영(李夏榮)은 무조건 불가를 썼고, 친일파 학부대신 이완용(李完用), 군부대신 이근택(李根澤), 내무대신 이지용(李址鎔), 외무대신 박재순(朴齊純), 농상공부대신 권중현(權重顯)은 모든 책임을 황제에게 전가하며 찬의를 표시했다. 이토는 8명 대신 중 5명 대신이 찬성했으니 체결되었다는 것이다. 이날로 외무대신 박제순과 하야시곤스케(林權助) 간의 이른바 한·일 협상조약(을사보호조약)에 문서과장을 지낸 마에마교오시쿠라는 자를 시켜 훔쳐낸 외무대신의 관인으로 아래의 조약문에 마음대로 날인하였다.

1. 1905년 11월 17일 일본 사신과 박제순이 체결한 조약 5조는 황제께서 처음부터 인허하지 않았고 또한 서명하지 않았다.
2. 황제께서는 이 조약을 일본이 마음대로 반포하는 것을 반대했다.
3. 황제께서는 독립 황제권을 조금도 다른 나라에 양여하지 않았다
4. 일본이 외교권에 대해 조약을 강제한 것도 근거가 없는데 하물며 내치(內治)상에 한 가지 일이라도 어떻게 인준할 수 있는가.
5. 황제께서는 통감이 와서 상주하는 것을 허락하지 않았고 황권을 조금이라도 외국인 마음대로 행사하는 것을 허락하지 않았다.

을사보호조약은 강압과 고종황제의 수결이 없는 조인으로 외교권을 강탈한 일제가 청일간도협약 체결은 법리적으로 무효인 것이다.

간도협약이란 1909년 대한제국의 외교권을 강탈한 일본이 대륙 지

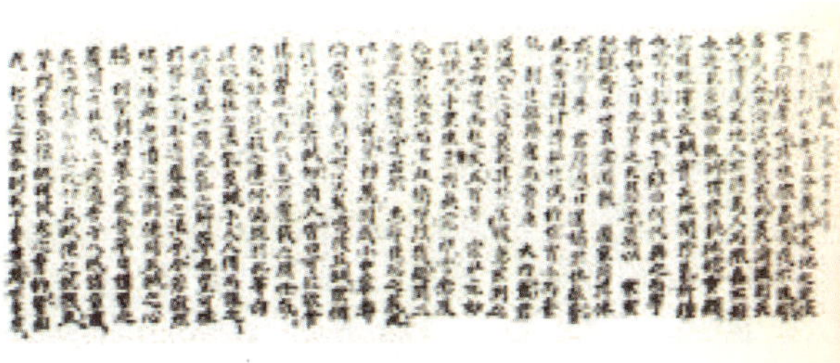

불가대신 : 참전대신 韓圭卨, 탁지부대신 閔泳綺, 법무대신 李夏榮, 불가를 주장
주영공사 李漢應, 시종무관장 민영환, 특진관 趙秉世, 洪萬植, 李相哲, 金奉學, 등은 자결하였다.

을사 오적

외무대신 朴齊純

내무대신 李址鎔

군부대신 李根澤

학부대신 李完用

농상대신 權重顯

을사보호조약이 체결된 경운궁 중명전. (현 덕수궁 내 건물)

배권을 얻기 위해 청·일 간 맺은 불법조약으로 피보호국(대한제국)의 이익을 증가시키거나 유지시키는 조약이 아니라 이익을 해치는 조약이므로 조약의 성격상 원천무효이다. 또한 중·일간에는 1914년 이전의 모든 조약이 무효라고 합의가 있었고, 한·일간에도 1910년 8월 22일과 그 이전의 모든 조약이 무효라는 확인이 있었다. 그럼에도 불구하고 이 간도협약은 광복 후 혼란기, 한국전쟁, 남북분단의 상황을 거치면서 정부에서 아무런 이의 제기가 없었기 때문에 현재까지 지속되고 있다. 이로 인하여 현재 중국이 간도를 불법 점유하고 있으며 반드시 정부는 간도협약 원천 무효화 선언과 함께 간도지역이 미해결된 영토 분쟁 지역임을 중국정부에 공식 통고하여야 한다.(노영돈, 소위 청일간도협약의 효력과 한국의 간도영유권, 1995, 『국제법학회논총』 40집. 2호)

일본 간도협약에 의해 간도영유권 상실

간도에 관한 협약으로 간도는 한국정부와 한국국민의 의사와는 반대로 간도영토를 청국에 넘겨주고 말았다. 영토권문제는 물론 재판 관할권도 포기되고 두만강의 명칭조차도 청국의 주장에 동의하여 도문강으로 하고 이중하가 강력히 주장했던 토문강도 무시되고 정해담판 때에 회담이 결렬된 원인이었던 홍토수 까지도 포기하고 석을수로 국경을 확정하였다. 또한 한국이 가지고 있었던 경제적 이익까지도 희생시키고 협약을 체결하여 우리의 활로를 막아버렸다. 결국 일본이 더 잘 살기 위하여 약소국을 희생시킨 것이다. 지금까지 우리는 간도가 한국의 영토라는 것을 주장해오다가 일본이 저지른 배임행위에 놀라지 않을 수 없다. 우리영토를 제3자가 임의로 매도하는 것을 보고도 아무 말도 하지 못하는 우리의 위정자를 책할 수밖에 없다.

간도를 완전히 상실한 이상 다시 그 일을 생각해 본들 무슨 소용이 있을까마는 이로 인해 우리는 무엇을 얼마나 잃었는지 살펴보자.

1. 간도의 영토권을 완전히 포기케 했다.
2. 두만강 명칭까지도 청국의 주장대로 도문강으로 변경하였다.
3. 두만강 상류 지방의 경계선을 석을수에서 백두산정계비까지 연결시켰다.
4. 한국인은 청국에 납세를 하게 되고 청국행정 관청의 처분을 받게 함으로 한국인의 경제 활동에 많은 제약을 받게 되었다.
5. 간도에 거주하는 한국인은 청국법권에 복종하고 청국의 재판을 받게 되었다.
6. 간도에서 생산되는 곡물을 한국으로 수출하던 것을 금지하였다.

이러한 관계로 우리의 영토권 주장의 권리는 일제가 간도에 관한 협약을 체결하여 간도를 청국에 넘겨줌으로써 모든 것이 일시에 상실되었다.

"이에 일본 책임론 `

일본은 간도를 한국영토로 주장하면서 한국인 보호한다는 명분으로 간도협약을 체결하여 간도영토를 중국에 넘겨준 책임이 있다.

1. 간도영토를 중국에 양도한 후 이에 대해 패망이후 조치를 하지 않은 책임
2. 간도조선인의 고통과 일제강점기 잘못된 역사교육에 대한 책임
3. 일본의 만주국 경영으로 만주를 중국영토로 인식하게 한 책임
4. 남북분단 원인 제공으로 한국이 간도회복을 위한 기회를 차단한 책임

   (조병현, 한국간도학회 세미나 2016)

일본은 여기에 대한 상응되는 조치를 취하여야 한다.

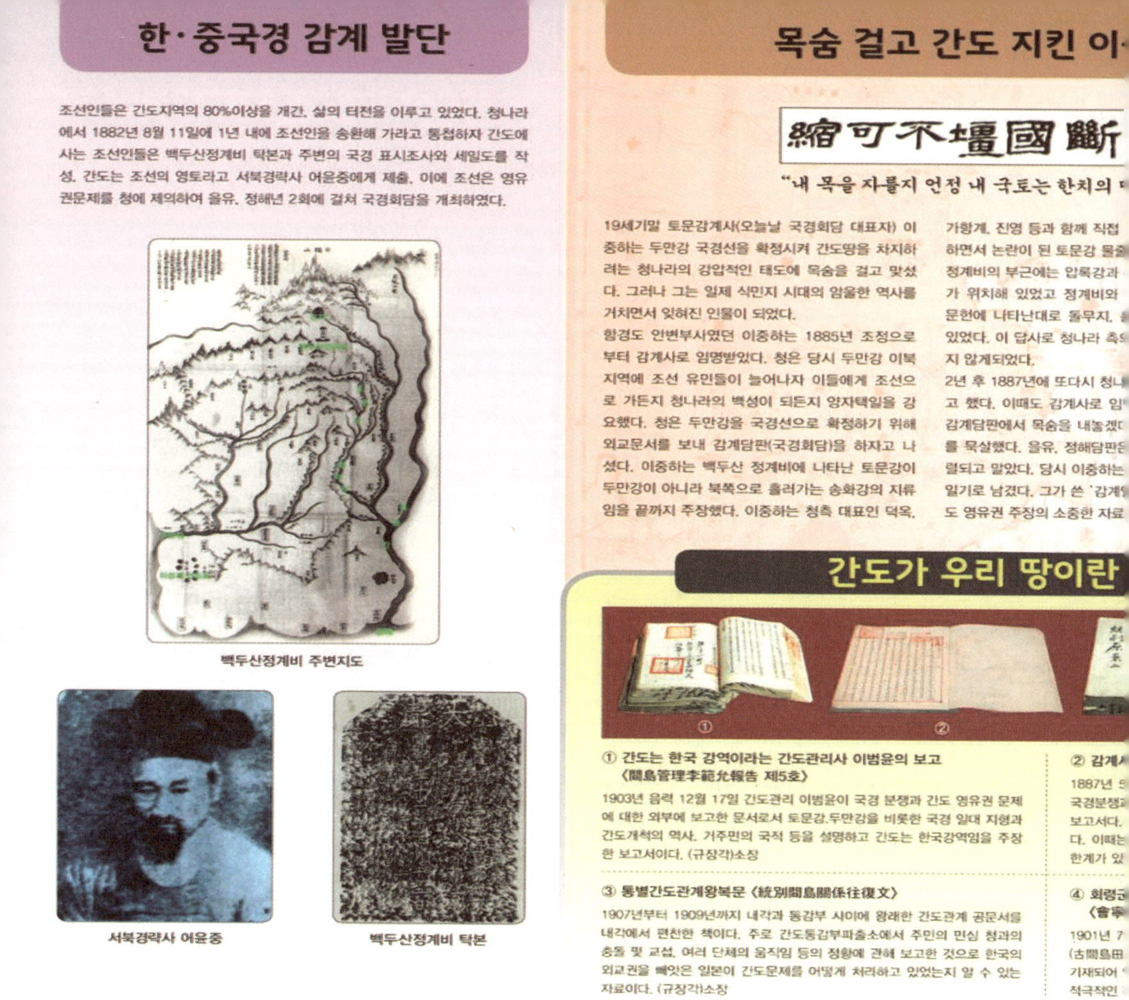

한·중국경 감계 발단

조선인들은 간도지역의 80%이상을 개간, 삶의 터전을 이루고 있었다. 청나라에서 1882년 8월 11일에 1년 내에 조선인을 송환해 가라고 통첩하자 간도에 사는 조선인들은 백두산정계비 탁본과 주변의 국경 표시조사와 세밀도를 작성, 간도는 조선의 영토라고 서북경략사 어윤중에게 제출, 이에 조선은 영유권문제를 청에 제의하여 을유, 정해년 2회에 걸쳐 국경회담을 개최하였다.

백두산정계비 주변지도

서북경략사 어윤중

백두산정계비 탁본

목숨 걸고 간도 지킨 이

縮可不壃國斷

"내 목을 자를지 언정 내 국토는 한치의

19세기말 토문감계사(오늘날 국경회담 대표자) 이중하는 두만강 국경선을 확정시켜 간도땅을 차지하려는 청나라의 강압적인 태도에 목숨을 걸고 맞섰다. 그러나 그는 일제 식민지 시대의 암울한 역사를 거치면서 잊혀진 인물이 되었다.

함경도 안변부사였던 이중하는 1885년 조정으로부터 감계사로 임명받았다. 청은 당시 두만강 이북 지역에 조선 유민들이 늘어나자 이들에게 조선으로 가든지 청나라의 백성이 되든지 양자택일을 강요했다. 청은 두만강을 국경선으로 확정하기 위해 외교문서를 보내 감계담판(국경회담)을 하자고 나섰다. 이중하는 백두산 정계비에 나타난 토문강이 두만강이 아니라 북쪽으로 흘러가는 송화강의 지류임을 끝까지 주장했다. 이중하는 청측 대표인 덕옥, 가항계, 진영 등과 함께 직접 하면서 논란이 된 토문강 물 정계비의 부근에는 압록강과 가 위치해 있었고 정계비와 문헌에 나타난대로 돌무지, 있었다. 이 답사로 청나라 측 지 않게되었다.

2년 후 1887년에 또다시 청나 고 했다. 이때도 감계사로 임 감계담판에서 목숨을 내놓겠다 를 묵살했다. 을유, 정해담판은 렬되고 말았다. 당시 이중하는 일기로 남겼다. 그가 쓴 '감계 도 영유권 주장의 소중한 자료

간도가 우리 땅이란

①

②

① 간도는 한국 강역이라는 간도관리사 이범윤의 보고 〈間島管理李範允報告 제5호〉

1903년 음력 12월 17일 간도관리 이범윤이 국경 분쟁과 간도 영유권 문제에 대한 외부에 보고한 문서로서 토문강.두만강을 비롯한 국경 일대 지형과 간도개척의 역사, 거주민의 국적 등을 설명하고 간도는 한국강역임을 주장한 보고서이다. (규장각)소장

② 감계

1887년
국경분쟁
보고서다.
다. 이때는
한계가 있

③ 통별간도관계왕복문 〈統別間島關係往復文〉

1907년부터 1909년까지 내각과 통감부 사이에 왕래한 간도관계 공문서를 내각에서 편찬한 책이다. 주로 간도통감부파출소에서 주민의 민심 청과의 충돌 및 교섭, 여러 단체의 움직임 등의 정황에 관해 보고한 것으로 한국의 외교권을 빼앗은 일본이 간도문제를 어떻게 처리하고 있었는지 알 수 있는 자료이다. (규장각)소장

④ 회령

1901년
(古間島田
기재되어
적극적인

IX. 국경감계회담

1712년 백두산정계비 건립 이후 고종 초에 이르기까지 근 160년 간 청과 조선 간에는 국경문제에 대해 논의된 바는 거의 없다.

1882년 임오군란 이후 서울 용산에 군대를 주둔 시키고 있던 청의 직례총독(直隷總督) 겸 북양대신(北洋大臣) 이홍장(李鴻章, 1823~1901)은 1885년 11월 21일에 23세의 새파랗게 젊은 군인 정치가 위안스카

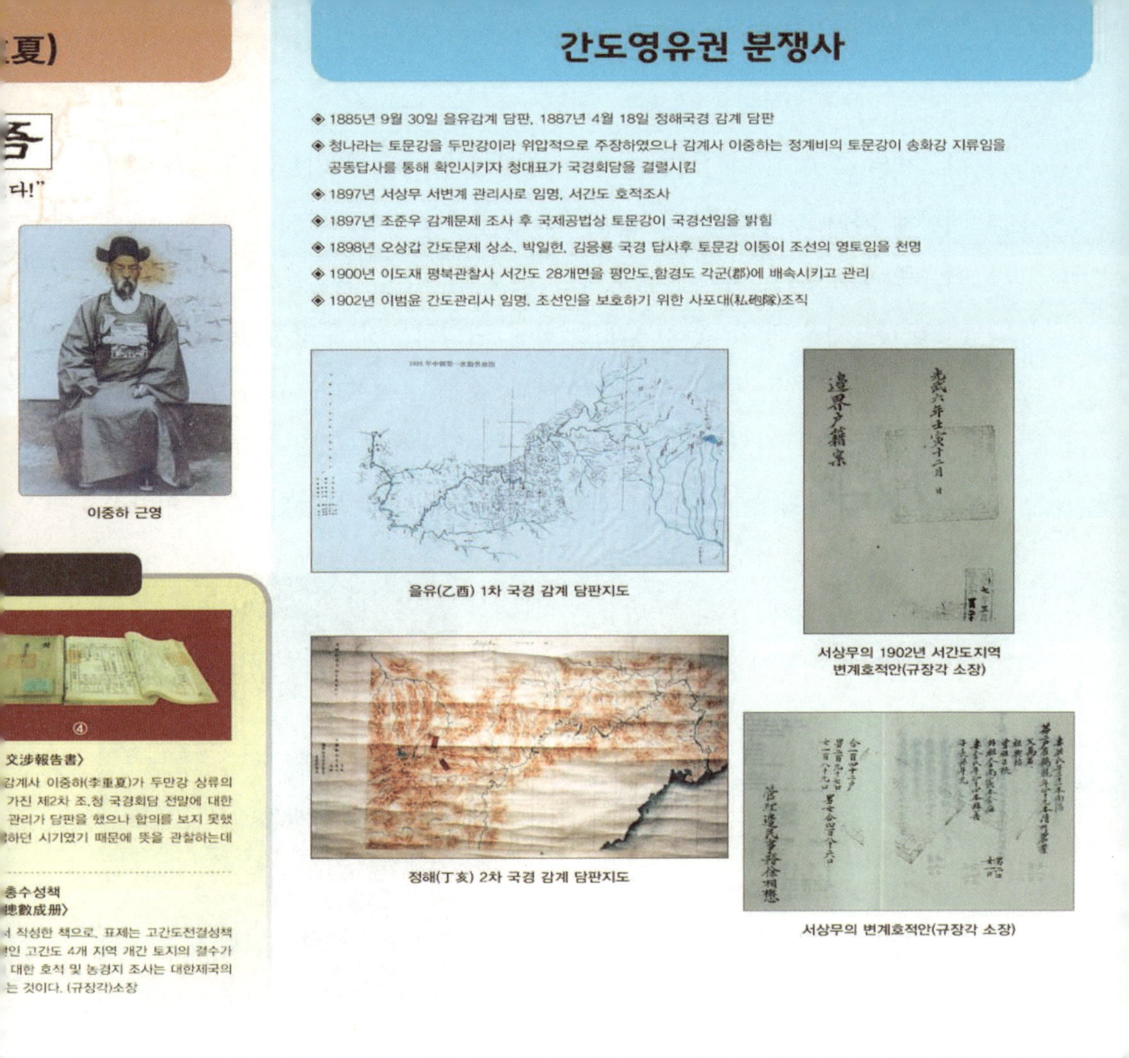

이 袁世凱(원세개, 1859~1916)를 조선에 총리교섭통상대신(總理交涉通商大臣)으로 파견해 조선의 내정, 외교에 간섭하고 일본과 러시아를 견제케 했는데, 그는 마치 대국 청국으로부터 속국 조선에 부임한 총독처럼 가마를 타고 궁궐을 드나들며 선채로 고종을 알현할 정도로 그의 위세는 대단했다. 이러한 여건에서 토문감계사 이중하는 청의 위협에 굴하지 않고 청국위원의 무리한 주장을 조리 있게 반박하였다. 이때 간도지역 조선인들은 80% 이상을 개간, 삶의 터전을 이루고 있었

다. 청은 고종 19년 1882년 8월 11일에 1년 내에 간도에서 조선인을 쇄환해 가라고 통첩하자 고종은 1883년 4월 간도시찰사로 서북경략사 어윤중(魚允中)을 임명, 간도에 파견했다. 청국 길림훈춘소간국 진영(秦瑛)은 가을 수확 후 9월내로 청에 귀화하든지 두만강 이남으로 다시 돌아가든지 둘 중의 하나를 선택할 것을 요청했다.

그런데 우리 간도 이주민들은 자신들이 경작하고 있는 토지는 토문강 이북이 아니라 두만강과 토문강 사이에 있는 토문강 남쪽 이라고 주장했다. 청국정부는 토문이 이북지역이라고 주장해 우리 주민들은 백두산에 가서 백두산정계비를 탁본과 지형도까지 그려 어윤중에게 전달, 어윤중은 고종황제에게 이미 조·청간에는 국경을 가름하는 백두산에 정계비가 있다고 보고해 이때 우리조정에서는 1712년에 백두산정계비가 세워져 있다는 것을 알게 되었다. 정계비의 존재와 간도가 확실히 조선 땅이라는 어윤중의 보고---서북경략사 어윤중의 보고에 의해 간도가 조선의 땅임을 고종 임금에게 주지시키는데, 큰 역할을 했던 어윤중은 갑오개혁을 주도하다 1895년 10월 8일 일본낭인들이 일으킨 을미사변으로 민비살해의 치욕과 공포를 느낀 고종에 의해 아관파천 때 친일세력이라 처형당했다---에 의해 간도지역 영토가 확실히 우리영토임을 확인한 고종은 청 정부에 간도지역은 우리영토이기 때문에 쇄환하지 않는다는 공문을 보내 감계문제가 이루어졌다.

서북경략사 어윤중

이에 조선은 간도 영유권문제를 청에 제의하자 1885년 을유년(乙酉年)과 1887년 정해년(丁亥年)에 2차례에 걸쳐 대한제국과·청국 간의 국경회담을 개최하게 되었다.

1. 1885년 을유(乙酉)감계 회담

을유감계 회담에 임하기 전에 분명히 해두지 않을 수 없는 것은 당시의 회담이 양국이 동등한 입장에서 진행된 것이 아니라는 점이다. 조선은 청국을 여전히 상국이라 호칭했고, 토문감계회담 직전까지도 청국은 군대를 서울에 주둔시켜 내정간섭이 이만 저만이 아니었으며, 청은 1882년에 국왕의 친부인 대원군 이하응(李昰應)을 중국으로 잡아갈 정도였으니 조선이 청국에 대한 지위는 더 이상 말할 필요가 없을 것이다. 이러한 상태에서 우리가 청국을 상대로 영토문제를 논의하게 되었으니 말발이 설 수가 없었다. 이러한 상황에서 을유감계 시에 우리 조정은 1885년 7월 30일 안변부사 이중하를 토문감계사로 임명하였다. (정권수, 『이중하는 살아있다.』 2022. 11. 62쪽) 이중하(李重夏)는 종사관 조창식(趙昌植)과 함께 회령부에 가서 9월 30일 청국 측의 변무교섭승변처사무 덕옥(德玉), 가원계(賈元桂), 진영(秦煐)과 협상을 하였다. 이중하는 정계비(定界碑)를 조사한 후 강원을 답사하고자 주장한데

감계사 이중하

대하여, 청국 측에서는 강원을 먼저 답사해야할 일이지 정계비는 그리 중요한 것이 못된다고 했다. 그들은 두만강, 곧 도문강(圖們江)이 국경임을 전제로 하고 자신들의 임무는 도문강에 의한 국경을 정하는데 있는 것이므로 정계비가 도문강 원천에 인접해 있다면 몰라도 그렇지 않다면 후세에 조선인들이 정계비를 위작했거나 혹은 비를 원위치에서 이전 건립한 것이라고 강변했다. 우리 측에서는 이를 반론하면서 토문강(土門江)이 실제 존재하고 있다는 점을 말하고 중국 측에서 토문과 두만(豆滿), 즉 도문강을 혼돈 한다는 것을 지적했다. 10월 1일의 회담에서 우선 수원(水源)을 따라 올라가면서 지형을 상세히 그려 많은 시일을 허비했다. 추위가 가까워 오는데 잘못되어 폭설이라도 만나면 목적지인 정계비에 도달 못할 것을 염려한 이중하는 빨리 산에 올라가 정계비를 조사한 후 하산할 때 수원을 조사해도 될 일이라고 했다. 11일 3개의 물줄기에 이르러 청측은 홍단수(紅丹水)로 갈 것을

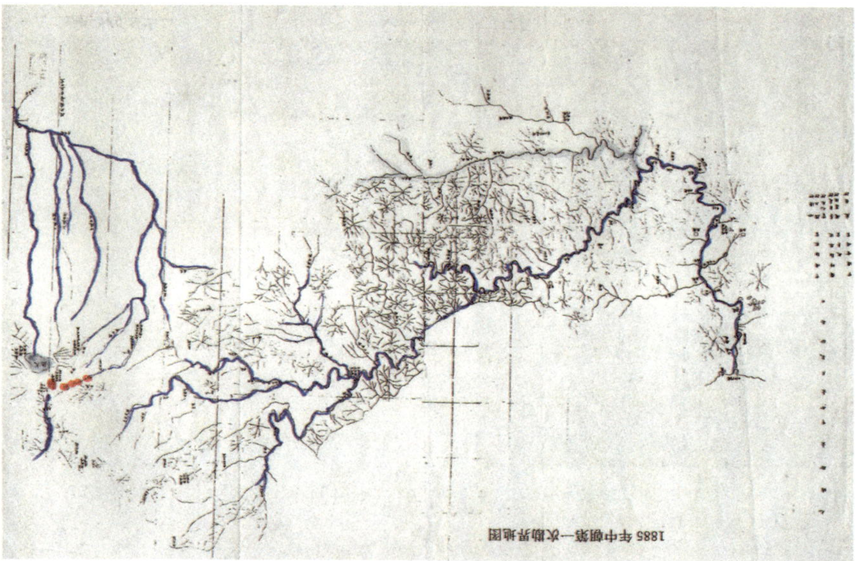

1885년 을유년 1차 회담 지도(규장각 소장)

주장했다.

그래서 이중하는 먼저 정계비의 경계를 조사한 다음, 두만강의 원류를 살피는 것이 타당하다고 주장하면서 누차 논쟁을 되풀이하였지만, 중국 관원은 다시 두만강의 강원을 조사하지 않은 것은 몹시 의심스러운 점이 있다고 하면서 줄곧 고집을 피웠다.

마침내 각기 인원을 동원하여 세 갈래 길로 나눠서 답사하자는 의견을 제시하여 아래와 같이 10월 15일에 답사를 했다.

1) 종사관 조창식과 수행원 회령부의 무관 이후섭, 종성부 위생 김우식, 훈춘에서 파견된 덕옥은 함께 홍단수(紅端水) 원류를 조사하고,
2) 수행원 종성부 출신 오원정과 중국의 지도 작성관 염영이 함께

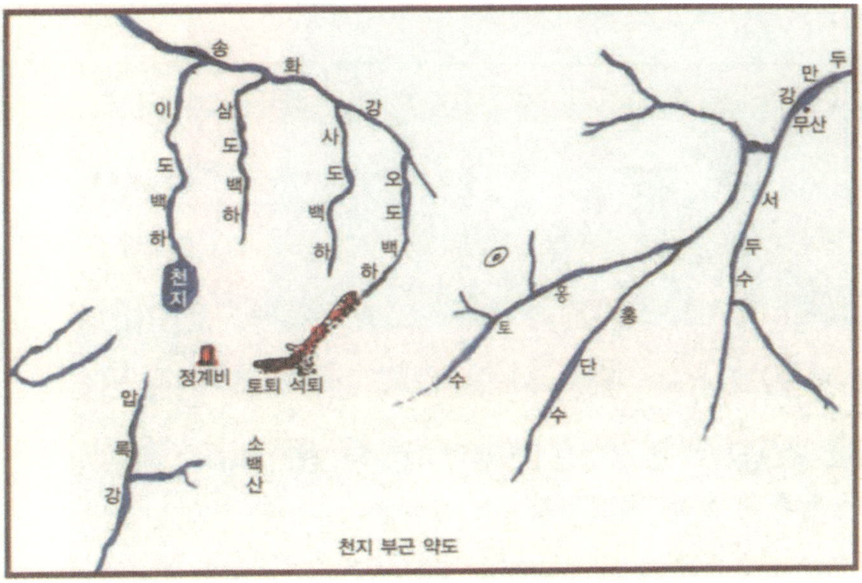

백두산 천지부근 약도

서두수(西豆水)에 가서 조사하고

3) 이중하, 안무영(按撫營) 중군(中軍) 최두형, 수행원 온성부 전 오위장 최오길, 무산부 역관 권흥조와 청국 관원 진영, 가원계와함께 홍토산수(紅土水)의 원류를 따라 바로 백두산으로 향하였다.

이중하는 이들과 같이 거친 언덕과 험한 벼랑, 어지러운 숲과 수풀을 뚫고 힘겹게 전진하며 겨우 2백 보 정도를 나갔는데 산천은 높고 가파르며 험하고 막혀 있는데다가 눈과 비바람까지 겹치니 부득이 중간에서 노숙을 하여야만 했다. 그러나 이중하는 중간에 머물 수 없어 인내심을 발휘하여 앞길을 재촉할 수밖에 없었다.

이날 밤은 정강이까지 차는 눈길을 가는데 천지가 어둡고 흐릿하여 수많은 사람과 말이 그야말로 위태로움에 빠질 상황이었다. 그런데 갑

백두산정계비 건천 표시 토퇴 석퇴 국경표시

자기 동쪽 하늘이 개이면서 아침 해가 떠오르기 시작하였으므로 비석이 있는 곳을 찾기 시작할 수 있었다.

그날 밤 간 거리를 헤어 보니 약 60리 정도가 되었다. 정계비를 찾고 난 다음날 이중하는 고종에게 아래와 같이 보고하였다. "전하! 신은 정계비를 찾은 다음 비문을 탁본하여 신과 중국 관원이 각기 한 장

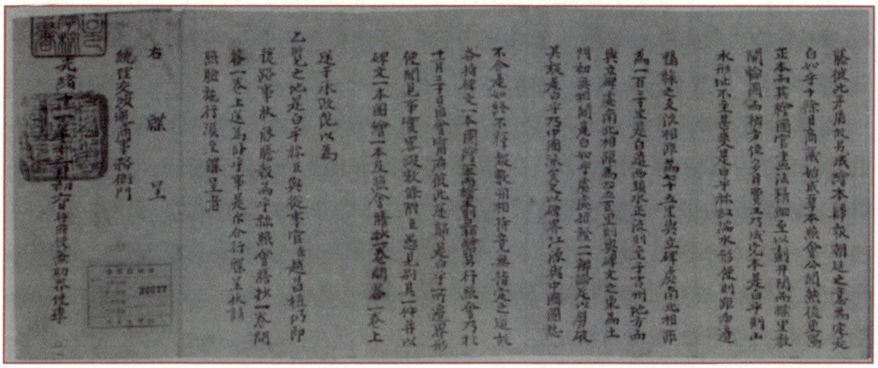

1885년 을유년 감계회담 문서(규장각 소장)

씩 지닌 다음, 동쪽과 서쪽 발원지 그리고 흙무더기, 돌무더기의 모양을 하나하나 손가락으로 가리켜 확인한 다음 산을 내려 왔습니다.

그러나 종사관 조창식은 홍단수로부터 답사를 시작하여 허황령에 이르렀다가 거센 눈보라를 만나 간신히 돌아왔습니다.

서두수를 답사한 인원 역시 차례로 도착하여 27일 이르러서야 모두 무산부에 모일 수 있었습니다. 몇 백리 가량 험한 길을 다니면서 7-8일 동안 길에서 잠을 잤지만, 세 갈래 인원들이 모두 아무 일 없이 돌아 올 수 있었습니다.

무산회담이 있었는데 청국측은 정계비의 표시가 송화강 상류인 토문강임을 인정하면서도 중국과 조선양국의 경계가 원래 도문강이고 청국

조정에서는 도문강 두만강을 조사하라고 하였는데, 비문에 동위토문이라고 한 것은 사실과 부합되지 않는다고 떼를 썼습니다. 그러나 臣 이중하는 여러 가지 이유를 들어 현존 토문강이 경계가 되어야 한다는 것을 계속 주장했습니다. 이와 같이 양측 주장 견해 차이로 비의 탁본, 도본, 1본씩 나누어 가지고 11월 30일 헤어졌습니다."

2. 1887년 정해(丁亥)감계 회담

1887년 정해 토문감계회담은 다시 시작되었다. 여기에서도 1885년 감계시보다 더 안 좋은 조건에서 감계회담이 개시되었다. 이중하는 상소하여 자기는 그렇게 막중한 일을 감당할 수 없다고 사의를 표했으나 조정에서는 재차 임명해 4월 5일 회령에 도착 진영, 덕옥, 방랑과 회담에 임했다.

양국대표들은 회령에서 담판을 시작했다. 청국대표는 조선의 토문강설을 묵살하고, 조선 내에서 발원하는 西豆水를 두만강의 본류라고 우겨대면서, 무산(茂山)상류의 경계로써 이 서두수를 경계로 삼자고 주장하였다. 이중하는 일이 심상치 않다는 것을 알아차리고 무산 동쪽은 두만강으로 경계를 삼기로 결심하고 이 담판을 중단시키려고 하였다. 그리하여 이중하는 무산상류에서 경계비까지만 조사하자는 것에 동의하였는데 또한 두만강 상류를 서두수로 하느냐 아니면 홍단수(紅丹水)로 하느냐 하는 문제를 제기하여 논쟁하게 되었다. 이중하는 청국측이 말하는 서두수는 물론 홍단수도 모두 조선 내에서 발원하므로 두만강 원류는 아무런 관계가 없다고 주장하고 청국 측의 부당한 주장을 힐책하고 문제를 공정하게 해결할 것을 촉구하였다. 이에 대하여 청국 측은 대국으로서 위세를 부려 <귀국이 우리나라에 굴복하여 속국이 된

지 오래다> 또 <귀국에 재난이 있을 때 마다 우리 황상(皇上)이 재정적으로 도와주고 군사를 보내어 보호하였다><귀국 왕이나 신하들은 마땅히 충성을 다하여 황상의 은혜에 보답하라> 또한 어린애 장난 같은 말은 그만두라고 하면서 만일 조선위원이 청국대표의 주장을 받아들이지 않는다면 조선에 재난이 있을 것이라고 이중하를 협박하였다. 이중하는 고증에 필요한 서류를 제시하였으나 일고의 가치가 없다고, 자기네에 유익한 서류만 정확한 것이라고 주장했다.

이중하는 2차 감계 담판에서도 작은 나라이지만 대표로서의 통분함을 참고 스스로의 위신을 지키면서 청국대표들의 주장을 반박하고 그들이 갖고 나온 변명자료 세 가지와 고증자료 다섯 가지에 대하여서도 논리적으로 반박하였으나 결국 청국이 요청하는 대로 도문강 수원을 조사하자는데 동의할 수밖에 없었다.

4월 29일 두 나라 위원이 무산을 출발하여 백두산으로 가는 도중의 지점인 장파(長坡)라는 곳에 이르렀을 때 청국위원들이 자기가 서두수를 조사하고자 강력히 주장하였다. 이중하는 어떻게 해서라도 청국위원들을 백두산정계비에서 가장 가까운 홍토수까지 인도하려 하였으나 그들은 말을 듣지 않았으므로 절충안으로 홍토수와 홍두수의 중간에 있는 석을수를 조사하기로 하고 수 일 동안 조사를 한 뒤 장파로 다시 돌아 왔다. 장파에 돌아와서도 청국위원들이 서두수를 조사하고자 고집하므로 이중하는 결연히 서두수의 조사는 필요 없다고 거절하여, 본인은 서두수는 경계하고는 아무런 관련이 없음을 여러 차례 논의하였는데 뜻밖에 귀관들이 이번에 이 강을 조사하자고 하는 이유를 알 수 없다. 도문강의 산수와 그 변계는 귀국의 일통여지도(一統輿地圖)에도 실려 있지 않은가. 전년 귀국의 총리각국사무아문(總理各國事務衙門)

에도 서두수가 도문강이 아니라는 글귀가 있는데 더 말할 필요가 있겠는가, 본인은 단연코 서두수의 조사에 응할 수 없다. 라고 하여 청국측 위원들의 주장을 반박했다.

이 회담에서 이중하는 도문강과 두만강이 같은 강임에는 동의했으나 토문과 두만강은 동일 강이 아니라고 주장했다. 양국 감사원은 현지답사에 나서 먼저 서두수를 보고 다음에 홍단수를 시찰했는데, 청국에서는 이곳을 경계로 정하자고 해서 호위병으로 하여금 협박까지 했다. 그러나 이중하는 단호히 이를 거부하면서 '내 머리는 잘리는 한이 있더라도 내 국토는 축소시킬 수 없다' (吾頭可斷國壇不可縮) 고 단호하게 거부했다. 그 후 청국측은 서두수를 버리고 홍단수를 주장했다. 그러다가 그들은 석을수까지 양보할 의사를 표시했지만 우리는 계속해서 상류인 홍토수를 유지했다. 그리하여 양국주장의 합의를 보지 못하고

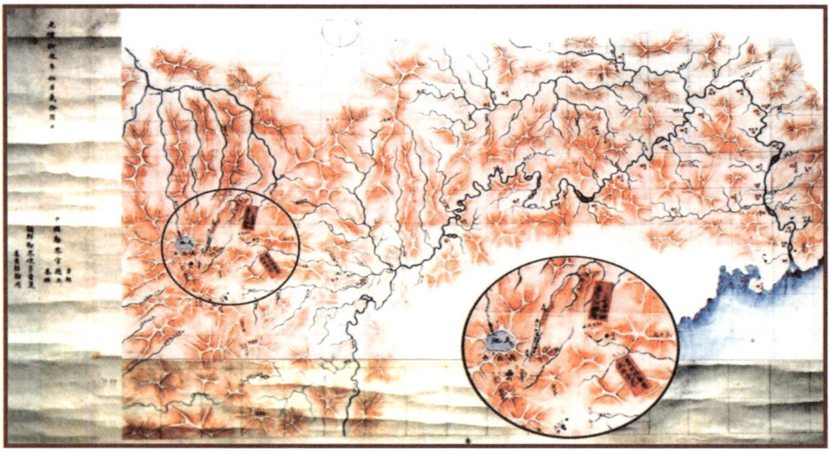

1887년 정해년 2차 회담 지도(규장각 소장)

부근 지형을 그려 그에 피차 조인한 것을 나누어 가지고 말았다. 정해회담도 합의를 보지 못하고 결렬되고 말았다.

정해감계회담도 성공을 거두지 못하고 조선과 청국은 국경회담이 미해결된 문제로 남겨둔 채로 각각 자국의 유리한 자유행동을 취하였다.

청국측은 거주하는 조선인에게 두만강 남쪽으로 가든지 아니면 머리를 땋고 청 옷을 입도록 명령하였다. 이리하여 많은 조선인들이 연해주로 방면으로 이주하였으며, 남은 조선인들에게 세금을 과하게 징수하거나 사소한 일에도 폭행을 가하는 등 심한 압박을 가하였다. 당시 조선조정에서는 국력이 약하여 청국에 대하여 아무런 대책을 강구하지 못했다가 1894년. 1895년의 청일전쟁으로 청국의 세력이 약화되자 조선정부에서는 1897년 함경도관찰사 조존우(趙存禹)가 간도 지방을 조사하여 정밀한 지도를 만들어 간도문제 처리에 관여하여 의견을 조정에 상소하였다. 1898년에는 종성인 오삼갑(吳三甲)등이 상소하여 왕명으로 함경북도 관찰사에게 훈령을 내려 조사위원을 파견토록 하여 간도일대를 조사하게 하였다. 조선인을 보호하기 위해 조선정부는 두만강 연안 육진(六鎭)에 진위대(鎭衛隊)를 두어 간도의 조선인을 보호하였다.

1903년 한국정부는 이범윤을 파견하여 간도관리사로 임명하였다. 이범윤은 간도를 관리하는 명을 받고 1903년 6월 하순 간도에 들어가자 오랫동안 청국관헌의 학대에 시달려 오던 한국인 거주자들은 이를 크게 환영하였다. 또한 거주자들은 청국관헌의 방해에도 불구하고 자진하여 호적에 등록한 자가 10,000호에 달하였으며, 이범윤은 한국인을 보호하기 위해 호적대장과 토지대장을 만들어 관리를 하였고 세금을 징수하여 조선인 관리에 충당했다. 이범윤은 한국인을 보호하기 위해 병력을 조정에 요청하였으나 청국 군대와 충돌하는 것을 두려워 출병을 허락하지 않았다. 이범윤은 사포대(私砲隊)를 조직하여 한국인을 보호하고 모자산, 안산, 두도구 등지에 병영을 설치하여 조선인을 보호하였다. 이에 이범윤은 세력을 키워 청국측이 임명한 향약이나 갑장(甲長) 면장급을 포박하기도 하고 청국에 납세할 세금을 거부하기도 하며, 한국 측 행정력을 과시하기도 하였다. 이범윤은 청국정부의 압박으로 간도에서 철수하여 연해주로 옮겨 독립운동에 가담해 청산리전투와 봉호동전투에 가담해 큰 성과가 있었다.

간도에는 우리가 함경도 평안도에 입적하고 관리사를 파견 관리를 해온 관련 자료들이 우리나라 규장각에 많이 소장되어 있다.

감계사 교섭보고서 勘界使交涉報告書

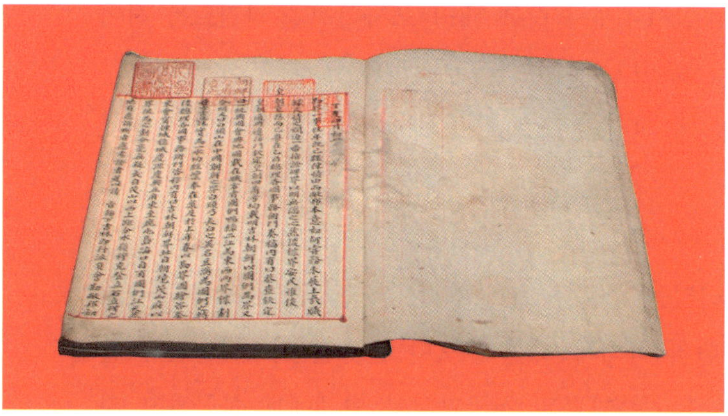

1887년 5월 28일 행무산부사겸 감계사 이중하(李重夏)가 두만강 상류의 국경분쟁과 관련하여 청국 관리와 가진 제2차 조.청 국경회담 전말에 대한 보고서다. 약 2개월 여에 걸쳐 양국 관리가 담판을 했으나 합의를 보지 못했다. 이때는 청이 조선 내정을 간섭하던 시기였기 때문에 뜻을 관찰하는데 한계가 있었다. (규장각)소장

간도는 한국 강역이라는 간도관리사 이범윤의 보고
間島管理李範允報告 제5호

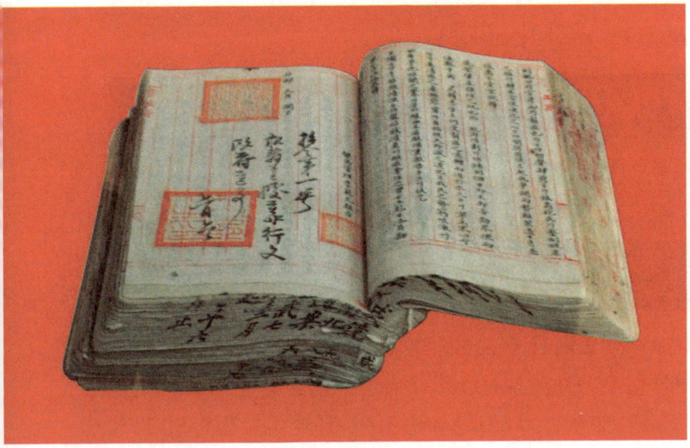

1903년 음력 12월 17일 간도관리 이범윤이 국경 분쟁과 간도 영유권 문제에 대한 외부에 보고한 문서로서 토문강, 두만강을 비롯한 국경 일대 지형과 간도 개척의 역사, 거주민의 국적 등을 설명하고 간도는 한국강역임을 주장한 보고서이다. (규장각)소장

함경북도 종성군의 대안 고간도 올 봄 경작인 성명과 전결성책

咸鏡北道 鍾城郡 對岸 古間島 올 봄 耕作人 姓名과 田結成冊

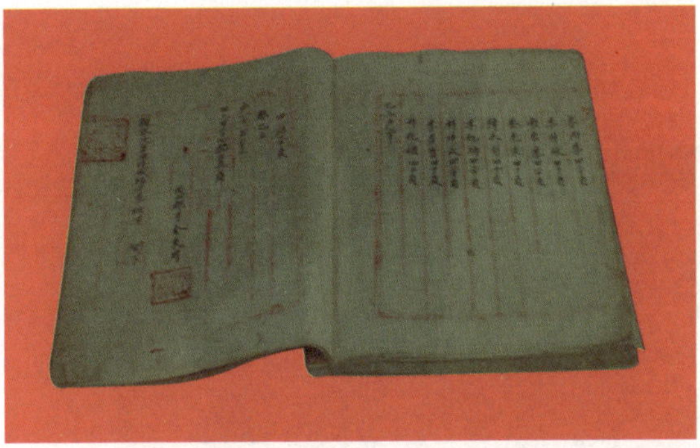

1901년 함경북도 종성군에서 작성한 책으로 표제는 전결성책이다. 종성군 대안인 고간도에 들어가 토지를 경작한 조선인 386인의 성명과 경작 결수를 수록했다.
(규장각 소장)

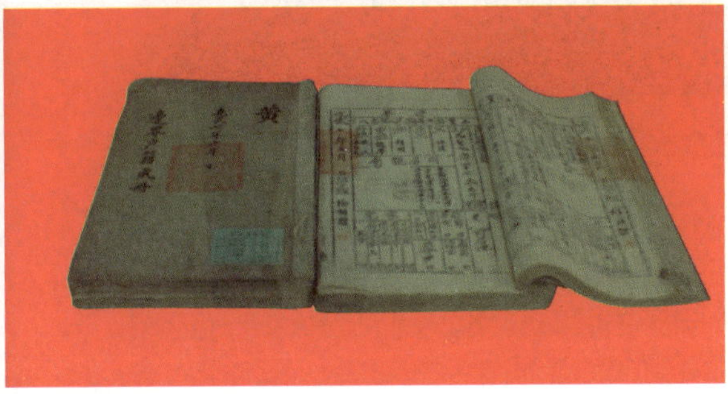

함경북도변계 무산대안 각사각동민 청요시 형화가막곡타 및 견량재산개록성책

1903년 함경북도 무산 간도의 조선인 마을에 청나라 비적이 습격하여 불에 탄 가옥과 이들에게 약탈당한 곡식과 재산 등을 개인별로 조사한

보고서다. 간도한인의 거주지와 인명 등이 기재되어 있고 피해 내용 등을 통해 당시 국경 분쟁의 실상과 간도한인의 생활상을 알 수 있는 자료이다. (규장각 소장)

첩정<토문지계심감등보고>(규장각 소장)

1885년 12월 6일에 함경북도 안변부사 겸 토문감계사 이중하가 통리교섭통상사무아문에 올린 보고서이다. 청국 관리와 함께 백두산을 답사하고 토문강의 수원, 조·정 국경에 대한 논의한 사항을 보고 했다. 1885년 9월 30일 을유감계 담판, 1887년 4월 18일 정해국경 감계 담판 지도

변계호적안 邊界戶籍案

1902년(광무6년)과 1903년 함경북도 변계지방 호적 안을 조사한 책이다. 변계 호적안은 모두 3책으로 8개 면이 호적 안이고, 변계호적성책(1903년 6월)은 15개 면의 호적을 5책으로 나누어 수록했다. 조사 및 성책 담당 관리는 관리변민사무 서상무이다. (규장각 소장)

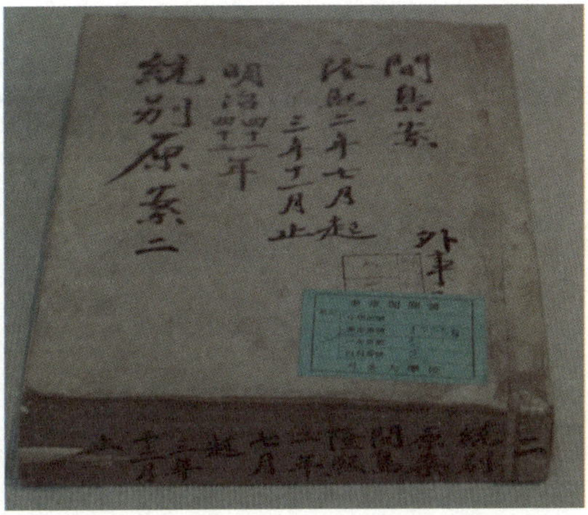

통별 간도관계 왕복문

1907년부터 1909년까지 내각과 통감부 사이에 왕래한 간도관계 공문서를 내각에서 편찬한 책이다. 주로 간도통감부 파출소에서 주민의 민심, 청과의 충돌 및 교섭, 여러 단체의 움직임 등의 정황에 관해 보고한 것으로 한국의 외교권을 빼앗은 일본이 간도문제를 어떻게 처리하고 있었는지 알 수 있는 자료이다. (규장각) 소장

회령군 대안의 『고간도 전결 총수성책』

會寧郡 對岸 古間島 田結 摠數成冊

1901년 7월에 함경북도 회령군에서 작성한 책으로, 표제는 "고간도전결성책(古間島田結成冊)"이다. 회령군 대안인 고간도 4개 지역 개간 토지의 결수가 기재되어 있다. 간도 조선인 주민에 대한 호적 및 농경지 조사는 대한제국의 적극적인 간도 진출 의지를 보여 주는 것이다. (규장각)소장)

◈ 청나라는 토문강을 두만강이라 위압적으로 주장하였으나 감계사 이중하는 정계비의 토문강이 송화강 지류임을 공동답사를 통해 확인시키자 청대표가 국경회담을 결렬시킴

◈ 1897년 서상무 서변계 관리사로 임명, 서간도 호적조사

◈ 1897년 조준우 감계문제 조사 후 국제공법상 토문강이 국경선임을 밝힘

◈ 1898년 오상갑 간도문제 상소. 박일헌, 김응룡 국경 답사 후 토문강 이동이 조선의 영토임을 천명

◈ 1900년 이도재 평북관찰사 서간도 28개 면을 평안도, 함경도 각 군(郡)에 배속시키고 관리

◈ 1902년 이범윤 간도관리사 임명, 조선인을 보호하기 위한 사포대(私砲隊)조직

3. 간도를 지킨 인물

영토라는 것은"한 나라의 통치권이 미치는 범위이며, 넓은 의미로서는 영해와 영공을 포함 한다"고 정의내리고 있다. 인류의 역사를 두고 영토쟁탈의 역사라고 하는 것은 영토가 지니는 의미가 그만큼 중요하다는 것으로 볼 수 있다. 그래서 영토문제에 관한 특히 대국들의 횡포는 21세기문명사회에서도 그 야만성을 버리지 못하고 있는 것이다. 중국이 작동하고 있는 이른바 동북공정은 바로 그 실증적 사례라고 할 수 있을 것이다. 자신의 영토를 확장시키려고 남의 나라 역사를 축소 왜곡하고 아예 지워버리기 까지 하는 반역사적 반문화적 행위를 일삼는 이른바 강대국들의 횡포이다.

강대국들의 횡포에도 우리정부 위정자들은 간도영토에 대한 문제는 입 다물고 무대응 무정책으로 일관하고 있다. 우리선열들은 1887년 토문감계사로 임명받은 이중하는 '오두가단국강불가축' 내머리는 자를 수 있으나 내 국토는 한 치도 주릴 수 없다는 목숨걸고 지킨 이중하 가 있고, 사포대를 조직하여 간도동포 지킨 이범윤과 간도동포 개간원서를 허가해준 함경도 관찰사 홍남주 등 많은 선열들이 있다.

이처럼 나라의 존망이 촌각을 다투는 극한상황 속에서도 민족적 자존을 지키기 위해 몸을 던진 선인들의 눈물겨운 혈투와는 대조적으로 비록 분단 상태에서나마 세계경제 10위권에 누리고 있는 이 나라는 간도 같은 미래의 영토문제에 대해서는 마치 남의 일처럼 선불리 접근조차 하지 않으려는 회피전술로 일관하고 있다. 역대 선열들의 간도영토를 어떻게 지키고 관리했는가를 열거해 본다.

1) 백두산정계비(白頭山定界碑) 세운 박권(朴權)

박권은 1658(효종 9)~1715(숙종 41). 조선 후기의 문신. 본관은 밀양(密陽). 자는 형성(衡聖), 호는 귀암(歸庵). 박희남(朴希男)의 증손으로, 할아버지는 박정(朴筳)이고, 아버지는 목사(牧使) 박시경(朴時璟)이며, 어머니는 부사 김인량(金寅亮)의 딸이다.

1711년 사은부사(謝恩副使)로 청나라에 다녀온 뒤 이듬해 한성부윤이 되었다. 이 때 청나라 사신 목극등(穆克登)의 접반사로 백두산에 올라가 지형을 답사한 뒤 조·청 정계비를 세우고 두 나라의 국경을 확정하고 돌아 왔다. 그 뒤 병조참판·동지의금부사(同知義禁府事)를 거쳐 호조와 공조를 제외한 4조의 판서를 역임하였다.

2) 김경문(金慶門)

김경문은 조선 후기 조선과 청나라 간의 외교적 사안을 담당한 역관이다. 그는 백두산정계비 건립, 국경 분쟁 사건, 무기 수입 등 조선과 청(淸)나라 사이의 국제적 분쟁을 해결하는 데 많은 활동을 하였으며, 이러한 외교적 경험을 바탕으로 『통문관지(通門館志)』를 편찬하였다.

특히 1712년(숙종 38) 강희제(康熙帝)가 목극등(穆克登)을 파견하여 국경선을 확정하려 하자, 특별히 부친 김지남과 함께 접반사(接伴使)로 임명되었다. 그는 목극등 일행이 백두산정계비를 세울 때 통역과 접대를 담당하였으며, 조정으로 돌아와서는 백두산 국경지대의 지

도를 바쳐 그 공로를 치하 받았다. 이 지도는 백두산정계 당시 목극등 왈(曰) 이곳에 범 등 같은 바위가 있는 걸로 보아 이곳을 조청국경을 정하라고 있는 것 같다고 말하면서 화원을 시켜 산세를 그려 황제에게 받친다고 말하자 김경문이 말하기를 무산에서 대기하고 있는 접반사 박권을 통해 국왕에게 받칠 지도를 복사해 달라고 하자 목극등은 이 산이 대국의 산이라면 그려주기 어려우나 이 산은 그대(조선)땅이니 그려주겠다고 말했다. 이때 백두산이 조선영토라는 것을 확인받은 역관 김경문이다.

3) 홍남주(洪南周)

홍남주은 고종 6년(1869. 70년)양년에 걸친 함경북도지방의 대흉년으로 많은 사람들이 살길을 찾아 압록강 두만강을 건너는 조선인들은 금령에도 불구하고 밤을 이용 남녀노소 가릴 것 없이 앞을 다투어 압록강, 두만강을 건너 비옥한 토지를 찾아 들어가 농지를 개간했다.

회령부사로 부임 받은 홍남주는 현지의 조선인 민생고가 극도에 달하여 있는 것을 보고 이들의 구제를 위해 고심한 결과 두만강과 압록강 대안에 있어서의 개간에 관해 의견이 서로 상통되어 민생고 해결과 국토확충을 위해서 지방 유지들과 상의하여 월강개간을

서둘렀다. 이리하여 민생고 해결을 위해 강을 건너 개간하는 방법을 택하게 되어 압록강 두만강을 건너 개간하는 원서를 제출하면 개간할 수 있도록 개간을 허락하였다. 그리하여 갑산건너를 갑산간도, 온성건너를 온성간도, 종성건너를 종성간도로 허가해 주었다.

당시 면장 임병하도 많은 농민을 동원하여 인수개간원서를 부사에게 제출하면 즉시로 허가를 내렸다.

어제까지만 해도 월강 죄가 적용되었던 지역을 개간할 수 있다는 소식을 전해들은 농민들은 어리둥절하면서도 줄지어 개간에 착수한지 불과 수일간에 헐벗은 땅이 농토로 변했다.

이와 같은 홍남주 부사의 단독적인 조치에 대해서 당시 회령좌수 이후섭은 부사에게 국법으로 정한 지역을 조정과 이렇다 할 문의도 없이 허가한다는 것은 부당하다고 지적했었으나 홍부사는 이에 대하여 백성수만이 곤궁의 극단에 해매고 있는 처지에 이를 구제할 수만 있다면 임금이 죽음을 준들 무슨 한이 있으랴하며, 월간개간을 밀고 나갔다.(현주환 류이민사 1966)

4) 조존우(趙存禹)

1897년 대한제국을 선포한 조정에서는 청나라와의 새로운 관계

를 모색하게 되었다. 간도문제에 있어서도 적극적인 태도를 보여 함경북도관찰사 조존우에게 백두산정계비와 그 일대의 분수령인 강수(江水)에 관하여 조사 보고하도록 지시하였고, 이듬해 1898년에도 함경북도관찰사 이종관(李鍾觀)에게 재차 현지조사를 시달하였다. 이 두 차례의 상세한 현지답사를 통하여 우리 정부는 토문강 상류로부터 하류를 거쳐 바다에 들어가는 강줄기의 동쪽에 위치한 땅인 간도와 심지어 청나라가 1860년 러시아제국에 할양한 연해주(沿海州) 땅까지 우리의 국토임을 확신하였다. 이러한 확신을 토대로 1901년 회령에 변계경무서(邊界警務署)를 설치하여 간도에 대한 행정권을 펴기 위한 태세를 갖추었다.

1897년 조선조정내의 친일내각을 물리친 고종은 '광무개혁(光武改革)'을 이루고 국명을 '대한제국(大韓帝國)'으로 개칭, 황제(皇帝)위에 오른 후 대한제국과 대청제국의 국경선은 '정계비위치'를 기준으로 해야 한다고 선언하였다. 1897년 고종황제는 한청국경(韓淸國境)의 간도문제 해결을 위한 보다 구체적인 현황을 파악을 위하여 함경도 관찰사 조존우(趙存禹)에게 백두산정계비와 그 일대 분수령의 강수를 조사 보고하도록 어명을 내렸다. 이에 조존우는 현지지세를 답사하여 도본(圖本)과 개요 설명서인 담판오조(談判五條)를 제출하였다.

1887년 조선은 관찰사 조존우에게 국경분쟁문제를 철저히 조사

보고토록 했다. 그는 공법회통을 인용해 국제공법상 토문강이 한·청간의 경계라고 밝혔다.

5) 오상갑(吳上甲)

청이 1883년(고종 20년)훈춘에 초간국(招墾局)을 설치하면서 이 지역에 이미 들어와서 개간, 생활하는 조선인들을 발견하고 이들을 조선으로 추방 하였다. 이 때 조선 주민 오상갑을 비롯한 주민이 청이 토문강을 두만강으로 잘못알고 있음을 비로소 감지하고, 기록과 구전되어 내려오던 백두산 정계비를 답사하고 지세를 조사하고 돌아와서 종성, 온성, 무산 주민과 합동으로, 청이 고시한 조선인 추방령의 부당함을 종성부사 이정래(李正來)에게 건의하였다. 이것이 간도 주민의 발의로 조선 정부에 간도영유권을 주장하도록 촉구한 시초인 것이다. 말하자면 간도영유권 주장의 선구자는 조선정부이기보다는 간도 주민이었다. 이 간도주민들은 간도영유권문제에 있어서 개간, 경작에서부터 백두산정계비 확인, 답사, 토문강 국경 확인 그리고 정부의 건의서에 이르기까지 전 초적 역할을 한 주민 오상갑 이다.

6) 어윤중(魚允中)

1882년, 통리내무아문(統理內務衙門) 참의에 임명된 어윤중은 국가재정 확보에 힘을 쏟는 한편, 20개조로 된 정부기구 개혁안을 제출했다. 이 때문에 민씨 척족과 집권 세력의 미움을 사서 서북경략사라는 변방의 외직으로 밀려났다. 이 자리에 있으면서 그는 1883년 3월 청측과 중강(中江) 무역장정을, 6월에는 회령통상장정을 체결하는 등 북방무역에서 조선의 이익을 증진시키기 위해 노력했다.

그는 서북경략사로 재직하면서 백두산정계비를 기준으로 토문강(土門江)과 두만강(豆滿江)의 국경지대를 조사, 숙종 때 세운 백두산정계비의 탁본을 떠오도록 했다. 그리고 답사 결과를 토대로 토문강이 송화강 상류로 간도 지방은 조선 영토라고 주장했다. 이어 청의 현지 관료에게 백두산정계비와 토문강 발원지에 대한 공동 조사를 통해 국경을 획정하자고 제기했다.

조선 정부도 청에 대해 토문감계(土門勘界)를 지속적으로 요청했다. 이후 1885년부터 1887년에 걸쳐 2차례의 간도문제에 관한 조·청 감계회담(勘界會談)이 개최되었으나 양측이 기존 입장을 고수해 합의에 이르지는 못했다.

7) 목숨 걸고 간도 지킨 이중하(李重夏)

본관은 전주(全州). 자는 후경(厚卿), 호는 규당(圭堂)·탄재(坦齋). 현감 이인식(李寅植)의 아들이다.

이중하은 조선과 청국 두 나라가 국경을 조사하는데 합의하여 1885년 공조참의·안변부사가 되었다가 토문감계사(土門勘界使)로서 청국측 대표 덕옥(德玉)·가원계(賈元桂)·진영(秦瑛) 등과 백두산에서 백두산정계비와 토문강지계(土門江地界)를 심사하였다. 국경 문제를 놓고 담판을 벌였으나 견해차가 심한데다 청국측이 강압적인 태도로 인해 회담은 결렬되었다.

1887년 다시 토문감계사가 되어 회담을 재개했는데, 청국측이 조선측의 주장을 거절, 위협하자 "(吾頭可斷國疆不可縮)내 머리는 자를 수 있을지언정 국경은 줄일 수 없다."며 끝내 양보하지 않았다.

8) 이범윤(李範允)

1903년 이범윤은 '간도시찰사'에서 '간도관리사'로 직무를 바꾸게 된다. 간도지역을 우리 영토로 인식한 정부가 자국민을 보호하기 위해 이범윤을 간도관리사로 임명한 것이다. 이후 시찰활동에 전념하던 이범윤은 청나라 관리들의 폭정에 맞설 수 있게 교민보호관을 설치하고 군대를 파병해달라고 정부에 요청했으나 청나라의 강박이 두려워 원병이 묵살 당하여 이범윤은 사포대(私砲隊)를 조직하고 군사훈련을 시켰으며, 모아산(帽兒山)·마안산(馬鞍山)

및 두도구(頭道溝) 등에 병영을 설치하였다. 그래서 한인의 지위는 향상되었고 청국의 조세징수에서 벗어나게 되었다. 이범윤은 세금을 징수해 사포대 운영과 간도조선인 보호에 충당 했다.

1905년 계속되는 청나라의 압력을 이기지 못한 정부는 이범윤에게 소환명령을 내린다. 간도를 떠나야 하는 상황이었지만 이범윤은 이에 불복하고 국외망명을 결심한다. 스스로 조직한 충의군 '사포대'를 이끌고 두만강 건너 연해주에서 의병활동을 시작한다. 이후 이범윤은 이동휘 등과 국내진입을 계획하는가 하면 대한의군부를 조직해 청산리대첩에도 직-간접적으로 참가했다.

9) 서상무(徐相懋)

서상무은 고종 24년 1897년 압록강 넘어 서간도관리사로 임명 광무 6년(1902년, 고종 39년) 조사된 이 변계호적안의 작성자는 '관리변민사무 서상무'이다. 서상무는 1897년 서변계관리사로 임명돼 서간도 일대에 파견되기도 했다. 호적 안을 소장하고 있는 서울대 규장각은 이 호적안이 궁내부의 관할로 만들어졌을 것으로 소개하고 있다. 정부가 서간

도 문제에 적극 개입하고 있음을 반증하는 대목이다.
서간도는 북간도처럼 문제를 일으키지 않았던 곳으로 19세기 말엽에 이르러 간도영유권을 놓고 한·청 양국 간에 분규가 생겼을 때에도 서간도문제는 거론되지 않았다. 일본이 간도협약 맺을 때에도 서간도문제는 거론 되지 않아 등한시한 지역이다. 그러다가 청·일 간도협약을 체결하면서 서간도는 어이없게도 청국으로 넘어가고 말았다.

조선정부에서는 압록강 넘어 서간도가 조선의 영토라는 것을 알고 있으면서 나약하고 무기력한 군주들과 사대주의와 안일주의에 빠진 위정자들은 오늘날까지도 우리 영토라고 언급 못하고 있다.

10) 이상설(李相卨)

보재(溥齋) 이상설(李相卨)은 활화산 같은 삶의 궤적은 개혁과 독립운동사를 대변할 뿐 아니라 오늘 우리 사회의 형성과 발전에 큰 영향을 미쳤다. 1905년 을사늑약이 고종의 인준을 거치지 않은 사실을 알고 결국순국의 결단으로 조약에 반대할 것을 상소문을 올렸다. 을사늑약 파기투쟁 후 "국권을 찾지 못하면 다시 고국 땅을 밟지 않겠다"고 결심하고, 저동(苧洞)에 있던 집을 팔아 1906년 8월 북간도 연길현 육도구 용정촌에 최초 민족교육을 실시한 서전서숙(瑞甸書塾)을 건립하여 역사·지리·수학·국제공법·

헌법 등 근대교육과 함께 반일민족교육을 실시하였다. 서전서숙은 1년 만에 일본에 의해 문을 닫았지만 이를 계기로 서간도와 연해주, 국내 각지에서 민족교육이 크게 성장하였다. 1907년 4월 을사늑약이 일본의 강압으로 이루어진 것을 폭로하고 이를 파기하기 위해 헤이그 국제평화회의에 밀사로 파견되었으나 "각국 정부가 이미 을사늑약을 승인한 이상 한국정부의 자주적인 외교권을 인정할 수가 없다"는 이유로 본 회의 참석과 발언권을 거부당했다. 일제는 현지 공관과 회의대표에게 한국대표의 회의참석을 제지하도록 지시하여 구체적인 성과를 얻지는 못하였다. 선생은 망명객으로 미국과 연해주 블라디보스토크, 북간도에서 독립운동을 전개하였다. 홍개호(興凱湖) 남쪽 봉밀산(蜂密山) 부근에 땅 45방(方)을 사서 100여 가구를 이주시키고, 최초의 독립운동 기지 한흥동(韓興洞)을 건설하였으며, 국내외의 의병을 통합해 보다 효과적인 항일전을 수행하고자 1910년 유인석 · 이범윤 · 이남기 등과 13도의군(十三道義軍)을 편성하였다.

11) 김약연(金躍淵)

1908년 간도개척의 선구자 김약연은 명동촌에 애국지사들이 집단으로 이주하여 학교와 교회를 세우고 민족의식 고취, 결집하며 많은 인재를 양성하여 독립운동에 헌신케 한 민족교육의 요람, 항일운동의 중심지로 유명하다. 명동촌에서 명동서숙을 세우고, 이어 1909년 명동학교를 개교한 규암 김약연은 북간도 한인 사회의 첫 단체인 <간민회>의 총회장이었고, 1919년 3.1운동의 여파가 북간도에 전파되기 전에 미주와 노령에 가서 만세운동을 주도했으며, 3월 13일 북간도 용정의 반일시위 운동에서 발표한, 독립선언서 포고문에 서명한 17명 대표들 중에서 첫 위치에 있었다.

12) 유봉영(劉峯榮)

유봉영은 1966년에는 '압록강·두만강 너머 만주땅도 우리 영토'라는 기치를 내걸고 이를 찾기 위하여 백산학회(白山學會)를 창립하여 부회장 겸 총무를 거쳐 회장으로 일하면서 『백산학보』를 32집 유봉영 추모집이 발간하여 종신 사업으로 삼았다.

유봉영은 언젠가 중국과 국경 문제가 불거질 때를 대비해 학문적 기반을 마련해 둬야 한다는 것이 그의 생각이었다. 유봉영은 1972년에는 민족문화추진회 이사장에도 선출돼 고전 번역 작업에도 힘을 쏟는다.

"육락현은 민족문화추진회에서 원봉 선생님을 모시다가, 1981년 3월 백산학회 총무를 맡아 2012년 12월 백산학보 27-94호 까지 발간하고 넘겨주면서 자료는 오늘날 간도영토연구하는데 큰 성과를 내고 있다. 유봉영은 영토 문제의 중요성을 강조하시면서도 꼭 기존의 역사학 중진들을 앞자리로 모시고 스스로는 뒷자리에서 지원하는 역할을 맡았다. 재정 형편이 어려운 것을 알게 된 박정희 대통령께서 국가 예산으로 지원하고자 하셨지만 끝내 사양하고 민간 기업의 지원을 받아 운영해 왔다. 유봉영선생은 나랏돈을 내돈처럼 아끼는 분으로 오늘날 위정자들의 귀감이 되었으면 한다."

13) 김득황(金得榥)

김득황은 청국과 조선의 영토 경계선이 압록강과 두만강이 아니라, 훨씬 북쪽인 레지선(Regis Line)임을 보여주는 당빌(D'Anville)의 『새중국지도』(Nouvel Atlas de la Chine)를 동경 고서점에서 찾아내어 국내에 최초로 소개했다. 지도의 원본은 청나라 강희제의 명에 의해 프랑스 선교사인 레지(Regis), 부베(Bouvet), 자르뚜(Jartoux)가 무려 10년 동안의 측량과 제작기간을 거쳐 1718년 완성한 것이다. 이 원본지도를 프랑스의 왕실 지리학자 당빌(D'Anville)이 약간의 수정과 번역을 거쳐 파리에서 발간한 것이 당빌 지도라고 일컬어지는 새 중국지도이다.

고암이 소장하고 있는 자료들은 대개가 그가 만주국관리시절 비밀리에 만주일대를 탐사하며 수집한 것들이라고 전해진다. 이러한 자료근거로 대륙연구소를 창립하고 저서와 자료집을 펴내기도 하였다.

중국과 국경을 맞대고 있는 북한의 입장은?

▲ 1962년 중·조 변계조약에 의한 천지분할과 북한이 백두산정계비터에 세운 표지석

북한은 1962년 3월 20일 체결한 '조·중 변계조약'으로 백두산천지를 북한은 55%, 중국은 45% 비율로 양분하여 우리 땅 간도를 중국에 넘겨 주었다. 그리고 북한에서는 백두산을 관광지로 개발하면서 1712년 백두산정계비가 있던 자리에 표지석을 세운바 있다.

실제로 중국과 인접한 북한 입장에서는 간도가 분명히 우리 땅임을 알고 있지만 간도라는 용어 조차 사용하지 않을 정도로 간도 문제에 일절 언급하지 않고 있다.

일부에서는 이 같은 북한의 태도에 대해 중국과 사회주의 이념을 함께하는 형제국가라는 난처한 입장 때문에 언급을 못하고 있다고 보고 있다. 다만 이 조약은 비밀조약으로, 정확한 내용은 공개되지 않고 있다.

어쨌거나 남북이 통일될 경우 조·중 변계조약은 비합법적으로 체결된 조약이라는 이유로 무효화될 가능성이 있기 때문에 이에 대비한 대비책을 통일이 되며 하루빨리 우리땅 간도를 되찾아야 하겠다.

조·중 변계조약

조·중 국경을 맞대고 북한의 입장

북한은 간도 용어조차 사용하지 정도로 간도문제에 일절 언급하 있다.

북한은 백두산을 관광지로 개발 1712년에 건립한 백두산정계비 무명의 비석을 세운 것을 보더 한과 중국의 밀착관계를 여실하 있다.

▲ 북한이 복원한 백두산정계비

▲ 북·중 변계조약 21개 국경비

X. 조·중(朝·中) 변계조약

1. 조 · 중 변계조약 무효

북한은 1962년 체결한 '조·중 변계조약'으로 백두산 천지를 북한은 55%, 중국은 45% 비율로 양분하여 우리 땅 간도를 중국에 넘겨주었다. 그리고 북한에서는 백두산을 관광지로 개발하기 위해 주차장을 만들었는데 주차장 모서리에 무명의 백비가 세워져 있다. 이 백비 자리

는 1712년 5월 15일에 백두산정계비 세운 자리임이 확실하다. 숙종실록에 의하면 범등 같은 바위가 있는 것으로 보아 정계를 세우라고 있는 것 같다고 하면서 정계비를 건립하였다. 그 내용으로 보아 백비건립한 자리에 바위가 있는 것으로 보아 백두산정계비가 있던 자리임이 확실하다.

실제로 중국과 인접한 북한 입장에서는 간도가 분명히 우리 땅임을 알고 있었지만 간도라는 용어조차도 사용하지 않을 정도로 간도 문제는 일절 언급하지 못하고 있다. 일부에서는 이 같은 북한의 태도에 대해 중국과 사회주의 이념을 함께하는 형제국가라는 난처한 입장 때문에 언급을 못하고 있다고 보고 있다. 다만 이 조약은 비밀조약으로, 정확한 내용은 공개되지 않고 있다. 어쨌거나 남북이 통일될 경우 조·중 변계조약은 비합법적으로 체결된 조약이라는 이유로 무효화될 가능성이 있기 때문에 여기에 대한 대책을 세워 통일이 되면 중, 조 변계조약은 무효화 시키고 간도를 되찾을 수 있는 만반의 준비를 하여야 한다.

중 · 조변계조약문

2. 북한과 중국이 맺은 국경조약

북한과 중국이 1962년 10월 12일 평양에서 체결한 국경조약 비밀문건이 처음으로 발견되었다. 북한 김일성(金日成)과 중국 저우언라이(周恩來)가 서명한 이 문건은 중국 지린(吉林)성 혁명위원회 외사판공실 편인(編印), 『중조·중소·중몽 유관조약·협정·의정서회편(中朝·中蘇·中蒙有關條約·協定·議定書匯編)』

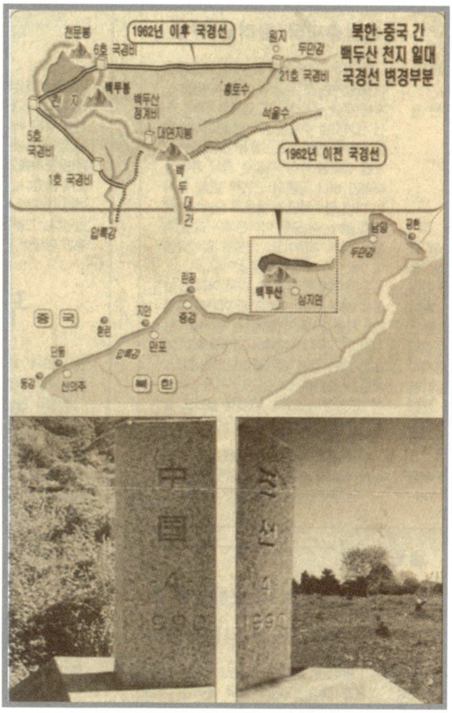

양분된 천지와 4호 조중 국경 표지석(조선일보)

이라는 중국어 소책자이다. '조·중 변계조약(朝中邊界條約)'으로 그 동안 북한과 중국에서도 일절 공개된 적이 없는 극비 자료이다. 가톨릭대학의 안병욱 교수가 2000년 여름 북·중 국경조약을 비롯한 국경문제 관련 협정문을 실은 중문판 조약집을 중국의 한 고서점에서 발견한 소책자이다. 조·중 변계조약은 백두산과 두만강 상류의 국경선을 명확히 했다는 데 의의가 있다.

백두산 천지의 경계선은 백두산정계비 터에 1~5호 백두산 위 천지를 둘러싸고 있는 산마루 서남단 위에 있는 2520 5호비 백두봉 고지와 2664고지 사이의 안부(鞍部) 안장처럼 들어간 부분)의 중심을 기점으로, 동북 방향 직선으로 천지를 가로질러 대안(對岸)의 산마루인 2628고지와 2680고지 6~호비 사이의 안부 중심 동쪽 직선 두만강으로 연결 국계비 21호비 경계로 그 서북부는 중국에 속하고 동남부는 조선에 속한다' 고 되어 있다. 이럴 경우 천지의 55%는 북한에, 45%는 중국에 속한다.

황장엽(黃장엽)이 털어놓은 '백두산 천지분할 동기 내막

−2006. 11. 23.

황장엽은 2010년에 강남의 모 강의실에서 필자와 만난 적이 있다.

악수를 하는데 마른 체구에 손이 온기가 없다. 강의실은 북한을 연구하는 학자와 탈북자들을 위한 강의였다. 강연내용은 탈북자 정착문제이고 음성은 짜랑 짜랑 하고 발음도 정확하였다. 끝나고 잠간 대담하기로 하였는데 힘이 부친다고 해 다음기회로 미루고 면담은 못하고 돌아온 적이 있다.

황장엽은 김일성이 저우언라이(周恩來) 집무실에 걸려있는 지도에 백두산이 중국 땅으로 그려져 있어 김일성(金日成)은 저우언라이(周恩來)에게 "백두산이 자꾸 당신네 땅이라고 하는데 계속 그러면 북한 인민들의 감정이 나빠질 수밖에 없다"고 하면서 "백두산은 예로부터 우

1962년 조·중 변계조약 국경

리 땅이다. 이러면 곤란하다"고 말했다고 황씨는 전했다.

이에 저우언라이는 한참을 생각하더니 압록강도 한복판을 나눴고 두만강도 한복판을 나눠서 국경을 정했으니 천지도 절반을 가르는 게 어떠냐고 제안했고 이를 김일성이 받아들여 조·중변계조약이 체결됐

다고 황씨는 밝혔다.

조・중 밀약은 과연 국제사회에서도 법적 효력을 가질 수 있을까?

한편 조・중변계조약과 관련 미국의 핵, 안보문제 전문기관인 스탠퍼드대<국제안보협력센터>(CISAC)의 중국계 연구원 쉐리타이는 2006년 10월 17일 「홍콩 신보」 기고문을 통해 "국제법에 따르면 비밀협정은 양국 당국이 이에 대해 이의를 갖고 있지 않는 상황에서만 유효할 뿐 향후 어느 쪽이라도 이의를 제기하면 다시 큰 문제가 되기 마련"이라며 향후 남, 북 통일 후 한국의 입장변화에 따라 영토분쟁의 가능성이 높다고 지적했다.

백두산에 건립된 북한 백두산정계비

"중・조 변계조약은 이에 따라 훗날 남, 북통일 이후의 한반도 변화에 따라 중국과 국경분쟁이 발생할 가능성을 배제할 수 없다"고 분석했다.

어쨌거나 남북이 통일될 경우 조・중 변계조약은 비합법적으로 체결된 조약이라는 이유로 무효화될 가능성이 있기 때문에 여기에 대한 연구가 요구된다. 현 시점 까지도 중국이나 북한에서도 간도관련 연구는 전무한 사항이다. 우리나라는 관련 박사학위 논문만도 수십 건과 연구도 많이 되어있으며 간도관련 자료도 많이 확보되어 있다.

XI. 동북공정(東北工程)

동북공정 이란

'동북이란 명칭은 중국 수도인 북경(베이징)에서 본 동북(요령성, 길림성, 흑룡강성) 쪽을 일컫는 명칭이다. 우리는 이 지역을 북방지역 또는 간도지역으로 부르는 것이 올바른 명칭이라고 본다.'

중국의 동북공정

재중동포는 요녕·길림·흑룡강성에 걸쳐 조선족자치주를 이루고 있으나 대도시 이주와 한국으로의 혼인·취업으로 급속히 인구가 줄고 있다.

◈ 남북한이 통일될 경우를 대비하여 추진한 장기적인 중국의 국가 전략임.

◈ 고조선, 부여, 고구려, 발해 역사를 왜곡시켜 이 지역의 역사사 태초부터 중국의 역사임을 강변해 후대 이 지역에 살아가는 재중 및 간도 동포들의 정체성을 근본적으로 차단하려는 전략임.

◈ 1909년 9월 4일 국제법적으로 무효인 간도협약에 의거 불법적으로 점거하고 있는 간도 지역의 영유권 고착화를 꾀하고 있는 전략임.

◈ 동북공정의 숨은 의도는 중국 내부의 국가 안정을 도모하고 현재와 미래의 간도 땅의 귀속문제와 재중한인(재중동포)들에 대한 지배 문제를 공고히 하자는 것임.

◈ 중국은 동북공정과 함께 간도동포에게 3관(三觀) 교육을 시킴.

- 歷史觀: 조선족의 역사는 중국에 살고 있는 소수민족으로서의 역사이다.
- 民族觀: 조선족은 중국의 다양한 중화민족의 일원이다.
- 祖國觀: 조선족의 조국은 중국이다.

중국은 56개 다민족국가로 형성되어 있고 한족(漢族)이 통치하고 있다. 14억 인구 중 55개 소수민족이 8%, 한족(漢族)이 92%를 차지하고 있다. 한족 92%는 내 민족 내 조상을 찾고자 하는 민족은 소수민족으로 등록을 하였지만 내 민족을 등한시한 민족은 모두 자동으로 한족에 등록되어 92%가 된 것이다. 이러한 중국은 여러 민족이 혼합된 민족이기 때문에 잡거민족이다. 이러한 잡거민족은 민족성이 희박하여 14억이 넘는 민족이라도 민족적 정체성이 약해 그다지 두려워 할 대상은 아니다. 제9대 시진핑 국가주석은 유난히 이 잡거민족을 통칭해 '중화민족'(中華民族)이라 부르며 마오쩌둥 공산혁명 100주기가 되는 2049년 10월 1일까지 '중화민족'이 현재 세계패권을 누리고 있는 미

중국의 동북공정 신문기사

국을 타도하고 21세기 중엽에 중화민족의 최전성기(Pax Sinica)를 맞이해 보겠다고 장담하고 있다. 2019년 12월 이후 중공 우한발 폐렴 바이러스가 전 세계로 전파되어 중공은 수 백 만의 인류를 죽음의 공포로 몰고 간 코로나 바이러스 19, 일명 'COVID-19' 팬데믹(Pandemic)의 주범으로 찍혀 중국 공산당 정권은 전 세계인의 적(敵)으로 낙인 찍혔다. 그런데도 중국공산당은 시진핑의 집권 3연임을 확정해 미국과의 정면적인 충돌에 맞서겠다고 호언장담하고 있지만 결코 그의 뜻대로 될지는 전혀 신빙성이 있어 보이지는 않는다. 오히려 시진핑의 무모한 도전은 중공의 몰락만을 재촉할 뿐이라고 본다. 이렇게 시진핑의 중공이 전 세계인들의 지탄을 받고, 특히 미국을 중심으로 한 서방측의 총체적 중공에 대한 군사적, 경제적 봉쇄로 중공의 국세가 기울이지는 틈을 타 대한민국은 북한을 자유통일하고, 1909년 9월 4일 부당한 '청·일 간도협약'에 의해 강제로 중국에 빼앗긴 간도 땅과 한민족의 고토인 동북3성(=만주 전 지역)도 모두 수복해야 할 것이다.

중국 내의 55개 소수민족은 대체로 광범위한 변방지역에 거주하고 있으며, 한족은 베이징을 둘러싸고 'ㄷ'자 형태로 밀집 거주하고 있다. 중국 영토면적은 960만 ㎢ 중 소수 민족이 64%를 점유하고 있을 뿐만 아니라 대부분 전략적 요충지대에 위치하고 있다. 또 지역이 광활한 데 비해 인구는 희소하지만 석유, 철광, 희토류 등의 전략적 산물이 풍부하고, 정치, 군사, 경제적으로 중요 거점을 차지하고 있어 주변세계의 관심의 대상이 되고 있다. 이러한 관계로 중공의 중앙정부는 덩샤오핑(鄧小平) 주석 때는 소수민족에 우대정책을 폈으나 시진핑의 독재체제로 접어들어서는 중화민족주의를 내세우면서 소수 민족의 역사, 언어, 풍습, 인권에 대한 침탈행위 등 소수민족들의 반발이 심해져, 틈만 있으면 신강의 위그루족과 서장의 티베트 민족, 북방의 몽골족과 동북방 조선족의 독립운동이 첨예화 하고 있다. 시진핑은 하나의 중국을 외치며 2025년까지 대만 통일을 달성하겠다고 벼르고 있으나 중공이 대만을 침공할 경우, 서방측의 대만에 대한 군사적 지원으로 우크라이나-러시아 사태와 같은 현상이 대만에서 재발될 개연성은 매우 크다 하겠다. 한편 55개 소수민족 중 모국이 있

소수민족정책 각 민족 공정

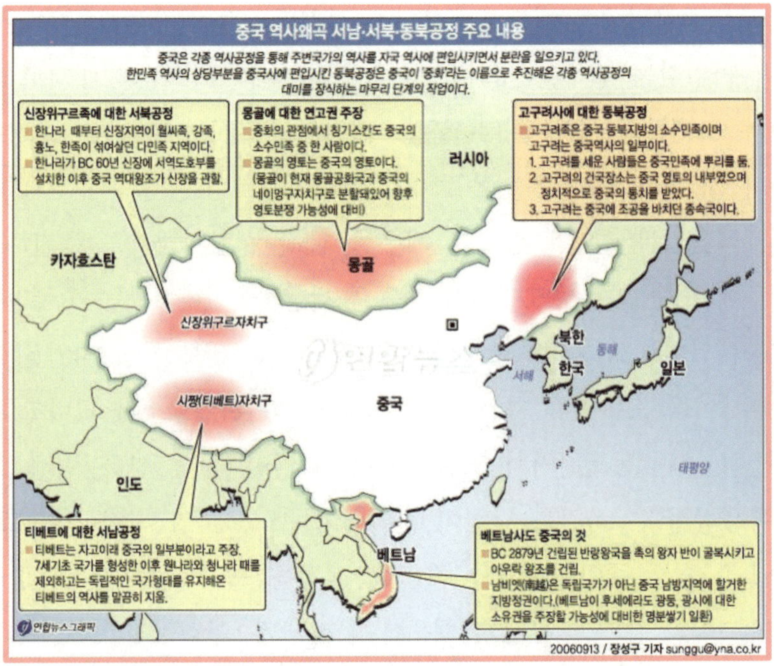

중국의 소수민족 정책

는 위그루 자치주와 티베트 자치주, 몽골 자치주 및 연변 조선족 자치주에 대한 중국 공산당의 감시와 경계는 나날이 심해지고 있고, 특히 한국의 자유통일 이후 간도 귀속문제를 원천 봉쇄하기 위해 2002년~2007년 간 동북공정을 실시하며 연변 자치주의 대한민국과의 민족적 역사적 연대성을 파괴하기 위해 역사왜곡과 문화왜곡을 심화시키고 있는데, 이는 마치 손바닥으로 햇볕을 가려 보겠다는 유치한 착상에 불과하다.

중국의 덩사오핑(鄧少平)1904~1997)은 사회주의 국가에서 1978년 중국공산당 11기 중앙위원회 3차 회의(11기 3중전회) 30주년을 앞두고 14억 중국 인구의 먹고 입는 문제는 마오쩌둥(毛澤東)의 대약진운동과 <인민공사>(人民公社)와 같은 집산주의적(集産主義的) 통제경제 또는 '중앙집중식 계획경제'보다는 사회주의적 시장경제를 추진하는 길 밖에 없다는 결론을 내리고 중국의 해안지역으로부터 내지로 개혁개방과 모택동의 '공부론'(共富論) 대신 '선부론'(先富論)을 주장하는 이른바 '시장사회주의'노선을 천명하였다. 등소평은 실용적 사회주의 경제개혁을 제안한 후 중국의 최우선 과제가 경제개혁을 추진하는데 걸림돌이 되는 것은 55개 소수민족 통제정책이었다. 그는 중국정부의 가장 큰 위협요소 지역으로 신장 위그루, 티벳, 내몽골 등 지역을 지목하면서, 이들 소수민족 자치구는 분리 독립의 위협요소가 크다고 여겼다. 특히 그는 동북지역의 조선족 거주 지역인 '동북3성'(길림성, 요령성, 흑룡강성)은 북한과 남한이 모국이고, 또 모국과 지정학적으로 붙어 있어 중국 중앙정부에서 각별한 신경을 쓸 것을 주장해 중공은 '동북공정'과 '장백산 공정'(=백두산 공정) 및 '문화공정' 등을 실시하여 연변 조선족 자치주와 현 북한의 역사와 밀접한 관련이 있는 고조선사와 고구려사와 발해사를 대한민국의 고대사가 아닌 중국 고대왕국의 지방사로 평가 절하하고 있다. 중공 <국가문물국>의 이러한 엉터리 역사조작은 언젠가 통일한국이 간도와 만주 고토를 수복한 후에는

중공중앙 제11기 제3차 전원회의

공정하고 객관적인 사실에 근거한 고대 한중역사가 재정립 되어야 할 것이다. 중국 공산당은 55개 소수민족의 분리독립을 막기 위해 중공 안에 있는 소수민족의 역사는 모두 중공의 역사라는 것이고, 중국영토 안에서 일어난 역사는 모두 중국의 역사로 인식한다는 이른바 '통일적 다민족국가론'을 앞세워 추진하였다. 통일적 다민족 국가론은 현재 중국 영토를 기준으로 그 동안 일어났던 모든 민족의 역사를 중국사라고 하는 논리로서 땅을 기준으로 역사를 설명하고 있다. 그래서 지금 중국 역사학자들은 역사의 주체를 인간이라는 속인주의적(屬人主義的) 입장이 아니라 땅으로 잘못 인식한 속지주의적(屬地主義的) 인식을 중시하는 착오를 범하고 있는 것이다.

영토란 시간이 흐름에 따라 나라의 크기가 달라지기도 하고 민족이동이 발생하기도 한다. 중국의 경우에도 만주족이 청나라를 건국해 명나라를 멸망시키고 중원을 차지하기 전에는 만주는 중국의 일부가 아니라 조선의 고토였다. 이처럼 시간이 흐름에 따라 역사가 변하는 것

중국동북공정에 대한 시민들의 분노(2004.7)

임에도 '통일적 다민족국가론'은 현재의 중국에 시간을 고정시켜놓고 그 영토 안에서 일어난 모든 역사를 중국사라고 주장하는 중대한 착오를 범하고 있다.(이인철 『중국의 동북공정과 고구려』 백산자료원 2010)

이러한 억지주장으로 55개 소수 민족들을 다민족통일국가의 구성원으로 왜곡하고 있다. 중국은 중원의 왕조를 중심으로 하는 하나의 역사체계로 편입시켜 중앙정부와 지방정부의 지배-피지배, 또는 상하관계로 규정하여 55개 소수민족을 관리하기 위한 논리를 펴고 있다.

이러한 중국 공산당 정부의 동북공정의 목적은 간도지역을 영구히 차지하려는 속셈이다. 55개 소수민족을 포괄하고 있는 중국에게 가장 큰 위협요소는 신장 위구르, 티벳, 내몽골, 연변 등 소수민족 자치구이다. 이에 중국은 과거 무력으로 점령한 티베트와 신장, 내몽골 지역을 중국사에 포함시키는 서북공정과 서남공정 및 몽골공정을 완성시켰고, 한중수교 이후로 동북3성(요령성·길림성·흑룡강성)의 조선족 문제와 만주, 간도의 역사적 연원을 둘러싼

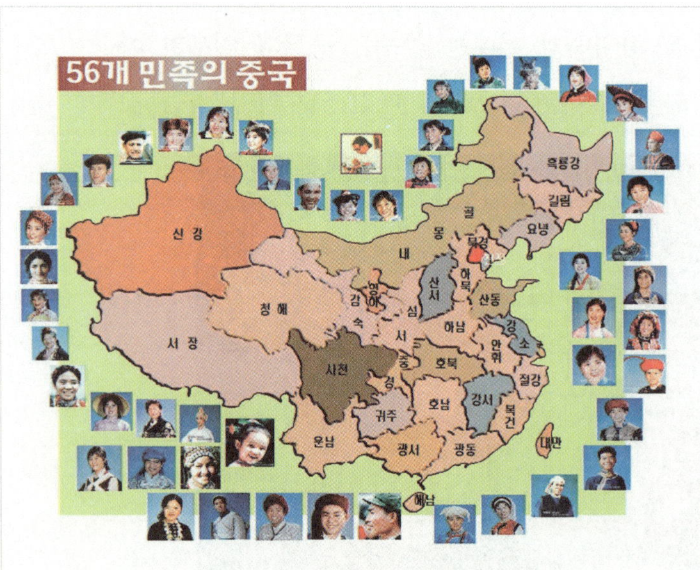

중국내 소수민족 분포도

불안요인이 대두되자 이 지역의 혼란을 막기 위하여 동북공정을 시작하였다.

특히 국제법적으로 무효일 수밖에 없는 간도협약에 의거하여 간도지역을 불법 점유하고 있는 중국이 한반도 통일 분위기가 현실화 되자 조만간 간도 지역에 대한 영유권 분쟁이 다시 제기될 것을 확실히 인식해 이 지역에 대한 역사적 연고를 확보하고자 본격적으로 역사왜곡에 나선 것이다.

동북공정의 주요 연구대상으로 1차로 통과된 27개 과제 중 13개가 동북변경인 간도문제와 관련이 있으며, 6개 과제가 고구려, 발해와 관련이 있고, 4개의 과제가 간도지역의 족원(族源)과 관련이 있다. 그러므로 동북공정의 목적은 1909년 9월 4일 체결된 '청·일간도협약'에 의거 불법적으로 점거하고 있는 간도지역의 영유권 고착화에 있음이 명백해 진다.(도서출판 많은나라 『동북공정백서』 2022. 3)

최근 방한한 우다웨이 중국 외교부 아시아담당 부부장은 고구려사 왜곡을 항의하는 외교통상부에 오히려 '중국 동북지역의 국경과 영토에 대한 중국의 우려를 해소해 줄 것과 백두산정계비의 간도 회복 주장을 저지해 줄 것'을 강력히 요구한 것도 이를 뒷받침 하는 것이다.

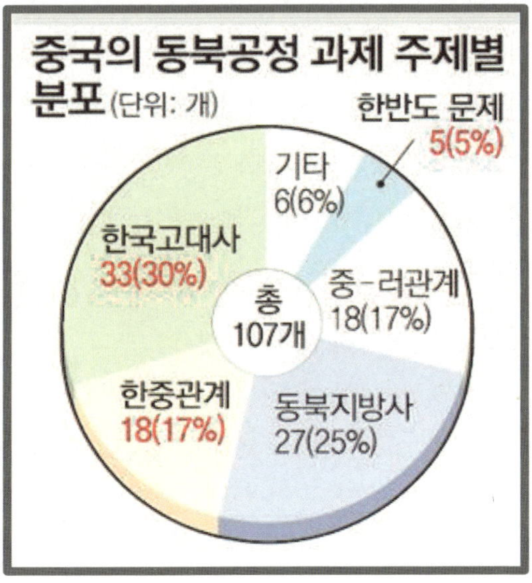

동북공정은 역사전쟁으로, 역사 및 문화패권주의

성격이 강하다. 즉 중국 영토 내의 역사와 문화는 모두 중국의 역사이며 문화로 간주한다. 또한 이들은 '하상주 단대공정'과 '중화문명탐원공정'을 통해 중국의 문화가 세계 최고의 문명이라고 주장하고 있다.

1992년 노태우정부에서 한·중 수교문에 '영토존중 보전이란'(간도 영토를 중국영토로 인정하고 보전하라는 의미) 문구가 있다. 이 문구에 대해 아무런 말 한마디 못하고 수교문에 서명하고 말았다. 중공의 동북공정과 문화공정을 요약하면,

◈ 남북한이 통일될 경우를 대비하여 추진한 장기적인 중국의 국가 전략임.

◈ 고조선, 부여, 고구려, 발해 역사를 왜곡시켜 이 지역의 역사가 태초부터 중국의 역사임을 강변해 후대 이 지역에 살아가는 재중 및 간도 동포들의 정체성을 근본적으로 차단하려는 전략임.

◈ 1909년 9월 4일 국제법적으로 무효인 간도협약에 의거 불법적으로 점거하고 있는 간도 지역의 영유권 고착화를 꾀하고 있는 전략임.

◈ 동북공정의 숨은 의도는 중국 내부의 국가 안정을 도모하고, 현재와 미래의 간도 땅의 귀속문제와 재중한인(재중동포)들에 대한 지배 문제를 공고히 하자는 것임.

◈ 중국은 동북공정과 함께 간도동포인 '조선족'(Korean Chinese)에게 아래와 같이 3관(三觀)교육을 실시하였다.

- 歷史觀: 조선족의 역사는 중국에 살고 있는 소수민족으로서의 역사이다.

- 民族觀: 조선족은 중국의 다양한 중화민족의 일원이다.
- 祖國觀: 조선족의 조국은 중국이다

최근 백두산에 대해 이뤄진 중국의 조치 및 움직임

■ 유네스코에 세계자연유산 및 세계지질공원지정 신청 추진.

■ 중국 지린(吉林)성 '장백산(長白山) 보호개발 관리위원회' 발족. 이후 시정부 권한 갖는 청(廳)급 기관으로 승격.

■ 관리위, '백두산 보호 및 개발에 대한 총체적 규획', '백두산 보호 규칙', '백두산 관광발전 규획', '백두산토지이용규획' 등 규정 마련.

■ 중국과학원 등 20개 기관 1300여명 전문가·학자 백두산 일대에서 답사·시찰 및 세미나, 토론회 개최

■ 국가관광국·지린성 '2006 중국 백두산 국제 관광절' 지정 등 대대적인 백두산 관광 판촉 활동 개시.

■ '장백산 공항' 2007년까지 완공.

■ 백두산 동부철도, 3개의 백두산행 고속도로, 백두산 순환도로 건설.

■ '장백산 광천수' 개발 개시. 2007년까지 병포장 광천수 점유율 전국 3위 목표.

■ '장백산 인삼' 상품 개발 추진.

■ 지린성 '장백산 문화박물관' 개관.

■ '2006 장백산 자가용 여행 대회', '장백산 고산화 대회', '옌볜(延邊) 조선족 민속문화 관광박람회' 등 행사 개최.

■ 북한과 중국 옌볜(延邊)조선족자치주 허룽(和龍)시 새 관광코스 신설·개통.

백두산공정

백두산 공정이란?

중국은 우리 민족의 영산인 백두산을 중국화 하려는 의도로 장백산(長白山) – 백두산의 중국식 표기 – 공정을 실시

중국은 왜 백두산 공정을 추진하는가?

- 국제사회로 하여금 백두산을 중국의 영토로 인식시키기 위해 관광사업과 개발을 병행하고 있음

백두산 공정의 과정과 실태는 어떠한가?

- 1980년 유네스코는 백두산을 중국식 이름인 '창하이'(Changbai; 長白)로 생물보전 지역(MAB)으로 지정함.
- 중국은 2005년 8월 '장백산 보호 개발위원회'를 신설하고 백두산의 체계적 관리에 들어감.

• 백두산을 'Changbai'라는 이름으로 유네스코가 지정하는 세계지질공원 (World Geopark)에 등재 신청함.

• 국제학회에서 백두산은 중국 이름인 'Changbai'로 통용되고 있음. 여기서 중공의 수뇌들이 철저하게 한국인들이 백두산을 민족의 '성산(聖山)'으로 여기며, 유구한 역사와 문화를 지닌 韓민족의 민족정기를 말살하려는 비열함을 확연히 볼 수 있다. 설령 만주의 여진족이 백두산을 장백산이라 하여 그들 민족이 발원한 성산으로 인식하려 해도, 그것은 어디까지나 우리 한민족과 유전적으로 동일한 만주족의 성산이지, 결코 지나족(支那族)이오, 화하족(華夏族)인 한족(漢族)들의 성산은 될 수 없는 것이다. 그리고 '중화민족'(中華民族)이란 실재하지 않는 일종의 정치적 조어(造語)에 불과하다.(신형식외 20056 고구려는 중국사인가 백산자료원)

1. 중국의 문화공정

- 2007. 중국(장춘) 동계아시안게임 때 백두산을 자국영토로 홍보함
- 2008. 중국 올림픽 태권도를 중국 문화로 왜곡
- 2009. 전통혼례, 회혼례, 한복, 상무춤, 씨름, 가야금이 중국 무형문화재로 등록됨
- 2011, 중국 무형문화재(아리랑, 탈춤, 판소리, 강강수월래) 추가 지정
- 고구려 수렵도를 중국 미술품으로 지정함
- 이어도 자국영토로 주장함
- 농악무(農樂舞)를 유네스코에 지정함

비평: 이는 완연한 한국문화를 도둑질한 참으로 흉악하고 저질스런

중국 공산당이 지배하는 현 중공의 야누스적 모습이다. 이를 전 세계의 지성인과 문화예술 전문가들은 중공의 이러한 한국문화에 대한 열등의식을 비웃고 있다. 중국의 전통문화는 모택동의 1966년~1976년간의 '문화대혁명' 시에 완전히 파괴되었기 때문에 중공은 한국의 전통문화를 저네들 것이라고 우기고 있는 것이다. 한국이 자유통일을 이루고 간도 지역을 수복한 후에는 유네스코의 판정에 이의를 제기해 잘못됨을 바로잡아야 할 것이다.

2. 중국의 '장성공정'(長城工程)

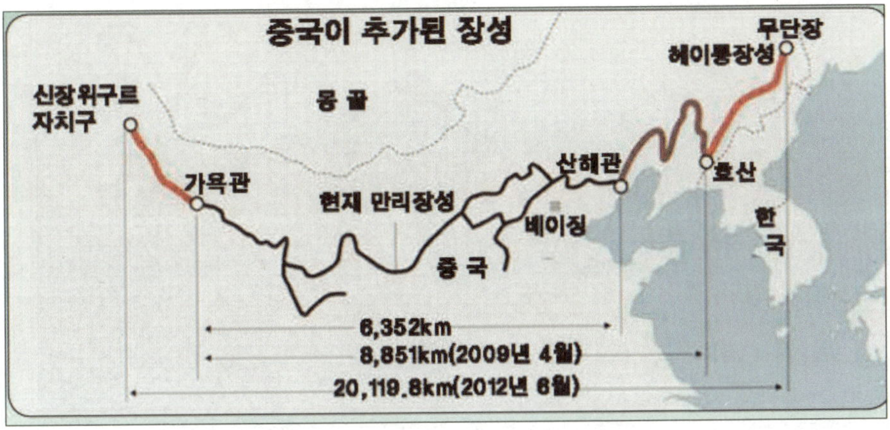

중국의 만리장성이 아닌 이만리장성

중국의 동북공정은 장성공정으로 이어지고 있다.

중국은 고조선, 부여, 고구려, 발해를 중국의 지방정부로 왜곡하고, 백두산까지 중국의 영토로 만들어 놓았다. 이번에는 만리장성을 고구려와 발해의 장성까지 연결시켜(20,119.8km) 종래 1만리 장성을 2만리 장성으로 확장, 역사날조를 일삼고 있다.

2023년 4월 9일 연합뉴스에 의하면

중국은 고구려 박자성을 지우고 만리장성 박물관 건립

중국이 만리장성 끝점을 고구려의 성터로 삼는 작업에 박차를 가하고 있다.

고구려 역사흔적을 지우고 만리장성 이라고 주장하는 입구에 대형 표지석을 세운 것도 모자라 아예 대규모 박물관을 건립하고 있다.

단동에서 압록강 상류로 12㎞떨어진 후산산성, 고구려 산성인 박자성은 고구려시대 우물과 쐐기형 돌로쌓은 성벽이 발견되면서 우리학계는 고구려산성이라고 보고 있다. 하지만 입구에 들어서면 만리장성의

동쪽 기점이라고 쓰인 대형 표지석이 세워져 있다. 능선을 따라 조성된 1.25㎞의 성벽과 성류는 모두 명나라 양식으로 복원되었다. 중국은 후산산성을 명나라 때 장수인 한빈이 만드러다며 석상까지 세웠다. 고구려 성은 만리장성의 동쪽 기점이라고 소개했던 역사박물관은 현재 문을 닫았다. 하지만 더 큰 만리장성 박물관이 단동 시내에 드어설 예

정이다. 4만제곱미터의 땅에 19억원을 들여 전시실 등을 갖춘 만리장성 박물관을 2025년 까지 건립한다는 계획이다. 공사현장 안내판에는 만리장성의 단동구간 문화유산의 집중전시지로 조성된다고 밝히고 있다. 고구려와 발해 역사를 자국에 편입하려는 중국의 역사왜곡이 더욱 집요해지고 있다. 동북공정은 아직도 끝나지 않고 진행하고 있다.

3. 고구려 유적의 세계유산 등재과정

1. 2000년: 북한에서 고구려 유적을 잠정목록 세계유산으로 1998년 11월 제출해 북한이 <유네스코 세계유산위원회>에 가입한 후, 2000년 잠정목록 제출. → 고구려 무덤떼(The Complex of Koguryo Tombs)

2. 2001년: 북한에서 세계유산 신청서를 2001년 제출했으나 유네스코 요구사항이 충족되지 않아 최종보고서 마무리를 위한 유네스코 자문단이 북한을 방문한 바 있었다. 한편 중국이 중국에 있는 고구려 유적도 함께 등록할 것을 북한 측에 요구했으나 북한이 거절했다.

3. 2002년: 북한 최종자료 제출하고 조사단 현지 실사, 중국도 잠정목록 제출. 유네스코자문단의 도움을 받은 최종 보충자료를 제출하고 현지 실사, 북한으로부터 공동등록을 거절당한 중국은 급히 잠정목록을 제출. → 고구려성, 왕릉과 귀족무덤(Capital Cities, Imperial Tombs and Nobles Tombs of Koguryo)

4. 2003년: 중국의 총력전과 북한의 등재 실패 뒤늦게 신청한 중국은 국가적인 사업으로 총력을 기울여 고구려 유적을 정비. 한편 북한의 고구려 유적은 등록에 실패하고 2004년 총회에서 논의하기로 함.

5. 2004년: 두 나라 고구려 유적의 동시 등록, 2004년 5월 <국제기념물유적협의회>(ICOMOS)의 평가결과가 공개되고, 6월에 열리는 28

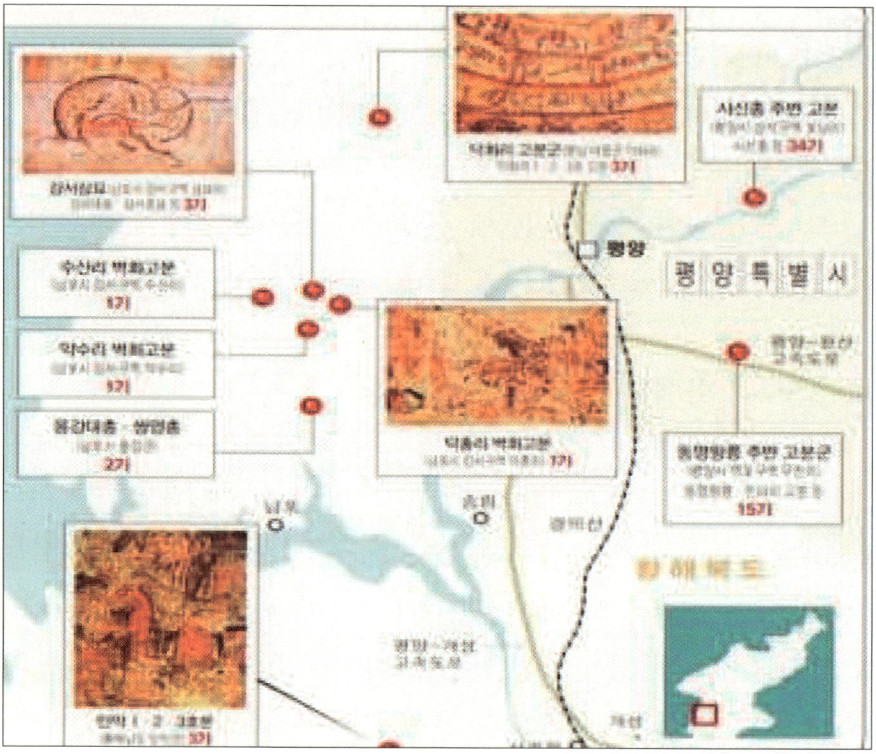

북한 고구려 유적 세계문화유산 등재

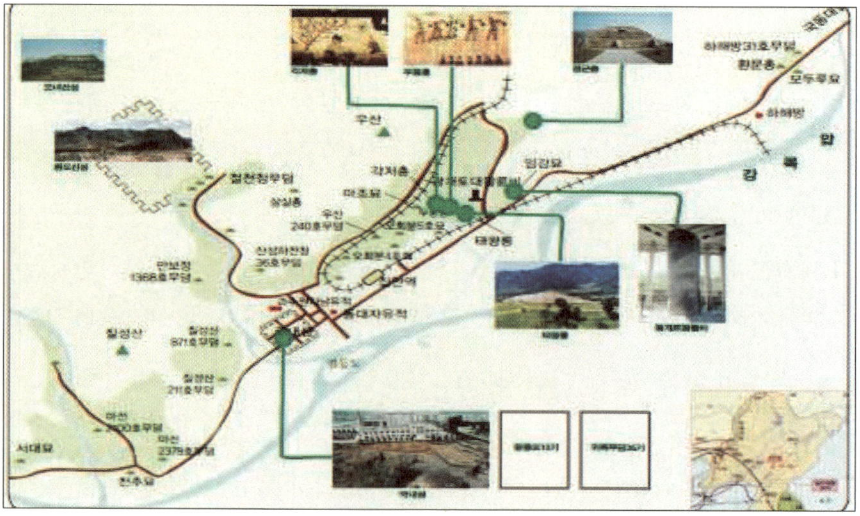

중국 고구려 유적 세계문화유산 등재

차 총회(중국, 소주{蘇州})에서 두 나라 고구려 유적의 등재가 최종결정, 압록강 두만강 이남 고구려 유적을 북한문화유적으로 두만강, 압록강 이북지역은 중국문화유산으로 하나의 역사를 나누어 가진 코믹한 결정을 내렸다.

이러한 중국정부의 동북공정에 대한 정책으로 우리정부는 2004년 2월 <고구려역사재단>을 설립하였으나 정부정책으로 2006년 <동북아역사재단>으로 명칭만 바꾸어 오늘에 이르렀는데, 우리역사 왜곡과 간도영유권문제로 창립된 재단이 간도연구 관련 전문학자는 하나도 없고 주로 독도연구자와 간도지역 고대사 연구자만 있지 간도연구자는 없다. 심지어 이 재단은 독도체험관과 독도전문 연구기관으로 운영하고 있으며 우리나라 간도영유권 연구에 대한 중국의 대변인 노릇을 하고 있다.

동북아역사재단은 동북공정 대응책으로 만들었으나 오히려 우리간도연구 석학들의 간도연구를 부정하며 시민단체들이 간도는 우리 땅이라는 주장에 반기를 들고 있다. 이처럼 <동북아 역사재단>은 중국의 역사왜곡과 간도영토를 고착화 하려는 대응책으로 창립되었는데 오히려 간도연구에 방해공작을 일삼고 있으며 간도전문학자가 단 1명도 없다. 중국정부는 간도영유권문제를 고착화시키기 위한 대응책으로 '동북공정'을 신설, 우리고대사를 왜곡하고 또 인민해방군(PLO) 2개 여단군 20여만 병력을 압록강 두만강 변에 주둔시키고 있으면서 북한정권유고시 중공군 북부 전구 병력은 북한을 침공해 북한을 점령할 태세를 갖추고 있다. 이처럼 <동북아역사재단>은 엄청난 재정을 쓰고 있으면서 간도문제는 언급도 못하고, 고대사와 독도문제만 연구 하고 있어 해체하는 길만이 나라와 민족을 위한 것이라고 본다.

간도 문제 정부 대응

간도문제 국정감사시 고심하고 있는 여, 야 국회의원들 (2004.10.4)

우다웨이 중국외교부 부부장이 간도문제를 절대 거론하지 않겠다는 합의를 해달라고 반기문 전 외교통상부 장관에게 요청하자 반 장관은 이는 비 정부차원의 문제라고 일축하였다. (2004. 8. 23)

청□일 간도협약에 관한 국정감사를 받고 있는 반기문 외교통상부 장관

국정감사 참고인 국제법 전공 석학인 노영돈 교수

◈ 정부는 우리영토 간도를 일본이 청나라에 넘겨준 간도협약이 원천무효임을 중국과 일본에 통보하라!

◈ 국제적으로 간도가 대한민국의 고유 영토임을 선언함과 동시에 UN을 통해 간도를 되찾기 위한 모든 노력을 기울일 것을 건의한다!

◈ 간도가 우리 땅임을 국제사법재판소(ICJ)에 정식으로 제소할 것을 건의한다!

◈ 중국의 간도 불법점유를 고착화시키는 화폐 속 한반도 지도를 삭제하라!

2004년 10월 22일 외교통상부의 청·일 간도협약 무효안에 대한 국정감사에서 전(前) 반기문 외교통상부 장관은 간도협약이 법리상 무효라고 선언했다. 그렇지만 영토문제는 달리 생각하여야 된다는 견해를 개진했다.

1975년 국회서 간도문제 다뤘다

40년전 국회의 간도 자료집 발간은 통일 이후 간도 영유권문제 발생에 대비한 첫 국책사업이다. 1975년 국회에서 발간한 간도자료집의 정식명칭은 '간도영유권관계발체문서'이다.

1867년부터 1945년 사이에 작성된 일제의 기밀문서에는 간도 영유권 관련문서들의 번역본과 원문 영인본이 함께 수록되어 있다. 자료집 뒷부분에는 제한된 분량 때문에 미쳐 싣지 못한 기밀문서 목록들도 들어 있다. 이 자료집 한 쪽에는 '일본외무성 및 육·해군성 문서'라는 부제가 붙어있다. 통감부 서기관이 외무성 정보국장에게 보낸 공문에는 토문감계사 이중하가 보관하던 문서 내용도 들어있다.

간도자료집 발간 사업은 당시 국회도서관장이었던 강주빈 박사의 제안에 따라 시작되었다. 일제의 기밀문서 복사본이 마이크로 필름 형태로 미국 국회도서관에 보관되어 있음을 알게 된 강 박사는 미국 국회도서관의 협조를 구해 필름을 입수할 수 있다고 확신하고, 당시 정일권 국회의장에게 도움을 청했다. 정 의장은 당시 박정희 대통령에게 건의 해 필요한 예산을 배정받고 발간 사업을 추진했다. 국회도서관에 입수된 마이크로필름은 모두 51책 분량으로 상당한 양이었다. 그러나 할당된 예산만으로는 전체내용을 편집하기 어렵다고 판단하여 자료의 발췌작업을 시작하였다.

발췌작업은 당시 통일원 기획실장이자 간도연구가로 알려져 있던 노계현 전 창원대 총장이 맡았다. 3개월 남짓 자료를 선별하고 공문과 각종 자료에 제목을 달고 종류별로 분류해서 국회도서관에 이관했다. 이런 정황은 정일권 의장이 쓴 자료집 서문에서 자료집 발간을 위하여 박정희 대통령이 특별 예산을 배정했음을 밝히고 있다.

국가가 예산을 지원하고 국회 산하기관인 국회도서관이 발간 주체였다는 것은 이 사업이 국책사업으로 추진됐음을 알 수 있다. 자료집 서문에는 "우리의 당면 과업은 조국통일이지만 통일이 성취되는 즉시 국경문제가 중대한 외교문제로 등장할 것"이 명약관화하다. 따라서 간도문제에 대한 자료를 수집, 정리하고 철저히 연구하는 것은 국가적인 중대사이다. 또한 간도문제는 국제분쟁으로 비화할 수도 있기 때문에 국가차원에서 철저하게 대비책을 강구하여야 할 것이다.

▲ 간도자료집 발간 결재하는 박정희 대통령

XII. 우리 정부 대응

우리 정부의 위정자들은 간도문제에 대해 전혀 관심을 기울이지 않고 있다. 국제법상 무효인 청·일 간도협약'을 당사국에 통보조차 하지 않는 등 우리 정부는 한·중 간에 외교적 마찰은 가급적 피하려고만 하고 있다. 결국 이와 같은 자세는 우리 영토인 간도를 중국 공산당 정부에 영구히 넘겨주는 꼴이 된다는 것을 그들은 알고 있는지 그것

이 궁금하다.

한・중 간 영토 문제가 발생한 한국근대사를 되돌아보면, 조선조 제26대 왕 고종은 간도지역의 월강(越江) 조선주민 쇄환문제와 간도 영유권 문제를 해결하고자 1885년 을유감계 회담과 2년 후 1887년에 정해감계 회담을 실시했지만 양국 간에 견해차이로 결렬되어 간도지역에서 양국 간 국경획정 문제는 미결상태가 되었다. 이 시기는 비록 조선이 청국정부의 내정간섭을 받는 상태에 있었지만 조선의 국경감계사 이중하 안변부사는 "내 목은 자를 수 있을지언정 내 국토는 한 치도 양보할 수 없다!"라고 단호한 입장을 보였는데, 간도가 우리 영토가 아니었다면, 어찌 그렇게 국경감계사 앞에서 감히 목숨을 내건 주장을 펼 수 있었겠는가? 청국은 조선에 아무 통보 없이 1909년 9월 4일 '청・일 간도협약' 체결로 일본에 간도 영유권을 양도하면서 만주와 한반도 철도와 연결시키는 철도 부설권과 탄광채굴권을 얻어 차후 만주 침략의 전략적 발판을 마련하였다. 따라서 '간도협약'은 당사국인 조선왕조와 청나라 간의 협약이 아니고, 일본과 청국과의 협약이었다. 그럼에도 불구하고 이 부당한 회담을 통해서 청국은 압록강–백두산–두만강선, 이른바 '한만국경선'을 조・청 간 국경선으로 획정하고, 청은 영토를 한반도 북방 경계선까지 넓혀 오늘날까지 중공이 간도 지역을

간도자료집 발간 결재하는 박정희 대통령

실효지배하게 된 빌미를 제공하였다.

그 후 강대국들에 의해 남, 북한 별도의 정권이 수립된 이래 아직도 우리 민족은 하나로 통일된 나라를 이룩하지 못하고 남과 북이 적대적인 이데올로기로 대치하고 있다 결국은 북한 김일성이 1950년 6월 25일 남한 이승만 정부를 기습 공격하여 3년간 처참한 민족상전의 전쟁이 벌어지고, 1953년 7월 휴전이 이뤄진 후 70여 년간 남북한 갈등으로 간도 문제는 아예 잊고 살아왔다. 북한은 김일성 3대 세습 족벌체제를 유지, 존속하느라, 한국은 전후 복구 작업과 박정희 대통령의 과감한 조국근대화와 경제발전에 치중하느라, 간도문제를 소외시키고 1992년 중공과 국교를 수교 무렵에 북방정책을 표방했던 노태우 정권 때에도, 간도문제는 일체 언급하질 않아 간도 수복문제는 남북한 공히 소외되고 말았다. 그런데 1992년 외교 수교문에는 '영토보전 존중이라는'(간도영토를 중국영토로 인정해주고 보전해달라는) 내용이 있었는데 여기에 대한 이런 방구도 없이 수교문에 조인하고 말았다

대한민국은 우남 이승만(李承晩)을 초대 대통령(재직기간: 1948.7.17.~1960.4.19.)으로 선출하고. 이승만 정부에서는 영토조항을 다음과 같이 제정했다. 먼저 대한민국 건국 이전의 임시 정부 헌법을 보면,

1919년 9월 11일 공포된 임시정부 헌장 제3조에는 '대한민국의 강토는 구한국의 판도로 함'이라고 규정하고 있으며,

1944년 4월 22일에 공포된 임시정부 헌장 제2조에는 '대한민국 강토는 대한의 고유한 판도로 함'이라고 규정하고 있고,

1988년 2월 25일에 공포된 대한민국 헌장 제3조는 대한민국의 영토는 한반도와 그 부속도서로 한다. 라고 규정하고 있다.

대한민국 헌법 3조에 의한 영토는 남한 지역뿐만 아니라 사실상 통치권이 미치지 못하고 있는 북한지역까지 포함한 한반도 전체와 부속도서로 명백히 밝히고 있다. 그런데 반만년 동안 우리의 영토를 반도

간도영유권에 대한 언론기사와 대한민국 헌법도서

라고 기술한 사람은 하나도 없었다. 반도란 명칭은 일본이 이 땅을 강점하고 이민족을 모욕하고 우리영토를 자기나라 영토라고 하는 의미에서 식민지 정책 일환으로 통용시킨 용어로서 일제의 본토와 대한민국 영토 그리고 일제의 괴뢰 정부였던 만주국의 영토를 구별하기 위한 명칭이었다.

세계적으로 같은 민족이 분단된 나라는 우리나라밖에 없다. 우리민족이 통일이 되는 그날 한민족은 간도영유권 문제를 놓고 다시 공산중국과 국경회담장에서 만나게 될 터인데 그 때 중공이 '너희들 스스

로 너희 영토가 한반도라고 해놓고서 이제 와서 무슨 소리냐?'하면 우리는 어떻게 답변할 것인가?

첫째, 임시정부 헌법처럼 한반도란 용어 대신 '고유한 판도'라고 하거나 또는'남한 및 미 수복지역'이라고 함으로써 역사적 의미를 부여하면서도 여운을 두는 방법과

둘째, 미국이나 일본은 헌법 영토 조항이 없는데, 미국 영토 헌법처럼 아예 영토 조항을 없애는 방법도 생각해 볼 수 있다. 우리정부기관은 중국정부와의 관계에 미칠 영향에 대한 외교적 차원의 고려라는 눈앞의 이해관계로 중국정부에 간도가 우리영토라고 천명 못하고 있다. 그러나 방법이 어쨌든, 간도에 대한 우리의 권리(integrity)는 우리 스스로 주장하지 않으면 안 된다. 우리는 한민족의 영토를 올바로 계승 받아야 하며, 앞으로도 계승시켜야 할 권리와 의무가 있다. 우리 권리에 대해서 아무런 문제 제기도 없이 가만히만 있으면 자기 땅을 남에게 내주는 결과가 되고 말기 때문이다. 해방 77년이 지나는 동안 우리는 이러한 문제를 잊고 있었다. 지금도 간도에는 조선족 동포가 전통문화를 간직하고 살고 있다. 우리 땅에 살면서도 이방인으로 살면서 조국을 그리워하고 있다. 우리가 우리의 권리를 떳떳이 주장할 수 있을 때 분단된 조국을 안타까워하는 그들의 마음도 기쁨으로 돌아올 것이다.

1948년 유엔 총회가 '대한민국이 한반도의 유일 합법 정부'라고 결의하고 한민족의 국권을 일시 빼앗아 갔던 일본이 1965년 한일기본조약에서 "일본은 1910년 8월 22일 이전에 대한민국과 대 일본제국간에 체결된 모든 조약 및 협정이 이미 무효임을 확인한다."고 하였다. 그렇다면 이후 우리정부는 어떠한 조치를 취해 왔는지 알아보자.

1. 간도영유권 문서자료집 발췌 발간 (1975. 9)

해방이후 무관심, 무대응으로 일관하다가 박정희 대통령 지시에 의해 1975년에 국회도서관에서 간도자료집인 『간도영유권관계발췌문서(間島嶺有權關係拔萃文書)』를 발간하였다. 이 자료집은 마이크로필름으로 소장하고 있는 일본 외무성 및 육해군성이 1867년부터 1945년 제2차 세계대전 종결까지 80년간 발행한 문서 중에 간도영유권에 관계되는 문서를 정리 번역하여 원본과 번역본으로 자료집을 발간하였는데, 이는 한반도 통일 이후 한·중 간도영유권 문제 발생에 대비한 국책사업이었다.

간도영유권 관계 발췌문서(1975년 발간)

이 책에 실린 머리글에서 이 책이 어떤 의미를 지니고 있는지 잘 알 수 있다. 1975년 정일권 국회의장이 쓴 머리글에는 다음과 같은 내용이 나타나 있다. '오두(吾頭)는 가단(可斷)이언정 국강(國疆)은 불가축(不可縮)'이란 불굴의 의지로 선인들이 지켜온 간도가 구한말에 이르러 우리의 국력 쇠퇴로 국권이 일제에 탈취된 상태에서 우리의 의사와 관계없이 이른바 1909년 9월 4일 '간도협약'으로 일제의 대륙 진출의 발판을 구축하기 위한 안봉선 부설권과 연대 탄광 채굴권의 흥정에 의하여 우리 강역에서 떨어져 나가고 말았다는 사실은 통탄하지 않을 수 없다. 당시 정일권 국회의장은 "우리의 당면 과업은 분단된 통일이지만 차원을 달리할 때는 통일 이후의 민족 진로도 또한 염두에 두어야 한다. 즉 통일이 성취되는 즉시 압록강, 두만강 이북의 국경 문제는 중대한 외교 문제로 등장할 것이 명약관화한 일이다. 따라서 이 간도 문제에 관한 자료 수집과 정리 그리고 이에 대한 철저한 연구는 국가적 중대사라 하지 않을 수 없다."며 간도 연구의 중요성을 강조했다.

2. 국회 영토에 관한 결의안

1) 헌법의 영토 조항에 관한 제헌국회의 논의(1948. 7. 1)

서상일(徐相日, 1886~1962) 의원이 초대 국회 제1회 제22차 본회의(1948. 7. 1) 헌법안 제2독회에서 '대한민국의 영토는 한반도와 부속도서로 한다.' 를 '대한민국영토는 고유한 판도로 한다.'로 수정해야 한다는 주장에 대한 표결에서 재석의원 171명 가(可)에 13명 부(否)에 106명 거수표결로 부결되었다. 이는 나라에 장래를 내다보지 못한 속 좁은 의원들의 처사라고 본다.

2) 백두산영유권 확인에 관한 결의안(1983. 9. 16 / 1993. 12. 17)

김영광 의원 외 54명(1983. 9. 16)과 김영광 의원 외 253명(1993. 12. 17)이 서명하여 제출한 결의안은 우리의 성산인 백두산을 북한과 중국의 협약으로 양분된 것에 대한 영토 할양 또는 변경 등 일체의 반민족 매국행위에 대한 즉각적인 중단과 국경선을 포함한 기존 모든 영토의 변경에 대한 원상회복을 북한당국에 강력히 촉구하는 결의안이었다.

3) 간도영유권 관련 국회 대정부질문(1995. 10. 20)

김원웅 의원이 1995년 10월 20일 14대 국회에서 "우리의 고토이고 생활터전을 이루고 있고 조·청 양국이 백두산정계비에 의한 간도 땅을 '청일간도협약'으로 넘겨준 간도 땅을 우리가 영원히 포기해야 되는가?"하는 질문에 이홍구 국무총리는 "오늘날 한·중 관계를 볼 때 간도문제는 대단히 미묘한 사안이 될 수 있으므로 앞으로 좀 더 많은 역사적 자료수집 및 고증과 전문가들의 연구결과를 바탕으로 신중히 논의 되어야 할 사안으로 생각한다."라고 답변했다.

4) '간도협약'의 원천적 무효 확인에 관한 결의안

(2004. 2. 7 / 2004. 9. 3)

고구려사 왜곡문제로 중국과 갈등을 빚고 있는 상황에서 제16대 국회 김원웅 의원 외 19명(2004. 2. 7)에 이어 제17대 국회 김원웅의원 외 59명(2004. 9. 3) 서명으로 '국회외교통일통상위원회'에 '청·일 간도협약' 원천무효 결의안을 제출하였다. 김원웅 의원은 "고구려사는 역사일 수 있겠지만 간도 문제는 국제법적으로 우리가 분명히 제기할 수 있는 우리영토이다"라고 주장했다.

5) 정부 "간도(間島)협약은 무효"

국감(國監)자료집에 밝혀… 의원들에 배포했다 수거

우리 정부가 1909년 중국과 일본 간에 체결된 간도(間島)협약이 무효라는 입장을 정하고 있는 것으로 밝혀졌다.

외교통상부는 이 같은 정부 입장을 밝힌 국정감사자료집'을 국회의원들에게 배포했다가 중국과의 외교마찰을 우려해 수거한 것으로 12일 밝혀졌다.

본지가 입수한 외교부의 '국정감사자료 7권' 186쪽 '1909년 청나라와 일본의 간도협약내용' 마지막에 간도협약이 무효임을 밝히고 있다.

이 부분은 "우리 정부는 1905년 우리의 외교권을 박탈한 을사조약이 강박에 의해 체결된 무효조약인 만큼, 이의 연장선상에서 일본이 우리의 의사와 무관하게 체결한 1909년 간도협약은 무효라는 입장을 견지함"으로 되어있다.

외교부는 지난 5일 국정감사에서 이 자료집을 배포했다가 중국과의 외교마찰을 우려해 자료집을 수거키로 결정, '간도협약은 무효' 부분을 삭제한 새 자료집과 교환했다.

외교부 국정감사 자료집 삭제 항의하는 육락현 회장 및 임원

새 국감 자료집에는 "간도문제는 북한을 포함한 여러 나라가 관련돼 있는 아주 복잡하고 민감한 문제로서, (중략) 신중히 다뤄나가야 할

문제"라는 입장만 남겨뒀다. 이와 관련, 정부 관계자는 "간도협약이 무효라는 것이 우리의 확고한 입장이지만, 최근 중국이 고구려사 문제와 관련해서도 간도협약 부분에 민감하게 반응하고 있는 점을 고려해 이를 대외에 밝히지 않기로 했다"고 말했다.

(솔한나 조선일보 2004. 10. 14)

6) 외교통상부 '청·일 간도협약' 국정감사(2004. 10. 22)

국정감사받는 반기문장관

정부가 '간도(間島)협약 무효'란 입장을 국정감사 자료집에 밝혔다가 자료집을 회수한 것이 「조선일보」를 통해 알려진 데 이어 이 자료집에 '1941년 이전 중·일(中·日) 간의 모든 조약을 무효화' 한 '중·일 평화조약'(1952년 체결)과 관련한 정부 입장을 밝히면서도 '간도협약은 원천 무효'라고 명기했던 사실이 추가로 밝혀졌다. 외교부는 '국정감사 자료집 7권'에서 "1909년 '청·일 간도협약'은 원천 무효라는 것이 우리정부의 입장인 바, 이는 1952년 '중·일 평화조약'과 별개의 차원에서 '중·일 평화조약'의 해석과는 무관하게 견지되고 있음"이라고 밝혔다. 1952년에 체결된 '중·일 평화조약' 이전에 맺어진 일체의 조약을 무효화한다고 규정한 것이 '간도협약'까지 무효화하느냐 아니냐

국정감사 참고인 노영돈교수(연합뉴스제공)

를 둘러싼 해석과 상관없이 '간도협약은 원천무효'란 것이다. 당시 이 기회에 앞으로 '간도협약'이 무효라는 것을 분명히 할 필요가 있다는 의견도 제시됐고, 그에 반대되는 입장도 피력돼 관계자들 간에 논쟁이 벌어진 것으로 알려졌다. 한편 반기문 외교부 장관은 "간도협약은 법리적으로, 또 국제정치적으로 보는 것이 있고, 복잡한 고려 요소가 있다"며 "간도협약은 복잡하고 민감한 문제로 좀 더 정확한 역사적 고증과 신중한 입장이 필요하다는 입장을 (이전에) 발표했었다"고 말했다.

7) 중 "간도영유권 거론 말라"

우다웨이 중국 외교부부장 8월 방한 때 우리정부에 요구

중국은 지난달 고구려사 왜곡 문제논의를 위해 방한했던 우다웨이 외교부부장을 통해 우리정부가 간도영유권문제를 거론하지 않겠다는 것을 약속해 달라고 요구한 것으로 알려졌다.

중국은 59명의 한국 국회의원이 간도를 중국에 넘겨준 간도협약 무효결의안을 국회에 제출하고 한국 언론의 간도관련 보도에 대해 우려를 표시하고 있는 것으로 전해졌다. 정부관계자는 이날 '우다웨이부부장이 최영진 외교부차관 등에게 '한국이 동북지방 영토 국경문제에서 중국정부와 국민을 우려시키는 시도가 있다'며 간도문제를 언급했다.

"고 밝혔다.

당시 우부부장은 '간도영유권은 중국의 중요한 관심사'라며 '한국이 이 문제를 절대 거론하지 않겠다는 합의를 해달라'는 뜻을 전해온 것으로 알려졌다.

외교부 들어서는 우다웨이

이에 우리정부는 "간도협약문제는 비정부차원에서 주장하는 것" 이라며 중국의 요구를 거부했다. (베이징 특파원 안용현 2015)

이에 <간도되찾기운동본부> 육락현 대표는 "서명운동뿐만 아니라 올해 안에 간도문제와 관련한 학술대회를 여는 등 이론적인 활동도 계속할 것"이라며 "현재 상황은 어렵지만 일단 한국 정부가 중국에 정식으로 간도와 관련 문제제기를 하는 것을 목표로 삼고 있다."고 말했다

8) 간도협약의 원천적 무효 확인에 관한 결의안(2009. 8. 28)

제 18대 국회 이명수 의원은 2009년 4월 9~10일 국회의원 회관 1층 로비에서 "간도분쟁 400년사 사진자료전시회"와 4월16일 <헌정기념관>에서 "청·일 간도협약 100년의 재조명 회고와 전망" 학술대회를 개최한데 이어 8월 28일 이명수 의원 포함 50명이 공동 발의한 "청·일 간도협약 무효결의안"을 국회외교통일통상위원회에 제출하고 기자회견을 통해 "청·일 간도협약 무효결의안" 통과를 촉구했다.

돌이켜 보면, 필자가 41년 가까이 간도관련학술대회와 간도연구, 간도영유권 자료 등 간도지역은 우리영토란 것이 확실한데도 정부는 무응답 무대응 뿐이었다. 이명박 대통령도 "간도는 우리 땅으로 중국과 타협할 영토가 아니다"라고 서울시장 시절 「경향신문」과의 인터뷰에서 말한 바 있다. 또한 2005년 10월 20일~22일 서울시청 앞 광장 간도자료전시회에도 참석하여 "간도는 우리 땅" 근거자료를 보고 이 땅을 찾아야한다는 언질도 하였다. 지정학적 특수한 상태 즉, 남북이 분단된 상태에 있기 때문에 이 문제의 접근은 현실적으로 조심스러우면서도 어려운 일임에 틀림없다. 그러나 개인 간의 관계와 마찬가지로 국가 간의 관계도 국력의 크고 작음과 상관없이 자신의 권리에 대한 주장이 당당하고 분명할 때 오히려 양자 간에 대등하고도 올바른 관계가 성립될 수 있지 않을까. 필자가 <간도되찾기운동본부> 대표로 있으면서 외교통상부의 국정감사 결과 "청·일 간도협약은 법리상으로 무효라고 하면서 영토문제는 달리 생각하여야 된다."는 당시 반기문 외교통상부장관 언질에 제대로 따지지 못한 것은 큰 실책이었다고 반성한다. 아울러 최근 중국은 '동북공정'에 이어 '문화공정'을 통해 간도를 영구히 차지하려 하고 있다. 정부는 현실적으로 주장할 수 있는 간도영유권문제는 물론 7광구 포함 연안 대륙붕 문제 등에도 적극적으로 나서야 한다. 역사는 단순한 과거가 아니다. 역사를 바로 알아야 현재가 있고 미래가 있는 것이다. 자신의 역사를 등한시하고 무시하는 민족이나 나라는 지구상에서 사라지고 만다는 사실을 명심해야 한다.

간도 문제 학계대응

백산학회·한국간도학회(그동안 학술대회현황)

간도관련 학술대회

주제: 韓民族의 成長과 領域
제2차. 1996년 7월 5일 세종문화회관 대강당
주제: 韓民族의 北方領土意識과 間島 領有權問題
제3차. 1997년 11월 29일 세종문화회관 대강당
주제: 한국 근대의 북방영토와 국경문제
제7차. 2004년 6월 4일 서울역사박물관 강당
주제: 중국 동북공정과 간도영유권 문제
제8차. 2004년 9월 7일 국회의원회관 소강당
주제: 북방영토의식과 간도영유권 문제
제9차. 2004년 12월 13일 국회의원회관 소강당
주제: 동북아 영토문제 국제학술대회
제10차. 2005년 10월 28일 백범기념관 강당
주제: 간도영유권에 대한 대국민 강연회
제11차. 2005년 10월 29일 서울역사박물관 강당
주제: 우리땅 간도 대강연회
제12차. 2005년 11월 25일 국회도서관 소강당
주제: 한민족 북방관계사의 회고와 전망
제13차. 2006년 5월 19일 서울역사박물관 강당
주제: 간도개척의 민족사적 성격
제14차. 2007년 7월 27일 서울역사박물관 강당
주제: 백두산정계비와 접반사 박권
제15차. 2008년 3월 21일 원주시문화원
주제: 간도협약체결 100년의 재조명(회고와 전망)
제16차. 2009년 4월 16일 국회헌정기념관
주제: 역대정부의 간도정책분석
제17차. 2009년 8월 25일 서울역사박물관 강당
주제: 間島 및 在中國 朝鮮族 問題에 대한 學術大會
제18차. 2009년 11월 18일 서울역사박물관 강당
주제: 통일후 예견되는 간도영유권 분쟁 분석
제19차. 2014년 12월 19일 한국프레스센터 기자회견실
주제: 간도영유권 분쟁의 지정학적 고찰
제20차. 2016년 12월 16일 대한민국역사박물관 2층 강당

▲ 1997년 11월 29일 '한민족의 북방영토의식과 간도영유권 문제'에 관한 백산학회 학술대회 / 세종문화회관

간도 문제 우리 대응

▲ 2004년 제17대 국회에서 59명의 국회의원들의 서명으로 청·일 간도협약이 무효임을 발의 한 후 기자회견을 하고 있는 김원웅 국회의원과 동료의원들

▲ 2005년 11월 5일 한나라당 중앙위 외교분과위원회와 한국간도학회 및 간도본부의 간도 대 강연회 개최 (강재섭 전 한나라당 대표 축사)

▲ 2006년 한국은행 앞에서 만원권과 오천원권 지폐에 간도영토가 빠져 있는 한반도 지도를 삭제하라는 간도본부 임원들

▲ 2009년 제18대 국회에서 50명의 국회의원들의 서명으로 청·일 간도협약 무효 발의와 기자회견하고 있는 이명수 국회의원과 간도본부 임원들

XIII. 학회 및 간도되찾기운동본부 활동

일제강점기 36년 동안은 우리 역사를 왜곡하고 역사를 말살하는 수난의 시대이기도 하다. 1945년 광복을 맞이하였으나 강대국들에 의해 국토는 남과 북으로 분단되고 민족 또한 서로 이념이 다른 민족으로

분단되었다. 그러나 한민족은 어느 민족보다도 동질성이 강한 민족이다. 이처럼 남과 북이 이질적 정치이념으로 분단되고 간도지역에 살고 있는 우리민족도 내 영토에 살고 있으면서 수세기가 넘는 기간 이방인으로 살고 있다. 그러나 우리민족은 역사적 관점과 이념을 서로 달리하는 불행한 민족으로 갈라져 오늘에 이르고 있다.

2004년에 중국이 동북공정을 발표하면서 우리 고구려 역사를 중국지방정부라고 선포함으로써 온 나라 국민들은 중국과 금시 전쟁이라도 불사할 것 같은 격앙된 분위기였다. 본 (백산학회)에서는 중국이 고구려 역사를 중국의 지방정부사로 왜곡하는 저의가 무엇인가를 학자들의 논의 결과 한·중간의 분쟁지역인 간도영토로 확보하기 위한 선제공격이었음을 알게 되었다. 즉 그들은 2차 대전에서 일본의 패전으로 일본과 맺은 간도협약이 무효화된 사실을 알고 간도지역의 영토와 조선족 200만 명 거주 문제 해결방법의 하나로 우리 고대역사인 고구려를 중국지방정부로 왜곡하여 간도지역을 중국 역사에 편입시키려는 눈 가리고 아웅 하는 식의 편법을 썼던 것이다.

이에 대한 대응으로 2004년 6월 4일 (한국간도학회)가 창립되어 간도문제를 다루는 집중연구소로 발족 되었고, 1차 과제가 지금까지 연구되어온 논문을 분석하고 연구발표를 통해 간도영토가 확실히 우리영토인 것을 우리국민들에게 인식시키고 간도되찾기운동에 우리국민들이 참여할 수 있는 계기를 마련해 주고자 『백산학보』 『간도학보』를 통해 연구논문을 발표하였다.

그리고 남과 북은 간도지역 연구논점을 서로 교류하는 과정에서 관점을 달리하는 부분들이 극복될 수 있을 것으로 보고, 연구대상이 우리민족의 역사 연구인만큼 간도연구가 한발 앞서 통일로 가는 길로 여겼다. 그동안 남한 학계의 역사학은 연구 대상지역인 북한과 중국이 이념관계로 서로 왕래가 없었기 때문에 삼국사기, 삼국유사 등 문헌에 주로 의존할 수밖에 없었고 자료 빈곤으로 신라, 백제, 가야사연구와 일제하, 독립운동 등이 주된 연구 대상이었다. 따라서 제일 중요한 북방(간도)관계 연구는 한세기 동안 왕래와 문물교류가 없는 관계로 연구가 부진할 수밖에 없었다. 그러나 1992년 한·중수교 이후 지난 반세기동안 답사를 못했던 지역이 개방되면서 북방관계연구가 비로소 원동력을 얻어 활발히 진행되고 있다.

석학들은 우리민족과 대륙과의 관계 연구와 함께 우리민족이 어떻게 한반도에 정착하게 되었는가를 집중적으로 연구하고 민족의 장래를 위해 원봉(圓峯), 유봉영(劉鳳榮), 동빈(東濱), 김상기(金庠基) 박사 등이 앞장 서 1966년 대륙(간도)관계사 연구기관으로 (백산학회)를 창립하였다. 그리하여 고조선, 부여, 고구려, 발해, 고려, 간도 등 유구한 한민족의 역사를 국민들과 나아가 세계인들에게 전해주면서 우리민족이 개척 개발한 삶의 지역인 간도를 권원이 없는 일본이 대륙을 침략하기 위해 '청·일 간도협약'으로 중국에 넘겨준 간도영유권에 대한 자료발굴과 연구를 집중해왔다.

오늘날 중국이 간도영토를 지키기 위한 대책으로 대한민국 반만년 역사를 중국의 지방정부라고 역사왜곡하자 이에 대한 대책으로 우리정부에서는 2004년 3월에 (고구려역사재단)을 창립하였으나 그 대응책이 미진하자 (고구려역사재단)을 폐지하고 2006년 9월에 (동북아역사재단)을 창단했다. 그러나 이 재단도 (고구려역사재단)에서 이름만 개명한 채 중국의 '동북공정'에는 제대로 대응 못하고 있다.

교육부 산하의 (고구려연구재단)은 첫 100억 원의 예산 편성과 교육부로 부터 해마다 약 50~60여억 원의 예산을 지원받았다. 그러나 고구려연구재단은 정부의 예산을 받는 학술연구의 공공기관이라기보다는 개별적 역사학자가 주축이 된 민간연구기관의 성격이 컸다.

고구려연구재단은 고구려 역사만을 연구하는 것이 아니고, 고조선과 고구려, 대진국(발해) 및 동북아와 민족문제 등의 역사연구를 하는 곳으로 첫발을 내딛었다. 그러나 고구려연구재단이 제구실을 못하자 종합적이고 체계적으로 역사 문제에 대응하기 위해 청와대 직속의 '바른역사기획단'을 발족했다.

본래 '바른역사기획단'은 고구려연구재단과는 별도로 <동북아역사재단>을 만들려고 했지만, 연구와 조직운영 및 예산집행의 효율성을 높이기 위해 동북아역사재단에서 고구려연구재단을 흡수하게 되었다.

출처: https://gdlsg.tistory.com/2302 [이도경세 이의보본]

고구려연구재단 관계자들은 외교부 산하로 정책과 연구기관을 통합하여 동북아역사재단에 흡수 통합하는 것에 반대했다. 우여곡절 끝에 고구려연구재단을 흡수 통합한 동북아역사재단은 외교부 산하의 공공기관에서 교육부 산하의 공공기관으로 바뀌어 2006년 9월 출범했다.

교육부 산하 동북아역사재단의 설립 취지와 목적은 고구려와 대진국(발해)의 역사를 역사조작 프로젝트 '동북공정'으로 중공의 역사로 둔갑한 문제와 그밖에 일본의 역사 왜곡과 독도 문제 등에 대하여 효과적으로 대응하려는 데 있다.

그런데 고구려연구재단이 확대 개편한 동북아역사재단은 본래의 설립 취지와 목적을 근 15년이 지난 지금까지도 제대로 이행하지 않고 있다.

출처: https://gdlsg.tistory.com/2302 [이도경세 이의보본]

중공이 우리 고대사를 자국의 역사로 편입한 역사조작 프로젝트 동북공정은 대한민국 교육부 산하 공공기관 동북아역사재단을 비롯한 주류 강단사학계의 방조와 묵인 아래 중공의 역사가 되었다.

교육부 산하 공공기관 동북아역사재단은 단군 왕검의 고조선 역사는 신화이며, 고조선의 강역을 고대 중국 한(漢) 왕조 영역으로부터 시작한 특정 지역에 한정했고, '동북공정'으로 고구려와 대진국(발해) 역사를 중공의 역사로 편입한 것에는 전혀 대응하지 않았다.

한(漢)나라에 멸망한 고조선의 역사와 한사군 설치, 삼국사기 초기 불신론 등 중화 사대주의 사관과 일제 식민주의 사관을 그대로 추종한 고구려연구재단과 동북아역사재단은 본래의 설립 취지와 목적을 크게 훼손했다.

출처: https://gdlsg.tistory.com/2302 [이도경세 이의보본]

동북아역사재단에는 일본의 역사 왜곡과 독도 침탈에 대응하기 위한 '독도연구실'이 있다.

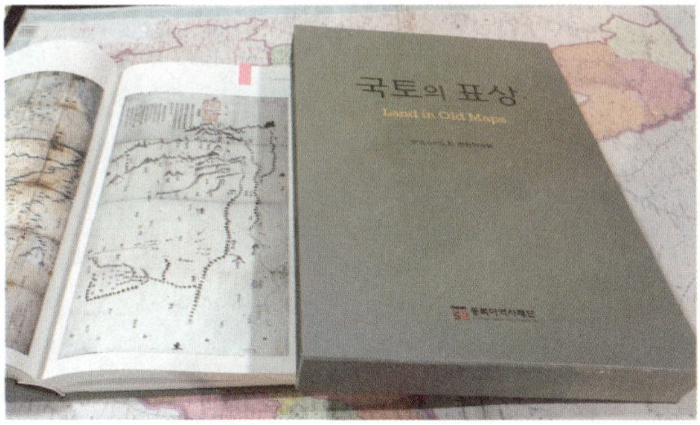

동북아역사재단 편집지도

국민 앞에서만 독도가 우리 땅이라고 말할 뿐 동북아역사재단과 연세대와 서강대 사학과 교수들의 '산학협력단' 60여 명이 8년 동안 국고 47억여 원을 들여 만든 『동북아역사지도』가 독도를 의도적으로 누락시킨 사실이 밝혀져 국민적 공분을 사기도 했다.

동북아역사재단 설립 운영에 관한 법률

제1조 목적

'동북아역사재단법'은 동북아역사재단을 설립하여 동북아시아의 역사 문제 및 독도 관련 사항에 대한 장기적 종합적인 연구 분석과 체계적 전략적 정책개발을 수행함으로써 바른 역사를 정립하고 동북아시아 지역의 평화와 번영의 기반을 마련함을 목적으로 한다.

그런데 동북아역사재단은 중공과 일본이 우리 역사를 침탈하는 데는 하등 관심이 없다.

중공의 '동북공정'을 그대로 인정하고 일제 식민사관을 답습하면서 오직 국민이 낸 혈세로 배만 불리고 기득권을 유지하는 데만 급급할 뿐이다. 출처: https://gdlsg.tistory.com/2302 [이도경세 이의보본]

위의 동북아역사재단 사업이 초기 설립 취지를 벗어난 일은 중공 '동북공정'에서 간도영유권문제가 핵심과제인데 간도영토 문제는 다루지 않고, 고조선, 고구려, 발해 역사연구만 치중하고 있고, 또 '동북공정'과 하등 관련이 없는 독도 문제를 다루기 위해 독도체험관을 운영하고 있다. 따라서 동북아역사재단은 간도영토문제는 전혀 연구하지 않고 있고, 오히려 한국간도학회에서 연구된 것을 비판만 하고 있다. (배성준 cf. "만주-그 땅·사람 그리고 역사", in: <동북아역사재단>, 2005. 12. 25. p.196.)

간도되찾기운동본부를 법인화하기 위해 교육부에 서류를 제출하기 위해 방문하였을 때 이 서류는 외교문제라며 외교부에 제출하라고 한다. 담당직원 4명이 있는 이 자리에 간도 영토가 어디에 있는지 필자가 문의한 바가 있는데, 이때 돌아온 답은 간도가 일본에 있는 조그마한 섬이 아니냐? 고 반문한다. 이러한 곳이 바로 우리나라 교육을 담당하고 있는 교육부이다. 역사는 과거가 아니고 미래다. 문민정부에서 고등학교 역사과목이 필수에서 선택으로 바꾼 이래 수능에조차 반영이 안 되게 교육과정을 개편한 후 교육현장에서는 그렇잖아도 시험점수에만 집착하는 학생들이 스스로 알아서 해야 할 자발적인 학습에 흥미를 잃고 방황한지 어언 20년이 지났다. 이처럼 왜곡된 교육정책으로 말미암아 가뜩이나 취약한 국사교육의 질을 한 차원 떨어뜨리는데다 국민들이나 위정자들은 역사를 배우지 않았다. 그런 관계로 중공이 한국역사를 침탈해도 대비책이 없다. 하루속히 선택이 아닌 필수로 역사를 가르치고 수능과 고시에도 역사과제가 채택되어 역사를 중요시하는 교육정책이 시급하다.

1. 북방관계연구소 (백산학회)

정부는 중국이 대국이라 빼기며, 우리민족 실상을 과소평가하고 있어 한국의 석학들은 <백산학회>--백산(白山)은 우리민족의 성산(聖山)인 백두산에서 따옴--를 1966년에 설립했다.

백산학회는 아주 대륙의 동쪽 한반도로부터 흑룡강을 거쳐 발해만에 이르는 지역일대가 4 · 5천년 이래 우리민족의 생활무대요 역사적 전투장이었음은 두 말할 것 없다. 그러나 반도에만 살게 된 이후 특히 근대조선에 이르러 반도 이외의 고토가 전혀 망각된 것은 통탄스러운 일이다. 그렇기에 우리민족을 중심으로 해서 이 지역에서 일어난 역사적 사실을 규명함과 함께 동시에 우리민족과 대륙과의 관계 및 우리민족이 어떻게 한반도에 정착하게 되었는가를 집중적으로 연구하고 민족의 장래를 위해 원봉(圓峯) 유봉영(劉鳳榮)과 동빈(東濱) 김상기(金庠基) 박사 등이 앞장서 1966년 대륙(간도)관계사 연구기관으로 <백산학회>를 창립하였다.

2021년 9월에 충주 교통대학에서 백산학회 55주년 학술세미나가 있었는데 '백산학회 창립과 대륙관계사의 회고'라는 주제로 "백산학회의 창립과 회고" 황보경(세종대 교수), "백산학회 초기 대륙관계사의 구상과 편찬", 이성준(국사편찬위원회), "백산학보 55년의 성과와 과제" 전우상, 이정빈(단국대학교, 충북대학교)가 발표 하였다. 이 자리에서 백산학회를 31년간 운영해온 육락현 영토관장에게 공로패를 수여했다.

『백산학보』 1~120호 정리한 것을 보면 논문 1,105편중 북방 고대분야 225편, 간도관련 자료 43편, 간도관련논문 64편, 재만한인 관계논문 15편, 만주 독립 운동 관련논문 10편, 재만이주 관계 논문 11편 등 확인되었다. 이러한 논문들은 우리민족이 어떤 과정을 거쳐 이 땅에 살게 되었는가를 알 수 있고, 미해결된 간도영유권문제에 대한 중국 공산 정부에게 간도가 우리 영토란 것을 알리는 데 부족함이 없이 각 분야에 많은 연구가 되어 있다.

백산학회 55주년 세미나 2021. 9. 교통대학교

이러한 연구는 우리민족

이 대륙에서 활동하고 한반도에 정착한 이유를 알기 위한 것으로 우리 민족의 활동 무대였던 요하를 경계로 하여 시초의 국가인 고조선, 부여, 고구려, 발해, 고려, 조선으로 이어지는 간도(만주)에서 일어난 역사적 역학관계 연구가 주 대상이었다. 그 중에 하나가 1996년 세종문화회관 대강당에서 열린 <백산학회> 창립

30주년 학술대회이며 내용은 아래와 같다.

이날 학술대회는 학자, 일반인 300여 명의 관중으로 성대하게 개최되었다. 위

주제 "한민족의 성장과 영역"

1. 김정배 / 한민족의 형성과 고고학적 분포
2. 이종욱 / 고조선의 국가적 발전과 그 영역
3. 신형식 / 고구려의 성장과 영역
4. 송기호 / 발해의 성장과 영역
5. 방동인 / 고려의 성장과 북방정책

세종문화회관 대강당 세미나

대주제와 분과 주제들에서 볼 수 있는 바와 같이 4·5천년 이래 우리민족의 활동 무대였던 간도지역에 관한 연구 성과를 정리해 보고, 이를 통해 우리민족의 장래상을 제시할 수 있는 계기가 되었다고 본다.

그 다음해인 1997년 11월 29일 <백산학회> 주관으로 세종문화회관 대강당에서 "한민족의 북방영토의식과 간도영유권문제"란 주제로 학술대회를 개최하였다. 이날

주제 : "한민족의 북방영토의식과 간도영유권문제"

1. 조 광 : 조선후기 영토의식의 전개와 그 이상
2. 임계순 : 백두산정계비와 조 · 청간의 을유 · 정해 국경회담
3. 이일걸 : 간도협약과 간도영유권문제
4. 최장근 : 일본의 간도분쟁 개입과 청 · 일간도문제 교섭과정
5. 노영돈 : 간도문제와 국제법

백산학회 세종문화 회관. 간도관련 학술대회 1997년

세종문화회관. 간도관련 학술대회 1997년 자료전시

발표회는 250여명의 학자와 일반시민이 참가하여 간도가 우리 영토란 것을 고취시킨 뜻 있는 학술발표였다. 간도영토가 우리 영토라는 관련 자료 50점을 전시는 학자나 국민들에게 근거를 제시해 주는 자리도 마련했다. 학술대회는 한반도와 중국 간의 국경을 압록강과 두만강으로 획정한 청·일 간도협약을 포함한 간도영토문제와 북방영토의식을 규명한 학술대회였다. 이 시기만 하여도 오늘날과 같이 중국의 문호개방이 없던 시기였던 관계로 자

료가 빈약함에도 불구하고 내실 있는 연구발표를 한 학자들의 노고가 컸다고 본다. 이러한 발표를 통해 학자나 일반 국민들은 간도에 대한 관심을 갖게 되었고 연구 또한 열기가 크게 고조되었다.

2. 한국간도학회 창립

중국의 '동북공정'에 대한 대응으로 2004년 6월 4일 <한국간도학회>가 창립되어 간도문제를 다루는 핵심연구소로 발족 되었다. 간도문제에 대해 보다 학술적으로 접근하고 중국의 역사, 문화, 영토 전쟁에 대응하기 위하여 국제정치, 국제법, 정치학, 사회, 경제, 지리, 역사 등 다면의 전공학자를 중심으로 한국간도학회가 창립하여 연구지인 간도학보 1~9호 발간과 학술대회를 아래와 같이 개최하였다.

백산학회, 한국간도학회, 간도본 사무실

1) 간도영유권 관련 학술대회 개최

구한말 20여 년간 한·청 양국 사이에 미해결된 국경문제, 즉 백두산정계비에 의한 국경획정문제는 현실과 무관할 수 없다는 것이 또한 부인할 수 없는 일이다. 그렇기에 우리민족을 중심으로 해서 이 지역에서 일어난 역사적 사실과 미해결된 간도영유권문제에 대해 아래와 같이 관련 학술대회를 추진하였다.

97년부터 간도관련 학술대회

1차. 1996년 7월 5일 세종문화 대강당
주제 : "韓民族의 成長과 領域"

2차. 1997년 11월 29일 세종문화 대강당
주제 : 韓民族의 北方領土意識과 間島 領有權問題

3차. 2000년 10월 6일 ~7일 경주 국제학술회 현대호텔
주제 : 8. 9세기 아시아에 있어서 신라인의 위상

4차. 2003년 11월 15일 충주 후렌드리호텔 개최
주제 : 고구려 국제학술대회
-국내성 천도 200주년-

5차. 2004년 6월 4일 역사박물관 강당
주제 : 한국 근대의 북방영토와 국경문제

6차. 2004년 9월 7일 국회회관 강당
주제 : 중국동북공정과 간도영유권 문제

7차. 2004. 12.13. 국회회관 강당
주제 : 북방영토의식과 간도영유권 분쟁

8차. 2005. 10. 28. 백범기념관
주제 : 동북아 영토문제 국제학술대회

9차. 2005. 10. 29. 서울역사 박물관 강당
주제 : 간도영유권에대한 대국민 강연회

10차. 2005. 11. 25. 국회도서관 소회의실
주제 : 우리땅 간도 대강연회

11차. 2006년 5월 19일 서울역사박물관 강당
주제 : 한민족 북방관계사의 회고와 전망

12차. 2007년 7월 27일 서울역사박물관 강당
주제 : 간도개척의 민족사적 성격

13차. 2008년 3월 21일 원주시 문화원
주제 : 백두산정계비와 접반사 박권

14차. 2008년 6월 27일(서울역사박물관) 해외한민족연구소와 공동
주제 : 고구려 천리장성

15차. 2008년 10월31일(원주문화원)
주제 : 한민족역사관을 위한 대토론회

16차. 2009년 11월18일(서울역사박물관)
주제 : 간도 및 재중국 조선족문제에 대한 학술대회

17차. 2014년 12월 19일 한국프레스센터 기자회견실
주제: 통일 후 예견되는 간도영유권 분쟁 분석

18차. 2014년 12월 19일 한국프레스센터 기자회견실
주제: 간도영유권 분쟁의 지정학적 고찰

19차. 2015년 12월 16일 대한민국역사박물관 2층 강당
주제: 통일후 예견되는 간도영유권 분쟁 분석

20차. 2016. 12. 16 대한민국 역사박물관 2층 강의실
주제: 간도영유권 분쟁의 지정학적 고찰

우리나라에서 간도영유권 문제의 발표는 위의 학술대회가 전부가 아니라는 것을 밝혀둔다. <백산학회>와 <한국간도학회>에서 1997년 이전에도 간도관련 학술대회 발표를 가졌었다. 간도관련 학술대회는 국회의원을 대상으로 17대 국회의원 회관에서 열렸고, 17대, 18대 19대 20대 국회의원을 대상으로 간도관련 자료 전시회를 국회의원회관 로비에서 가졌으며, 또 간도의 날 10주년 기념행사를 국회도서관 대강당에서 국회의원 및 시민 300여명 참석한 가운데 간도영토가 우리 땅

인 것을 다짐하는 자리였다. 간도자료 전시회와 더불어 “중국의 동북공정과 간도 영유권 문제”와 “북방의식과 간도영유권 분쟁”, “우리 땅 간도 대강연회”, “간도 100년의 재조명 회고와 전망” 학술대회가 국회 헌정기념관에서 개최되었다. 또한 ‘청・일 간도협약’ 무효안이 17대 국회 김원웅 국회의원 주관으로 서명 받는 과정에서 천정배 국회의원이 간도협약무효 결의안에 서명을 하지 말라는 연판장을 돌린 과정에서도 59명 서명으로 끝났다. 또 간도협약 무효안은 19대 이명수 국회의원 주관으로 50명의 서명으로 ‘국회 외교통일통상위원회’에 상정한 바 있고, 이러한 근거로 외교부 ‘외교통상부’에 ‘청・일 간도협약’ 무효안 국정감사까지 일구어 내었다.

▲ 2004년 제17대 국회에서 59명의 국회의원들의 서명으로 청・일 간도협약이 무효임을 발의 한 후 기자회견을 하고 있는 김원웅 국회의원과 동료의원들

◀ 2004년 제17대 국회에서 김원웅 국회의원이 ‘청・일 간도협약’ 무효 발의를 내고, 59명의 동료 국회의원들의 서명을 받아낸 후 기자회견을 하고 있는 국회의원

▲ 2006년 한국은행 앞에서 만원권과 오천원권 지폐에 간도영토가 빠져 있는 한반도 지도를 삭제하라는 간도본부 임원들

◀ 2006년 한국은행 앞에서 만원권과 오천원권 지폐에 간도영토가 빠져 있는 한반도 지도를 삭제하라는 시위를 한 간도본부 임원

▲ 2009년 제18대 국회에서 50명의 국회의원들의 서명으로 청·일 간도협약 무효 발의와 기자회견하고 있는 이명수 국회의원과 간도본부 임원들

◀ 2005년 11월 5일 '한나라당 중앙위 외교분과위원회'와 <한국간도학회> 및 <간도되찾기운동본부>의 간도 대강연회 개최(강재섭 전 한나라당 대표 축사)

▲ 2005년 11월 5일 한나라당 중앙위 외교분과위원회와 한국간도학회 및 간도본부의 간도 대 강연회 개최 (강재섭 전 한나라당 대표 축사)

◀ 2009년 제18대 국회에서 50명의 국회의원의 서명으로 청·일 간도협약 무효 발의와 기자회견하고 있는 이명수 국회의원과 간도본부 임원

3. 간도되찾기운동본부

광복 후 우리 국사교육의 소홀로 간도지역의 역사와 간도분쟁사를 학생들에게 가르치지 않았으며, 국민들에게 홍보하지 않았다. 식민사학의 영향으로 우리 역사의 시원지인 간도의 역사를 무시한 점을 지적, 거리에서 추석명절 때 서울역귀향객들에게 우리 땅 간도를 찾아야한다는 홍보물을 배포하였다.

역사인식이 결여된 위정자들로 인해 광복 후 간도문제의 심도 있는 연구조차 하지 못하였으며 "간도협약의 무효"를 지금껏 중국정부에 통

서울역 홍보물

보하지 않았던 점을 비판한 대 정부 성명서와 대 정부건의문도 '간도의 날' 행사시에 외교부와 국민들에게 배부했다.

북방영토에 대한 연구를 57여 년간 꾸준히 연구해 온 (백산학회)를 중심으로 (한국간도학회)가 설립되었으며, 민간 차원에서 2004년 7월에 (간도되찾기운동본부)가 창립되었고, 2006년 7월 30일 외교부 공문서 제65호로 (북방민족나눔협의회)가 외교부로부터 정식 인가되어 본격적인 활동에 들어갔다.

따라서 간도 본부의 대외 단체 명칭은 둘이다. 2006년 7월 5일 17대 김원웅 국회의원이 국회외교통일통상위원회 위원장으로 임명되어 필자가 국회외교통일통상위원장실을 방문 (간도되찾기운동본부)를 법인체로 외교부에 등록을 부탁한 일이 있었다. 그런데 전화통화로 (간도되찾기운동본부)는 등록을 해줄 수 없다고 해 "김원웅 의원 왈(曰)"중국이 대국이라 하더라도 정부는 못해도 우리 국민정신은 살아 있어야 되지 않냐?"고 하면서 접수를 요구했다. 그랬더니 외교통상부 측에서 단체 이름을 바꾸어 달라고 해 간도지역이 우리나라에서 북쪽이기 때문에 (북방민족나눔협의회)로 명칭을 바꾸어 등록을 해 2개의 명칭이 된 것이다. 따라서 (북방민족나눔협의회) 조직에 (간도되찾기운동본부)와 (북방지역 사업본부)를 두어 2개 체제로 운영하고 있다. 그러한 관계로 실제는 1개의 단체로 활동하고 있으나 명칭상 두 개의 분야로 활동하는 형세가 되었다,

간도되찾기운동본부는 간도가 우리영토란 것을 홍보한 결과, 각 지역별로 지역본부가 대구, 부산, 대전, 수원, 안양, 경북 구미, 순천, 광주, 고양, 서울서부, 원주, 울산 등지에 12개가 설립되어 활동하고 있다. 또 해외에 뉴욕, 카나다 등지에도 발족되어 우리 땅 간도영토 알리는데 많은 기여를 하고 있다. 2009년 LA에서는 '간도임시정부'를 창립하고 국내나 해외 동포들이 한 목소리를 내고 있다. 이 단체에 필자가 연구이사로 되어 있으며 2009년 대한민국 (프레스센터)에서 '간도가 우리 땅' 이라는 주제로 "자료로 본 간도"/육락현(간도본부 회장), "간도영유권문제와 국제재판소"/이장희(한국외국어대 교수) 세미나를 개최하였으며, KOREA=COREA 교체에 대한 기자회견실에서 기자회견을 가졌다. 이날도 국내는 물론 해외까지도 간도가 우리 땅이란 것을 다지는 자리가 되였다.

간도본부 전용 홈페이지가 2004년 7월 28일 www.gando.or.kr로 개설하였으며, 홈페이지에 등록된 회원은 2022년 12월 말 현재 14,221명으로 접속인원은 951,768명이며 각 지부 회원까지 합하면 2만여 명에 이른다.

2004년 9월 1일~3일까지 국회의원회관 로비에서 "찾아야 할 우리 땅 간도자료 70여점 전시"를 17대 국회의원들에게 소개하고, 국회의원회관 소강당에서 국회의원을 대상으로 "동북공정과 간도영유권문제" 학술세미나를 개최하였으며, 이 근거로 여야 국회의원 59명이 서명하여 "청일간도협약 무효안"을 '국회외교통일통상위원회'에 상정하였다. 이 근거로 2004년 10월 22일 외교부 국정감사를 이루어 냈다.

2004년 9월 27일, 28일 양일간에 추석을 맞아 귀향길에 오른 시민들에게 홍보물을 나누어 주었다. 홍보물을 관심 있게 지켜본 고등학생부터 나이 지긋한 할아버지까지 많은 시민들이 서명에 동참했다. 회원들이 서명운동을 받고 있는 동안 택시운전 기사를 하면서 작곡활동을 하는 임승완씨 등 3명이 '간도 아리랑', '간도 회복 아리랑' 등을 직접 작곡 작사하여 불렀다.

이날 전시된 지도 가운데 지난 1954년 중국 베이징에서 발간된 청나라 때 영역을 표시한 지도가 많은 관심을 끌었다.

이 지도는 조선, 연해주, 월남·캄보디아·미얀마 등의 인도차이나 반노, 파키스탄, 네팔, 부탄 등 인도와의 국경 지대를 모두 중국이 앞으로 수복해야할 영토로 표시해 놓았다.

이 지도의 조선에 대한 설명은 "1636년 청나라 태종이 평정, 1895년 독립인정, 1897년 대한제국으로 개명, 1910년 일본으로 병합 이후 조선으로 개명" 등으로 되어있다. (김태경 오마이뉴스 2004)

홍보 유인물을 받아본 대부분의 시민들은 "간도가 어디에 있는 섬이냐? 라고 반문한다. 100명 중 5명이 북간도 아니냐? 라고 반문하였다. 이것도 연령이 70대 층이다. 그리하여 국민들에게 간도가 우리 땅이라고 알리는 것이 시급하다고 여겨 이때부터 매월 2째 주에 간도임원들이 전국적으로 홍보에 나섰고, 언론에서도 연일 보도하도록 하게 해 TV에서 "백두산정계비는 무엇을 말하는가", "잊혀진 간도", 역사전쟁 백두인가 장백인가?" 등 영상들과 라디오 인터뷰, 언론보도 등 '대학생 간도 알리기,' "1달간 자전거 전국 순회" 등 적극적인 홍보활동으로 우리국민들은 간도가 우리 땅이라는 것을 알게 되었지만 아직도 미미한 상태다. 지금까지 중, 고등학교 27개교와 전철 17개역 등 2022년 말 전국 시도에 98회 전시를 통해 간도홍보를 많이 해 왔지만 아직도 우리 국민들 중에는 간도를 잘 모르는 사람들이 매우 많다. 한편 다행스럽게도 간도되찾기운동본부의 숙원사업이었던 '간도전시관'이 2018년 경기도 동두천 소요산 자락에 있는 간도문화체험마을이 조성되고 <대한민국 영토관>이 설치되어 장기적으로 안전한 홍보관을 유지하게 됨으로써 간도땅 찾기운동에 보다 더 심혈을 기울게 되었다. 2021년에는 경기도 교육청(교육감 이재정)이 <간도문화체험마을 內 대한민국 영토(간도, 독도, 대마도, 이어도)관>을 대한민국의 '역사문화체험관'으로 선정하기도 하였다. 코로나-19이전에는 '안양드림스타트' 82명, '울산 독도나라사랑협의회' 54명, '미륵협의회' 32명, 의정부청소년 28명, '동두천 양주교육지청' 29명, 그리고 신흥고등학교 교장선생님 인솔로 23명이 답사를 하였다. 그러나 코로나 이후로는 방문객이 많이 줄었다. 방문객들은 하나같이 어느 기관 소속이냐고 반문한다. 일반 시민단체라고 했더니 정부에서 할 일을 시민단체에서 한다고 이상하게 생각하였다.

2009년 6월 6일 김경문묘 참배

1) "현충일 간도인물묘 참배"

간도본부에서는 2005년부터 매년 6월 6일 현충일에 간도 땅 지키고 찾는데 헌신하신 인물들의 추모하는 행사를 가졌다. 간도 땅 지키고자 목숨을 건 이중하 국경감계사 묘 참배와 중국에 살고 있는 우리 민족과 간도 땅 관리를 한 간도관리사 이범윤 묘 참배를 비롯한 독립투쟁사 묘 참배, 백두산을 우리 산으로 인정받은 김경문 역관과 서간도 관리사 서상무와 초창기 간도지역 교육기관을 설치한 이상설, 간도 땅으로 허가내준 조존우, 간도지역 (백산학회)연구소를 창립한 유봉영, <대륙관계사 연구소>를 창립한 김득황 박사, 백두산정계비 건립당시 접반사 박권, 간도본부 후원을 아끼지 않고 지원해 주신 이유종 대순진리교 종정(宗正), 간도지역교육기관에 헌신하신 유일환 유한양행 설립자, 청산리전투에서 승리한 김좌진 장군 묘 등 이 분야 연구의 선구자들 묘소 참배를 16회에 걸쳐 해왔다. 앞으로도 어윤중, 이도제, 조정래, 오상갑, 신기석, 이한기 등 나라사랑 민족사랑에 투철한 분들의 영토관을 되새겨 후대에 귀감이 되도록 참배를 할 것이고, 추가로 간도인물들을 발굴, 참배할 계획이다. 16회에 결처 실시했던 참배에는 뜻을 같이하는 많은 국민들이 참여하여 민족사적으로 위대한 족적을 남기신 분들이 우리민족이 반드시 되찾아야 할 간도 영토를 어떻게 개척하고 보존하려 했는지를 되돌아보는 시간의 기회가 되었다.

2) "2006년 9월 4일 '간도의 날' 선포"

1909년 9월 4일 간도 땅을 청·일 간도협약으로 넘겨준 이 날을 우리의 주권을 찾는 날로 제정하여, 종묘공원에서 2006년 9월 4일을 기해 시민 1,500명이 참가한 자리에서 '간도의 날' 선포식을 성대히 거행하고, 종각까지 시가행진으로 우리 시민들에게 "간도가 왜 우리 땅인가"를 알리는데 큰 역할을 하였다. 1주년 행사는 서울시청 앞 광장에서 1,000명이 참가한 가운데 거행하였다. 2주년 행사는 대학로에서,

2005년 9월 4일 간도의 날 선포 종묘공원

3주년 행사는 (국회헌정기념관)에서, 4주년 행사는 (대한적십자사)에서, 5주년 행사는 (서울시 중구 구민회관)에서, 6-7주년 행사는 (서울시 청소년수련관)에서, 8주년 행사는 (국회의원회관)에서, 9주년 행사는 (국회헌정기념관)에서, 10주년 행사는 (국회도서관 대강당)에서, 16차 행사는 (간도문화체험마을)에서, 17차 행사는 (국회의원회관 소강당)에서 개최함으로써 간도 땅 찾기의 의지를 불태웠다.

'간도의 날' 행사를 통해 우리국민들에게 간도영토는 우리나라 영토란 것을 알리는데 큰 역할을 했다고 자부한다. 앞으로도 계속 추진할 계획이다.

4. 재중동포(조선족) 청소년 대한민국 역사 및 문화탐방 행정자치부 시행, 2016년 민간단체 공익활동 지원 사업 실시

행정자치부에서 시행하는 2016년도 민간단체 공익활동 지원 사업에 간도본부에서 신청한 "재중동포(조선족) 청소년 대한민국 역사 문화탐방 계획안"이 선정되어 지원금 4천만원으로 본 사업을 다음과 같이 수행하였다.

▶사업기간 : 2016년 8월 8일 ~ 23일 (15일간)

재중동포 청소년 강연

1차 연변지역 청소년 14명 방문

2차 장춘 반석지역 청소년 14명 방문

＊ 1차시행 : 5박 6일 일정으로 연변 청소년 14명 초청

＊ 2차시행 : 5박 6일 일정으로 장춘, 반석 청소년 14명 초청

역사탐방 장소는 경복궁, 중앙박물관, 전쟁기념관, 선사박물관, 자유 수호평화박물관, 민속박물관, 서대문형무소, 독도체험관, 간도문화체험마을, 민속촌, 삼성전자, 남산타워, 명동, 인사동, 청계천, 롯데월드을 답사하였고, 강사로는 "우리민족의 기원"에 대해 최무장 선사박물관장, "목숨 걸고 지킨 녹둔도" 조병현 본회 아카데미원장, "자료로 본 간도," 육락현 영토관장이었으며 우리 민족 형성 과정부터 간도지역이 왜 우리 땅인가를 심어주는 강연과 역사와 문화 탐방을 실시하였

다.

▶ 세부 강연 내용

충무공이 지킨 녹둔도/조병현(공학박사, 경일대학교 교수) : 배 13척으로 330여 척의 왜적과 싸운 노량해전과 녹둔도 전투 등 충무공의 생애를 통해 충무공의 나라 사랑하는 마음과 조국에 대한 자긍심을 가지도록 역사 교육 실시

자료로 본 간도/육락현(영토관장) : 우리 동포가 살고 있는 간도지역이 막연히 우리영토가 아니라 우리가 개간하고 관리했던 곳을 일께워 주는 영토 교육 실시

전곡리 구석기유적과 선사박물관/최무장(건국대 명예교수, 고고학 전공) : 30만 년 전 세계적으로 구석기시대문화의 대표적인 유적으로 인정되고 있는 이 지역을 재중동포 학생들에게 설명하여 우리 민족과 우리 문화의 우수성에 대하여 교육 실시.

▶ 강의 평가

간도 교육을 통해 간도 땅에 대한 거부감을 우려했으나 질문과 토론 과정에서 구체적인 설명을 요청하는 등 적극적인 교육 참여로 기대 이상의 성과를 거두었다. 강연을 통해 재중동포 청소년들에게 위대했던 우리민족의 역사와 문화를 제대로 알려 현재 중국정부가 동북공정과 요하문명론, 교과서 수정공정 및 중화 문명 선전공정에 의해 한(韓)민족의 유구한 정통 역사를 왜곡 폄하하는 그릇된 실태를 정확하게 알려주는 교육을 실시하여 장차 재중동포 청소년들이 통일 한국시 옌벤 조선족 자치구에서 통일 한국과의 정치, 외교, 경제, 사회, 문화, 과학,

체육, 종교 활동분야에서 선도적인 역할을 하게 해 1909년 9월 4일 불법적 일·청 간도협약에 의해 현재 상실된 간도지역을 통일한국과

1진 광화문 충무공기념관

2진 민속박물관 답사

1진 경신고등학교 방문

간도문화체험마을 방문

재통합 시킬 수 있는 기반을 확보하였다.

그리고 이번 모국방문을 통해 자라나는 재중동포 청소년들에게 대한민국과의 문화교류의 중대성을 인식시키고, 조국 대한의 발전상과 대한민국이 세계역사와 정치, 경제, 문화, 체육 발전상에 기여한 바를 올바로 이해시켜 건전한 민족정책성 확립과 바람직한 민족공동체 네트워크 형성에 기여토록 해 장차 이들이 동북 3성에서 유능한 한인사회 지

도자로 활동할 수 있게 해 줄 수 있는 모국 방문이었다고 볼 수 있다.

▶ 재중동포 답사 후기

행정자치부 2016년 공익활동 지원 사업 일환으로 “재중동포(조선

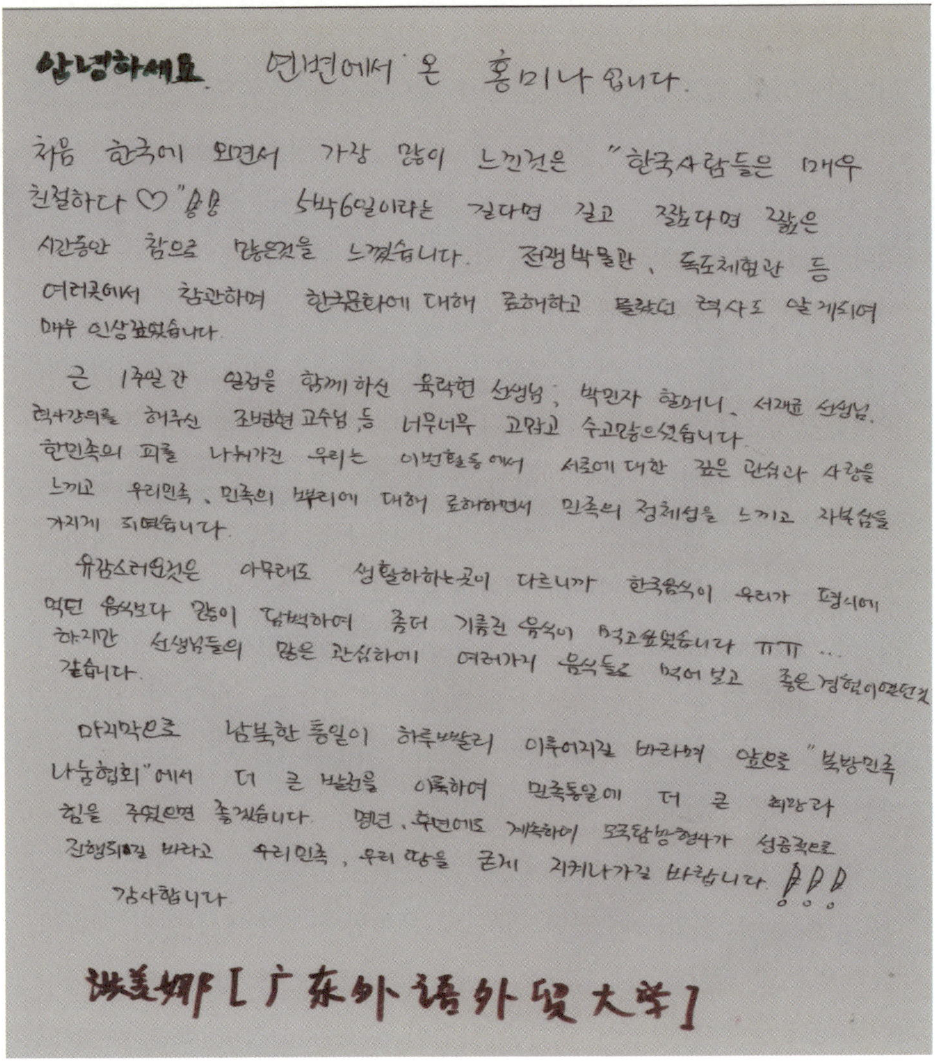

안녕하세요. 연변에서 온 홍미나 입니다.

처음 한국에 오면서 가장 많이 느낀건은 "한국사람들은 매우 친절하다 ♡"ㅎㅎ 5박6일이라는 길다면 길고 짧다면 짧은 시간동안 참으로 많은것을 느꼈습니다. 전쟁박물관, 독도체험관 등 여러곳에서 참관하며 한국문화에 대해 료해하고 몰랐던 력사도 알게되여 매우 인상깊었습니다.

근 1주일간 일정을 함께하신 육락현 선생님, 박민자 할머니, 서재균 선생님, 력사강의를 해주신 조병현 교수님 등 너무너무 고맙고 수고많으셨습니다.
한민족의 피를 나눠가진 우리는 이번활동에서 서로에 대한 깊은 관심과 사랑을 느끼고 우리민족, 민족의 뿌리에 대해 료해하면서 민족의 정체성을 느끼고 자부심을 가지게 되였습니다.

유감스러운것은 아무래도 생활하는곳이 다르니까 한국음식이 우리가 평시에 먹던 음식보다 많이 담백하여 좀더 기름진 음식이 먹고싶었습니다 ㅠㅠ... 하지만 선생님들의 많은 관심하에 여러가지 음식들로 먹어보고 좋은 경험이였던것 같습니다.

마지막으로 남북한 통일이 하루빨리 이루어지길 바라며 앞으로 "북방민족나눔협회"에서 더 큰 발전을 이룩하여 민족통일에 더 큰 희망과 힘을 주었으면 좋겠습니다. 명년, 후년에도 계속하여 모국탐방행사가 성공적으로 진행되길 바라고 우리민족, 우리 땅을 굳게 지켜나가길 바랍니다!!!

감사합니다

洪美娜【广东外语外贸大学】

28명이 남기고 간 대한민국 역사와 문화탐방 소감문

족)청소년 대한민국 역사문화탐방"이 선정되어 사업비 4천만원이 책정되었다.

막상 책정되고 보니 마음이 무거웠다. 이 사업비는 국민들의 혈세가 아닌가? 2016년 8월경에는 날씨가 연일 폭염에 5박 6일 2차례 행사 14일 동안에 아이들이 힘들어 했다. 그래도 우리아이들에게 같은 민족이란 것을 고취시키기 위한 박물관과 전쟁기념관 및 민속촌 방문과 우리나라기업의 발전상에 대한 답사를 끝나고, 석식 후 민족에 대한 강연이 이어졌다. 아이들은 불만도 많았지다. 그렇지만 고생한 만큼 보람도 있었다고 하였다. 또 재중동포 학생과 우리나라 경신고등학교 학생과 교류하는 시간도 마련해 주었다. 이러한 추진은 같은 민족으로서 서로 교류하는 기초 진행이라고 볼 수 있다.

위 사업진행을 위한 예산 부족 등 여러 가지 부족한 점이 많았으나 학생들의 소감문에 나타난 바와 같이 기대 이상으로 반응이 좋았다고 볼수 있다. 모국의 실정에 대하여 잘 모르는 학생들에게 우리 민족의 역사와 문화를 제대로 알려 지역 사회와 가족, 친구들에게 전파하여 조국에 대한 자긍심을 지니고 생활할 수 있도록 조국관과 애국심을 심어 준 여행이 되었다고들 한다. 특히 1909년 9월 4일 불법적인 간도협약에 의해 현재 상실된 간도문제를 일깨워 올바른 역사관을 가질 수 있도록 교육을 실시하여 학생뿐만 아니라 인솔교사로부터 무척 감동을 받는 교육이 되었다고 말하고 있다.

예상 외 변수 등으로 부진하거나 사업추진 상 문제점과 애로사항은 2016. 8. 8~19일까지 추진된 역사 및 문화탐방 과정에서 연일 계속되는 폭염으로 답사하기에 힘들었지만, 재중동포 초청 학생들의 적극적인 참여와 호응에 힘입어 계획된 사업이 순조롭게 잘 진행할 수 있도록 협조해준 재중동포(청소년)아이들에게 고마운 마음을 전하고 싶다.

이번 지원 사업으로 얻은 효과로서는 우리 단체가 처음으로 행자부 지원 사업에 선정되어, 정부에서 인정받은 단체로 평가된 데 대해 단체 회원들의 사기를 높여주웠을 뿐만 아니라 사회에서도 인정받는 단체로 거듭나게 되었음에 관계기관에게 감사함을 표하고 싶다.

5. 간도영유권 100년 시효 설

2009년 9월 4일은 청일간도협약 100년이 되는 해였다. 우리국민들은 2009년 9월 4일 청일간도협약 100년을 맞이하여 100년이 지나면 간도영토는 영원히 중국영토로 되는 것이 아닌가 하는 우려와 염려를 하고 있다.

'동북공정'의 실체는 한국의 영토인 간도 영유권을 고착화 하려는 중국의 전략임이 널리 알려지면서 간도에 대한 국민적 관심이 각계각층으로 고조되어 해외에까지도 폭넓게 확산되고 있다. 간도 땅과 청·일 간도협약을 알게 된 국민들 사이에서 간도 땅을 회복하여야 한다는 애국적 영토회복 촉구 운동이 활발히 전개되고 있다. 이 운동은 이른바 '간도영유권 100년 시효 설'에 자극을 받은 국민들의 반사작용이라고도 할 수 있다. 앞에서 밝힌 바와 같이 간도는 우리 땅 인데도 중국과의 외교적 마찰을 우려하여 위정자들이 묵비권으로 일관하고 있다. 이에 (간도되찾기운동본부)에서는 뉴욕지부와 CNA 외신 기자를 통해 세계적으로 간도가 대한민국 영토임을 알리기 위해 청일간도협약문 자료를 한글과 영문으로 번역하여 뉴욕지부 김태영 지역본부장이 2009년 4월15일 '간도의 영유권회복과 100년 시효설에 대한 해명을 촉구하는 탄원서를 2회에 걸쳐 이명박 대통령에게 제출하였다. 이것이 각 언론에 공개되면서 국민들의 우려가 촉발된 것이다.

정부는 간도영유권회복을 위한 정부당국에 대한 대(對) 중국 항의 제안과 주장에 대해 정부당국은 이를 묵살하고 아무런 대책을 강구하지 않고 있으며, 그 이유로 '100년 시효설'이 국제법상 근거가 없다는 주장으로 아무런 대책을 강구하지 않고 있다. 묵비권이 결과적으로 실효적지배를 하고 있는 간도영토가 중국 땅이 된다는 것을 알고 있으면서도 한국이 중국이란 대국에 위축되어 아예 주장을 하지 않고 있다.

묵비권이 우리에게 얼마나 불리한 결과를 가져올 것인가를 국제법 전공 학자인 노영돈 박사의 연구를 통해 알아보기로 하자!

국제법상으로 본 간도 간도협약의 효력문제와 시효문제는 간도영유권 주장과 직접적인 관계가 있다.

▶효력문제 : 권원(權原)이 있는 국가에서 주장하지 않으면 효력이 없어진다.

▶시효문제 : 권원이 없는 국가가 실효 지배를 하고 있는데 권원이 있는 국가차원에서 주장하지 않으면 실효 지배자의 영토가 된다.

시효제도에 대한 학설은 시효제도에 대한 인정설과 부정설이 있는데, 인정설이 다수를 차지하고 있다. 그러나 시효완성기간에 대하여는 다양한 주장(100년 또는 그 이상, 50년, 30년, 그 외에 그 지역에 대한 법적 권원이 확립되었다는 일반적인 승인이 형성될 정도의 기간이 경과해야 한다는 추상적인 기준을 제시하는 주장 등)이 있다. 한국정부는 간도영유권에 대한 중국의 시효취득 방지를 위해 적절한 조치를 취하여야 된다.

청 · 일 간도협약의 법적 효력

국제조약법상 청일간도협약은 협약당사국과의 사이에만 효력이 있지 영토의 주인인 대한민국과는 효력이 없다. 협약 당시 간도영유권분쟁은 청과 조선과의 분쟁상태에 있는 간도영토를 일본이 대륙침략의 발판으로 삼기 위해 청일간도협약을 맺은 것이다. 국제법상 오래 전부터 법의 일반원칙과 상식에 의해서 뒷받침되는 것으로 조약은 당사국에게만 효력이 있을 뿐 제3국에게는 아무런 영향을 미치지 않는다는 원칙이 국제관습법으로 확립되어 있다. 1969년에서도 국제관습법을 다음과 같이 명문화하고 있다.

조약법협약 제34조 "조약은 제3국의 동의 없이는 제3국에 대하여 의무 또는 권리를 창설하지 아니 한다.

간도협약이 체결된 1909년 9월 4일은 대한제국이 독립국가로 존재하고 있었다. 제2차 세계대전이 일본항복으로 1952년 4월 중 · 일 평화조약 제4조는 "중 · 일 양국은 전쟁의 결과로서 1941년 12월 9일 이전에 체결한 모든 조약, 협약 및 협정을 무효(null and void)로 한다." 고 규정하여 청 · 일간도협약도 무효가 되는 것이다.

그러므로 중국은 청 · 일간도협약으로 점유하고 있는 간도지역은 당사국인 한 · 중간에 국경회담을 재개하여야 된다. 그 동안 간도영유권분쟁의 당사국인 한 · 중간에는 간도문제가 해결된 바 없다. 이는 마치 1885년, 1887년 2차에 거쳐 감계회담을 하였지만 결렬되고 오늘날까지 중국이 실효적 지배를 하고 있다. 따라서 간도영유권문제는 아직 미해결상태이므로 대한민국은 간도영유권을 주장할 수 있다. 그런데 어떤 조약이 원천적 무효라 하더라도 그것이 무효가 되기 위해서는 자동적으로 되는 것이 아니라 이해 당사국이 상대국에게 무효를 주장하여야 한다. 시효에 의한 영토귀속의 변경 여부는 현실적으로 정당한 권원국(한국)이 그 상대국인 점유국(중국)에 대하여 항의를 제기하여 영유권분쟁이 발생함으로써 논의할 수 있게 된다. 이 항의는 권원국의 대외기관(국가원수, 외무부장관, 외교사절)의 상대국에 대한 공식적인 항의가 있어야 된다.

국회에서의 <간도협약 원천무효확인 결의안(17. 18대 국회)> 채택은 가능하나 중국에 대한 항의의 효과는 없다. 2004년 10월 22일 국회 외교통일통상위회의 외통상부 국정감사에서 반기문 장관이 "간도협약은 법적으로 무효라고 생각한다."고 한 것은 국내적 의미만 있을 뿐 대중국 관계와는 아무런 효력이 없다.

시효문제

국제법상 시효제도 개요

시효제도는 정당한 법적 권원(영유권)이 없는 국가가 영유(領有)의 의사를 가지고 일정한 기간 동안 평온·공연하게 영토를 점유하고, 이에 대하여 정당한 권원이 있는 국가가 이의를 제기하지 않거나 침묵하는 경우, 권원 없는 점유국이 그 영토에 대한 법적 권원(영유권)을 취득하는 제도가 있다. 시효가 완성됨으로써 정당한 권원이 있는 국가는 그 권원을 상실하고, 정당한 권원이 없는 국가가 새로이 정당한 권원이 있는 국가가 된다.

설사 법적으로 한국이 간도 영유에 대한 정당한 권원이 있다고 하더라도, 현재와 같이 간도를 중국이 점유하고 있고, 그 점유가 영유의 의사에 의하여 평온·공연하고, 또 한국이 그에 대한 항의를 하지 않는 상태로 일정한 기간이 경과하면 중국은 새로이 간도에 대한 정당한 법적 권원을 취득할 수 있다.

→ 중국의 영유의사는 인정됨(연변조선족자치주).

→ 아직까지 점유를 유지하고 있음.

→ 시효 완성 기간이 관건임.

한국이 법적 권원이 있음에도 불구하고 간도영유권 주장을 하지 않으면, 간도는 중국의 영토임을 인정하는 것이거나 최소한 현재상태가 그대로 유지되면 될수록 중국이 유리하므로 중국은 간도영유권문제를 스스로 거론하지 않을 것이다. 시효문제는 한·중 간에 간도영유권분쟁이 현안이 될 경우 간도에 대한 정당한 법적 권원의 다툼에서 중국이 불리하다고 판단할 때, 중국이 주장하고 나올 수 있는 강력한 논리(시효는 한국은 할 수 없고 중국만이 일방적으로 원용할 수 있는 주장임)다. 한국이 간도영유권을 중국에 대하여 정식으로 주장하는 것은 정당한 권원국의 권리행사일 뿐만 아니라 시효완성을 중단시키는 효과가 있다. 종국적으로 한·중 간에 간도영유권분쟁이 현안이 될 경우, 양국 간에 "원만하고 조속한 해결의 원칙"하에 문제를 해결하기로 합의하고 신속히 해결할 수밖에 없는 것은 200만 조선족이 민족적으로 동화되는 것을 방지하기 위해 해결하는 것이 우선이기 때문인 것으로 본다.

이상으로 노영돈의 연구를 검토해 보았다.

국제사법재판소(ICJ)에 시효는 없지만 자국의 유리한 부분에 대해서는 시효 설을 들고 나올 수도 있다. 시효설은 100년 50년 30년 설이 있다는 것이다. 시효가 없다고 해서 방관만 해서는 안 된다는 연구 내용이다.

시효의 중단

시효는 없다고 하지만 실효적 지배를 하고 있는 국가가 주장할 수도 있다. 그래서 최소한의 시효중단에 대해 만반의 준비를 해놓아야만 된다. 시효의 중단이란 시효기간의 진행이 이해관계국의 항의에 의해 중단되고, 중단 이전까지의 실효적 지배는 무위(無爲)로 돌아가고 중단 이후 새로운 시효기간이 진행되는 것을 말한다.

따라서 1909년 이래 중국의 간도에 대한 실효적 지배에 대해 한국이 항의하면 시효는 중단되어 항의 이전까지의 중국의 간도에 대한실효적 지배는 없었던 것으로 되고 새로운 시효기간이 진행되게 된다. 그러므로 중국의 간도에 대한 실효적 지배에 대해 한국의 항의가 시급히 요구되는 것이다. 항의는 시효의 중단뿐만 아니라 역사적 응고(凝固)(historical consolidation) 취득을 중단하는 효과도 있으나 이에 관해서는 여기서 논외로 하기로 한다.

항의할 수 없는 특수사정

이해관계국이 항의할 수 없을 정도로 열악한 경우, 즉 항의할 수 없는 특수사정이 있는 경우에는 시효는 진행되지 아니한다. 한국은 1909년 이후 중국이 간도를 실효적으로 지배하고 있는 동안 항의할 수 없도록 국력이 열약한 특수사정 하에 있었다. 그 특수사정은 다음과 같다.

1. 1905년 '을사늑약'이래 일본에게의 외교권 박탈

2. 1910년 '한일합방조약'에 의해 일본에의 국권 박탈

3. 1945년 광복 이후 연합군 최고사령부 '일반명령 제1호에 의한 미군정 통치

4. 1948년 남북 두 정부의 수립에 의한 조국의 분단

5. 1950년 한국전쟁 반발과 중국의 참전 그리고 중국의 분단으로 중국(인민공화국)과 외교단절

6. 한국은 1992년에 비로소 중국(인민공화국)과 국교를 정상화할 수 있었다. 그러므로 한국은 1992년 이래 중국(인민공화국)에 대해 항의할 수 있었으므로, 중국의 간도에 대한 실효적 지배의 시효기간은 1992년부터 진행된다고 보아야 한다고 한국은 주장할 수 있다. (천지일보, 김명기 기고)

결 론

간도영유권에 대해서 이해 당사자인 대한민국 정부가 100년이 지나도록 한 번도 공식적으로 중국정부에 문제 제기를 하지 않았다는 것은 객관적으로 볼 때 중국영토로 인정한 것이 아닌가하는 의구심을 살 수도 있다는 것이지 결코 시효가 끝났으니 주장할 근거가 없다는 것은 아니다. 그래서 (간도되찾기운동본부)는 간도문제의 돌파구를 마련하기 위해서 뉴욕지부(당시 지부장 김태영)와 공동으로 청일간도협약 무효화 운동의 불길을 지피고 그 선행 작업으로 협약본문과 이를 번역한 서류를 첨부하여 2008년 4월 15일 '간도영유권회복에 관한 탄원서를

이명박 대통령 앞으로 제출하여 촉구한 바 있고, 외교통상부에도 간도가 우리영토임을 중국정부에 공식적으로 제의할 것을 촉구하는 공문을 2회에 걸쳐 보낸 바 있다. 그 연장선상에서 간도협약 체결 100년을 꼭 3일 앞둔 2009년 9월 1일 민간인들이 주축이 되어 구성한 민족회의 통일 준비정부(Korean national council of the united preparatory government)대표 김영기(金永祺) 등 2명이 헤이그 국제사법재판소(ICJ)에 간도는 우리 땅이라는 소송 서류를 제출하는 데 성공했다. 소송서류 주체의 자격요건이 하나의 국가와 유엔 회원국으로 국한되어 있는 점을 감안, 통일국가를 지향하는 과도기 정부로서의 국가체(state)로 이름하고 남·북한이 유엔에 가입되어 있는 점을 들어 넓은 의미의 유엔회원국 자격을 인정받게 된 것이다. 그리고 헤이그 평화궁 내에 있는 ICJ 앞으로 가는 모든 서류는 외교사절 명의의 우편물로서만 들어갈 수 있음에도 불구하고 민족 주권에 관한 중요하고도 긴급한 사항임을 들어 관례상 극히 이례적으로 직접 대면 전달을 하였는데도 소송서류를 수령했다는 꾸베르(couveur) 사무처장 비서 스잔나(Susanna)의 확인사인까지 받아냈다는 사실이 뉴시스(Newsis)통신(9월5일자)에 뉴욕 발 기사로 보도되었다.

이로써 간도가 영토분쟁 지역임을 중국과 전 세계에 알리는 계기를 마련하게 되었다. 앞으로도 유엔안보리를 비롯하여 중화인민공화국 주석, 일본총리, 북한 김정은, 유엔 관련 각 기관에도 간도가 왜 우리영토인가를 이해시키고 ICJ가 우리의 손을 들어 줄때까지 자료수집과 연구는 중단 없이 지속되어야 할 것이다.

부 록

언론기사

국내 언론에서는 중국이 동북공정을 보도한 2002년 이후 2년만인 2004년부터 각 TV 방송과 라디오의 특별프로그램과 신문매체를 통해 중국의 동북공정을 비판하며, 중국에 대한 대응조치로 1885~1887년간 미해결로 남아 있던 "간도 영유권 문제"를 정식 제기하기 시작했는데, 먼저 신문지면에서 간도영유권 문제를 제기하고, 이어 각 국내 TV 및 라디오 방송에서 전문가들과의 인터뷰를 통해 간도영토가 한국 영토라는데 국민에게 알리는데 일조하였다.

그 당시 우리 국민은 14억 중국을 상대로 전쟁이라도 벌일 것 같은 격앙된 분위기에 각 언론매체들이 연일 간도 관련 역사와 그 영유권문제를 보도하는데다 간도본 홈페이지가 접속 폭주(輻輳)로 몸살을 앓고 간도기사가 검색어 1순위에 오를 정도로 관심이 깊었었다.

그러나 간도문제의 정점(頂點)을 찍은 이 시기이후 19년이 흐른 지금 "전날의 그 국민이 맞냐."고 할 정도로 우리는 중국의 역사왜곡과 간도영유권문제를 까맣게 잊은 채 살아가고 있다. 마치 역사 건망증에라도 걸린 사람들처럼 말이다.

영토라고 하는 것은 단지 공간적인 개념으로서의 영역(領域)에 머무르는 것이 아니다, 반드시 되찾아야 할 강토(疆土)라는 물리적인 의미를 넘어 성역(聖域)의식으로까지 발전하게 되는 유일무이한 존재라는 뜻이기도 하다. 그리고 영토란 우리 선조들이 살아왔고 지금 우리가 살아가고 있으며 앞으로 우리 후손들이 살아가야 할 삶의 터전, 그것은 간단(間斷)없는 현재진행형이다.

한 때 잊혀 졌다고 하나 미래를 향한 그 질긴 생명력이 겨레와 더불어 지금 이 순간에도 살아 숨 쉬고 있다. 지난 19년 동안 각종 매체에 보도된 간도관련기사는 250여건 이른다. 간도수복의 불씨는 결코 꺼지지 않고 영원히 타오를 것이다.

1. "간도, 영토 분쟁지역으로 선포해야"

기사입력 최종수정 2004.07.28. 오후 7:12

[오마이뉴스 김태경 기자]

▲ 간도되찾기운동본부 창립
간도학회 이일걸 부회장.
ⓒ2004 오마이뉴스 김태경

지난 6월 4일 20여명의 학자와 일반인들이 모여 간도학회가 만들어졌다. 국내에 역사 관련 수 십개의 학회가 있지만 북방영토 문제를 집중적으로 다루는 조직은 이번이 처음이다. 또 간도학회는 지난 24일 '간도되찾기국민운동 추진위원회'도 출범시켜 지난 2002년 월드컵 때의 열광적인 응원처럼 시민들의 힘을 모을 계획이다. 간도학회 연락처는 (02)2267-2090이다.

<오마이뉴스>는 지난 26일 간도학회 이일걸(52) 부회장을 만났다. 그는 "중국의 동북공정은 간도 영유권 문제와 밀접하게 관련되어 있다. 정부가 이를 순수 학술적 차원의 문제로 생각했던 게 잘못"이라며 "간도학회를 만든 것도 이에 적극적으로 대응하고, 미온적인 정부에 대해 간도협약의 무효화를 선포하도록 하는 등 적극적인 행동을 촉구하도록 하는데 있다"고 설립 취지를 설명했다.

사람들은 보통 '간도'라고 하면 현재의 연변 조선족자치주라고 생각한다. 그러나 정확히 말하면 이곳은 북간도다. 간도학회에서 볼 때 간도는 요양~심양을 잇는 선을 따라 송화강과 흑룡강이 만나는 곳을 기준으로 그 이남을 말한다. 따라서 현재 러시아의 연해주도 간도에 들어간다.

그는 "1905년 을사보호조약이 무효로 선언된 만큼, 당연히 일제가 청나라와 맺은 1909년의 간도 협약도 무효"라며 "우리 정부는 이를 중국 정부에 통보하고 간도가 영토분쟁지역임을 국제적으로 선언해야 할 것"이라고 지적했다.

이 부회장은 더 나아가 "현재 헌법에 '대한민국의 영토는 한반도와 그 부속도서로 한다'는 내용을 '대한민국의 영토는 북방 고토와 한반도 및 그 부속도서로 한다'로 고쳐야 한다"고 강조했다.

이 부회장은 외교학을 전공해, 간도 협약을 둘러싼 청일간의 외교정책 결정 과정을 분석하는 박사 논문을 쓴 뒤 계속 간도문제에 관심을 가져왔다. 다음은 이 부회장과의 일문일답.

"간도는 만주 지역의 대부분을 일컬어"

– 간도학회를 만든 목적은?

"동북공정은 결국 간도 영유권과 밀접하게 관련되어 있다. 결코 과거 역사를 연구하는 게 아니다. 따라서 학회를 만들어 적극적으로 대응하고 한편 미온적인 정부에 대해서도 간도협약 무효화를 선포하도록 촉구할 것이다."

– 국민들은 간도가 현재 연변으로 알고있는데….

"연변은 북간도다. 이는 잘못된 것이다. 요양~심양 이남, 송화강 이남과 연해주를 포함한 흑룡강 이서가 간도다. 즉 오늘날의 만주 지역의 대부분을 포괄한다. 15세기 이후로 1712년 백두산정계비를 세운 뒤에도 봉황성(압록강 북쪽 120리 지점)의 관할권이 조선한테 있었다. 간도지역은 대단히 넓다."

– 간도학회는 어떻게 준비하게 됐나?

"올 3월 초부터 간도에 관심있는 학자들이 모여 동북공정 대응방안을 논의하다가 학회를 발족하기로 뜻을 모았다. 지난 24일에는 간도학회 산하에 '간도 되찾기 국민운동 추진 위원회'도 만들었다.

–아직 회장이 미정인데….

"간도 문제의 성격상 학자이면서 정치력도 있고 활동반경이 넓은 분을 모시고자 한다. 8월 초 확정될 것 같다. 회장이 선임되면 오는 9월 중 창립식을 공개적으로 열 계획이다."

– 참여 인사는?

"현재 회원은 40여명으로 학자와 일반인들이 고루 섞여있다. 국사학자보다 오히려 외교관계나 국제법을 전공한 학자들이 훨씬 더 관심이 많다."

–북방 영토를 전문적으로 연구하는 학회는 이번이 처음인 것 같다.

"맞다. 백산학회가 있지만 이 학회는 고대사부터 근현대사까지 방대한 범위를 다루고 있다. 또 백산학회라는 이름 자체가 일반인들이 한눈에 목적을 파악하기 힘들다. 학자 뿐 아니라 일반인들도 널리 동참시키기 위해 간도학회로 이름을 지었다."

– 중국 외교부 홈페이지에서 한국사에서 고구려를 제외시키는 등

중국의 의도가 노골화되고 있다.

"동북공정의 목적이 결국 간도에 있는 만큼, 오히려 중국이 간도문제를 공론화시킬 공간을 만들어 준 것이다. 한국은 소극적으로 대응하지 말고 간도가 우리 땅임을 적극적으로 제기하고 국제적으로 공론화시켜야 한다."

▲ '간도 되찾기 국민운동 추진 준비위' 육락현 임시대표.
ⓒ2004 오마이뉴스 김태경
"동북공정은 간도문제 공론화의 계기"

– 정부는 애초 동북 공정을 순수 학술적 차원에서 대응한다고 했다.

"그게 가장 큰 실책이다. 이는 근본적으로 동북공정의 본질을 파악하지 못했기 때문이다. 동북 공정을 어떻게 보느냐에 따라서 대책이 180도 다를 수 있다.

동북공정의 궁극적 목적은 간도 지역의 영토 뿐 아니라 재중 동포의 정체성을 뒤흔들고, 동이 문화를 찬탈하려는 것이다. 우리 문화의 시원은 간도지역 등 북방 영토에 있다. 중국은 1970년대 홍산문화가 황화 문화보다 훨씬 앞선다는 사실을 알고 나서 만주 지역의 중요성을 다시 한번 파악했다."

간도되찾기운동본부 창립 2004. 7. 24.

– 앞으로 활동계획

은?

"학술대회를 구상중이고 간도 영유권 논리를 더욱 치밀하게 확립할 것이다. 지난 10일 고구려 연구재단에 '근대 한중일러의 국경 획정 과정연구' 연구과제를 신청했다. 국내에 간도에 대한 일부 입장차가 있어 이것도 통일할 것이다. 또 간도 되찾기 국민운동 본부를 잘 운영할 것이다. 육낙현 백산학회 총무간사가 임시 대표를 맡았다. 월드컵 때 열광적인 응원을 했던 것처럼 국민들이 나서야 한다."

– 간도 영유권에 대해서 국내 학자들 사이에 이견은 없나?

"간도가 우리땅이라는데 대해서 국내 학자들 사이에 이견은 거의 없다. 그런데 문제는 학술 발표할 때는 이렇게 말하거나 공감하면서도 돌아서면 다 잊어버린다. 후속 대책이 없는 것이다.

국내 1세대 간도학자들은 백두산 정계비를 인정하는 경향이 있었다. 그러나 지금은 인정하지 않는다. 정계비를 부정하고 압록강 대안 지역과 두만강 대안 지역을 벗어나 청나라의 봉금 지역 전체가 우리 영토라는 주장이 나오고 있다. 즉 중국의 심양과 요양을 잇는 선 이남이 우리 영토라는 것이다. 심양–요양선은 고구려의 천리장성 선과 일치한다."

– 백두산 정계비는 왜 세워졌나?

"서간도 지역은 17~18세기 이전까지 조선이 점유를 해서 통치했다. 1712년 이전에 청나라의 강희제가 프랑스 신부를 시켜 그린 드 알드 지도 등을 보면 명확하다. 프랑스 신부를 그린 지역을 보고 청나라가 이 지역을 탈취할 목적으로 백두산 정계비를 세운 것이다. 중국에서도 백두산 정계비를 기존 처럼 국경을 획정하는 비석으로 보는 견해가 있고, 단순한 시찰비로 보는 견해가 있다."

– 간도가 우리땅이라는 좀 더 먼 역사적 근거가 있나?

"윤관 장군이 고려 땅이라는 비석을 압록강 이북 700리 지점의 선춘령에 세웠다. 원나라 말기에 요양 지역의 중국 관리가 이 지역이 애초부터 고려 땅이니 고려에서 접수하라고 말했다. 당시는 명이 북경에서 아직 이 지역에 세력을 미치지 못했을 때다. 그런데 고려가 이를 접수하지 못했다. 후금 시절에 그 지역을 봉금지역으로 명하고 무인지대가 된 것이다."

– 간도에 연해주까지 포함된다면 러시아와의 관계도 문제가 될 터인데….

"청나라가 연해주를 러시아에 넘겨 준 조약이 1860년 베이징조약이다. 당시 열강들의 강압에 의해 맺은 조약으로 국제법상 무효다. 청 나라는 자기 영토로 아닌 땅을 제 마음대로 러시아에 넘겨 준 것이다. 따라서 제3자가 강압에 의해 맺은 조약이기 때문에 우리가 이의를 제기할 수 있다. 러시아는 자기들은 연해주를 자기 땅으로 확보하는 것에만 신경썼지 역사적 배경은 전혀 몰랐다."

"연해주는 청나라가 강압에 의해 러시아에 넘긴 것"

– 국제법상 영토를 점유한 지 100년이 지나면 나중에 무효로 할 수 없다는 견해가 있다.

"국제법상 국가간의 영토 문제는 취득 시효가 없다. 또 일제가 1909년 간도협약을 체결한 바탕이 된 1905년의 을사보호조약이 무효다. 을사보호조약이 무효이니까 간도협약도 무효인 것이다."

– 북한과 중국 사이에 맺은 조약에서는 간도 문제를 전혀 언급하지

않았다.

"1962년 북한과 중국은 '조중변계조약'(朝中邊界條約)을 맺었다. 그러나 통일 한국 정부가 북한이 맺은 국제조약을 승계하지 않는다는 것을 별도로 규정하면 된다. 이렇게 하면 조중 변계조약을 승계하지 않고 통일 한국이 중국과 간도문제를 논의할 수 있는 여지가 생기게된다."

– 정부에서는 간도문제에 관심을 가지고 있는가?

"원래 전혀 그렇지 않았다. 이 쪽에 문의하면 저리 가보라고 하고 저 쪽에 문의하면 이리 가보라고 하고…. 단 요즘에는 정치권에서 조금 반응이 있다. 김원웅 의원이나 송영길 의원 등이 학술대회 하면 자료도 요청하고 관심이 있는 것 같다."

– 요즘 중국 정부의 태도가 대단히 우려스럽다.

"작년에 동북공정 문제가 나왔을 때 한국 정부의 대응논리가 미흡했다. 동북공정은 고구려, 고조선, 발해 등이 한국사임을 부정하고 있다. 이는 곧 대한민국의 정통성을 부정하는 것인데 정부는 학술차원의 문제로 축소해 이해했다. 주한 중국 대사를 소환시켜야했다.

그랬더라면 최근 <신화통신> 등 중국의 관영 통신이 공식적으로 고구려사가 중국사라고 보도할 수 있었겠나? 정부의 태도는 대단히 사대적이었다. 우리의 영토 문제 등 국가의 핵심 이익에 대해서는 사대나 굴종은 있을 수 없다."

– 지난 1993년 중국과 수교할 때도 이 문제를 전혀 거론하지 않았다.

"1975년 9월에 국회에서 '간도영유권관계발췌문서'라는 책자를 발간했다. 간도가 우리땅임을 증명하는 자료를 모아놓은 책이다. 박정희 정권 때도 이럴 정도였는데 지난 중국과 수교할 때 간도문제를 전혀 거론하지 않았다. 당시 노태우 정권이 북방외교의 성과로 한중 수교를 자랑하기 위해 조바심을 낸 결과다."

"한중 수교 때 간도 문제 거론안한 것은 큰 잘못"

– '대한민국의 영토는 한반도와 그 부속도서로 한다'는 헌법의 규정도 고쳐야 할 것 같다.

"맞다. 제헌 국회에서 식민사학적인 교육을 받은 사람들이 미처 생각을 못하고 그렇게 만든 것이다. 따라서 헌법도 '대한민국의 영토는 북방 영토를 포함한 한반도 및 그 부속도서로 한다'로 바꿔야 한다."

– 간도 지역에 재중동포가 살고 있어서 그나마 다행이다.

"간도 영유권의 가장 큰 핵심 가운데 하나가 재중동포들이다. 이곳에 조선족이 살고 있다는 게 중국한테는 큰 문제다. 그래서 3관 교육을 재중동포한테만 시켰지 않은가? 3관 교육은 역사관, 민족관, 조국관을 말한다. 즉 역사관은 조선족의 역사는 중국에 살고 있는 소수민족으로서의 역사다. 민족관은 '조선족은 중국의 다양한 민족 가운데 살고 있는 민족이다', '조국관은 조선족의 조국은 중국이다' 이런 내용이다."

– 현재 우리 정부는 재외동포법의 적용범위에서 재중동포와 재러시아 동포 등을 제외하고 있다.

"간도 영유권의 문제에 있어 앞으로 재중 동포의 역할이 아주 중요하다. 그 지역에 누가 살고 있는가가 핵심이다. 따라서 한국 정부가 재중동포를 잘 대우해줘야 한다. 현재 중국은 간도 지역에 계속 한족을 이주시키고 있다. 연변만 해도 해방 직후 재중동포와 한족과의 비율이 7 대 3이었는데 지금은 4 대 6으로 역전됐다. 중국 동북 공정의 궁극적 목적 가운데 하나가 조선족 자치주의 해체에 있다고 본다."

(중화인민공화국이 성립될 때 초대 연변조선족 자치주 주장을 지냈던 주덕해는 원래 상급 행정구역인 '자치구'를 요구했다. 그러나 중국 정부에 의해 거부당했다. 주덕해는 문화대혁명 기간에 지방 민족주의 분열 분자로 몰려 유배당했다가 사망했다.)

– 그러나 과연 우리가 간도 또는 만주 땅을 되찾을 수 있을까?

"간도 영유권 문제에 씨앗을 뿌리는 마음으로 해야 할 것이다. 헤르츨이 시오니즘을 만든 지 50년 안에 이스라엘을 건국한다고 했는데 실제로 50년째 되던 해 나라를 건국했다. 일단 국제적으로 공론화시켜야 한다. 다시 말하면 한국 정부는 간도 협약이 무효임을 중국에 통보하고 국제적으로 영토분쟁지역이라고 선포해야 한다."

/김태경 기자

1966년 압록강 두만강 이북지역에 대한 역사와 일본이 중국에 넘겨준 '청일간도협약'영토에 대한 영토회복의 연구기관으로 창립

백산학회

평북 철산 출신 언론인 애국지사 유봉영 선생이 설립한 백산학회, 간도를 되찾자, "우리나라 유일의 북방관계 연구 학술단체"

"우리나라 유일의 북방관계 연구–학술단체"

올해로 설립 38년을 맞은 백산학회에 따라붙는 수식어다. 백산학회는 조선일보 부사장이던 고 유봉영 박사의 집념이 만들어낸 산물이다. 그는 평소 〈조선왕조실록〉을 옆구리에 끼고 다니며 탐독했으며, 북방 변경의 야인문제에 특히 관심을 가지고 있었다. 1966년 4월 27일,

백산학회 초대 회장 김상기 박사(왼쪽)와 2대 회장 유봉영 박사. 이들은 백산학회를 이끌었던 역사학계의 거목이다.

그는 서울 무교동 체육회관 2층에 백산학회를 설립하고 서울대 학장을 지낸 고 김상기 박사를 초대 회장으로 추대했다.

백산학회의 창립취지는 학회지인 〈백산학보〉 창간사에 잘 나타나 있다.

김상기 박사는 창간사에서 "세종 때 4군 6 진의 개척은 압록강과 두만강을 국경으로 삼았던 것이 아니라 야인의 침입을 막기 위한 방어선 구축에 불과하다"고 못박았다. 또 "학보 간행과 사적 편찬에 미력을 다해 만주 또는 그 인접지역과 우리 민족의 유구한 역사적 관계를 구명하기 바란다"며 북방영토 회복이 학회의 목적임을 분명히 하고 있다. 현 백산학회 육락현 총무는 "유봉영 박사가 학회 이름을 백산학회라고 한 것도 민족의 영산인 백두산을 중심으로 민족의 영토인 만주를 회복하자는 뜻을 담았기 때문"이라고 설명한다.

우리나라 유일의 북방연구 단체 창립 당시 총무간사였던 김원모 단국대 명예교수는 백산학회 창립을 "학술단체 활동을 찾아보기 힘들던 때에 영토문제라는 특수한 분야에 집중했다는 것만으로도 엄청난 사건"이라고 평가한다. 그야말로 전 국민이 절대빈곤에서 벗어나는 데만 관심을 기울이던 시기에 영토문제를 내다보고 준비했다는 것 자체가 당시로서는 충격적인 일이었다는 뜻이다.

백산학회는 창립과 함께 서울대 규장각에 있는 방대한 자료를 정리하는 작업에 착수한다. 이 과정에서 간도 관련 자료가 많이 발굴됐다. 현재 전해지는 간도 관련 자료 대부분은 이때 백산학회를 통해 세상에 알려진 것들이다. 지금 백산학회가 소장하고 있는 자료는 책과 지도, 논문 등 8,000점이 넘는다. 그래서 학자들은 백산학회 사무실을 사랑방처럼 드나든다. 연구하다 막히는 부분이 있으면 자료를 찾으러 방문하거나 필요한 책을 구해달라고 부탁하기 위해서다.

회원의 연구성과는 논문으로 완성돼 〈백산학보〉에 발표됐다. 그동안 〈백산학보〉에 발표된 논문은 어림잡아 400편이 넘는데 천관우, 고병익, 김원용 등 우리나라 역사학계를 대표할 만한 학자의 역저로 내용면에서도 가치가 높다. 〈백산학보〉는 세계 180곳의 학회와 단체에 보내져 간도영유권 문제를 비롯해 북방영토에 대한 국제적 관심을 이끌어내는 구실도 톡톡히 해냈다. 백산학회 총무간사를 맡았던 김원모(단국대)-김남규(경남대)-조광(고려대 한국사학과) 교수 등은 여기 활동을 발판삼아 강단에 진출했다. 대륙관계사와 한국사 분야에서 백산학회를 인재양성의 산실로 부르는 이유가 여기에 있다.

이와 같은 백산학회의 활동은 삼호방직 정재호 회장의 전폭적인 지원이 있어 가능했다. 정 회장은 백산학회 창립에 100만원이 넘는 돈을 후원했을 뿐 아니라, 이후 20년이 넘는 동안 백산학회의 운영과 학회지 발간, 도서구입에 필요한 지원을 아끼지 않았다. 초대 회장을 지냈던 김상기 박사 역시 "내가 죽거든 집을 팔아서 백산학회에 기증하라"

고 유언할 정도로 애정을 가지고 있었다.

80년대 이후 재정난으로 활동 위축 1980년대는 백산학회의 암흑기였다. 2대 회장 유봉영 박사가 1985년 작고하고 외부 지원이 끊기면서 백산학회의 활동은 정체되기 시작했다. 여기에 가장 큰 후원자였던 정재호 회장의 사업이 어려워지면서 백산학회는 더욱 위축될 수밖에 없었다. 김원모-김남규 교수에 이어 세번째 총무간사로 근무했던 조광 교수는 " 〈백산학보〉 에 발표할 학자와 논문을 찾는 것이 제일 어려웠다"면서 "학자들에게 연구비를 지원하지 못할 정도로 부족한 재정이 근본적인 문제였다"고 회고한다. 때문에 1년에 두 번 발행되는 〈백산학보〉 도 예정일을 넘기는 경우가 빈번해졌다. 창립 때부터 역점사업으로 추진하던 〈대륙관계사개설〉 발간도 결국 결실을 보지 못하고 〈백산학보〉 에 연재되는 것으로 대체됐다. 운영비를 줄이기 위해 사무실도 보문동을 거쳐 현재의 을지로 3가로 이전했다.

이런 시기에 백산학회의 실질적인 살림살이를 맡은 사람이 현 육락현 총무다. 출판사인 백산자료원을 통해 운영비를 마련하는 한편 이화여대 신형식 명예교수를 4대 회장으로 영입하고 흩어졌던 조직을 추슬렀다. 그 결과 1996년에는 학회창립 30주년 기념 학술대회도 성공적으로 개최했다. 〈백산학보〉 도 2000년부터는 1년에 세 번 발행될 정도로 안정을 찾아가고 있다.

백산학회는 오는 6월 4일 '한국 근대에 있어서 북방영토와 국경문제'를 주제로 학술대회를 준비하고 있다. 중국의 동북공정과 간도영유권 문제가 국민의 관심이 모으는 상황에 백산학회의 역량을 보여줄 좋은 기회가 될 것으로 회원들은 판단하고 있다.

백산학회 산 증인 육낙현 총무

백산학회 육낙현 총무는 백산학회의 산 증인이자 존폐 기로에 있던 백산학회를 살려놓은 주인공이기도 하다. 백산학회가 암흑기에 있던 1981년, 민족문화추진위원회에 근무하던 그는 당시 이사장이던 유봉영 회장의 권유로 총무를 맡았는데 그것이 평생의 업이 됐다. 그는 원래 출판업을 할 생각이 전혀 없었다. 하지만 유 회장 사후 백산학회를 유지하기 위해서는 돌파구를 찾아야 했다. 그게 출판사였다. 민족문화추진위원회에서 영업과 출판 업무를 보았던 것이 이유라면 이유다. 그렇게 탄생한 것이 백산자료원이다.

설립 초기 백산자료원은 백산학회 회원의 도움을 많이 받았다. 회원들이 참여한 문화재 발굴 관련 보고서를 도맡아 만들었다. 차츰 사업 영역을 넓혀 학자들이 요청하는 외국자료를 번역하거나 복사해서 배포

조선일보 1996. 7. 4

문화일보

학술 ACADEMICS

만주대륙 한민족史 총정리

백산학회 창립30주년 학술대회

발족때부터 북방영토 연구 외길
5일 李鍾旭 宋基豪교수등 발표

간도 등 만주대륙의 우리 민족 옛 영토에 대한 연구에 몰두해온 白山學會(회장 申瀅植·이화여대교수)가 올해로 창립 30주년을 맞았다.

백산학회는 이를 기념해 5일 오전9시30분 서울 세종문화회관 대회의실에서 「한민족의 성장과 영역」을 주제로 4천~5천년전 이래 한민족의 생활무대였던 만주대륙에 대한 우리학계의 연구성과를 정리하는 학술대회를 갖는다.

이 자리에서는 그동안 학회의 연구지인 「백산학보」에 연재됐던 대륙관계 논문을 재편집해 만든 단행본 「한민족의 대륙관계사」를 참가자들에게 무료로 나눠줄 계획이다.

단명했거나 유명무실한 학회가 부지기수인 우리 사회에서 백산학회는 특이한 이력을 갖고있다. 66년 4월27일 사학자 故 金庠基(초대회장), 언론인 故 劉鳳榮(2대회장), 全海宗 서강대명예교수(3대회장), 高柄翊 前서울대총장등이 주축이 돼 창립한 백산학회는 우리 민족의 발상지인 白頭山에서 白山 두자를 딴 데서도 알 수 있듯 발족 당시부터 우리 민족의 만주지역 활동사 구명에 주력해왔다.

학보의 발행을 통해 대륙관계 연구자들에게 발표의 장을 마련해주고 각종 개설서나 단행본 발행으로 우리 故土에 대한 국민의 인식을 제고하며 백두산 정계비와 간도문제에 대한 연구를 통해 한민족의 간도영유권 회복을 위한 학문적 근거를 마련한 것 등이 학회의 성과이다.

이번에 나올 30주년 기념 특집호를 포함해 지금까지 46호까지 출간된 「백산학보」에 실린 논문 총 2백53편 중 북방관련 논고만 2백여편에 달하며, 「北征錄」「東三省政略」「間島案1906~1909年 公文」등 간도영유권 관계자료도 45편을 새로 발굴, 소개했다.

어려운 재정형편에도 불구하고 학회지를 계속 발행할 수 있었던 데는 학회설립 초기부터 평의원으로 참여한 鄭載護 동화통신사회장등 독지가들의 도움이 컸다.

백산학회는 창립 30주년에 즈음해 申瀅植교수(사학)를 4대회장으로 [illegible]출하면서 새로운 도약의 전기를 맞[illegible]있다.

이번 학술대회에는 「한민족의 형[illegible] 과정과 고고학적 분포」(金貞培 고[illegible]대교수) 「고조선의 국가적 발전과 [illegible] 영역」(李鍾旭 서강대교수) 「고구려[illegible] 성장과 영역」(申瀅植 교수) 「발해[illegible] 성장과 영역」(宋基豪 서울대교수[illegible] 「고려의 성장과 북방정책」(方東仁 [illegible]동대교수)등 민족의 기원에서부터 [illegible]려시대에 이르는 만주대륙에서의 [illegible] 민족 활동상을 통해 우리 민족이 [illegible]아갈 길을 모색하는 자리가 될 것[illegible]로 보인다.

<崔永昌기자

4천~5천년전 이래 우리민족이 활동무대로 삼았던 만주대륙에 대한 학계의 연구성과를 정리하는 학술대회가 열린다. 사진은 고구려인의 행렬을 재현한 그림.

하는 작업을 했다. 대부분이 중국자료였는데 당시에는 중국과 외교관계가 없어 중국측 자료는 불온물로 분류돼 국내반입이 불가능한 상황이었다. 일본을 통해 책을 들여올 때도 맨 앞장과 뒷면 판권 부분을 뜯어내야 했다. 북한 자료도 그런 식으로 국내에 들여왔다. 아슬아슬한 상황이 많았지만 학자들의 연구를 지원해야 한다는 사명감에 위험을 감수했다.

그는 책 욕심이 많다. 간도관련 자료를 찾아 헌책방과 연구소를 뒤지고 뒤졌다. 백산학회 복도에는 그렇게 모은 자료가 벽면을 가득 메우고 있다. 학회 사무실도 그가 앉는 자리를 제외하고는 각종 책으로 틈이 보이지 않는다.

국민의 관심이 간도에 모이고 백산학회의 활동이 알려지면서 찾아오는 사람이 늘었지만 여전히 운영은 어렵다. 재정 문제가 완전히 해결되지 않았기 때문이다. 학회에 등록된 회원은 400명이 넘지만 1년에 3만원인 회비를 내는 회원은 100명도 되지 않는다. 이 정도로는 〈백산학보〉를 찍어내는 비용에도 못 미친다고 한다. 그래도 그는 책이 나오는 순간이 제일 행복하다. 그가 힘이 닿는 날까지 백산학회에서 일하고 싶어하는 것도 그래서다.

유병탁 기자 lum35@kyunghyang.com

2. 반기문 외교 "간도협약 법리적 측면서 무효"

2004. 10. 22

반기문(潘基文) 외교통상부 장관은 22일 간도협약문제와 관련, "간도협약은 법리적인 측면에서 무효라고 할 수 있다"고 밝혔다.

반 장관은 이날 오후 국회 통일외교통상위의 외교부에 대한 국정감사에서 이 같이 밝히고, "그러나 법리적으로 무효라고 해서 간도문제가 해결되는 것은 아니며 따라서 간도협약문제와 간도 영유권 문제는 분리해서 접근해야 한다는 게 정부의 판단"이라고 설명했다.

외교부앞 청일간도협약 무효하라는 시위

반 장관은 "정부의 이러한 입장이 현재의 한-중 관계에 새로운 사안을 발생시킨다고 보지는 않는다"고 덧붙였다.

반 장관의 이런 발언은 이성권 의원의 '간도협약이 국제법적으로 무효라고 보느냐'라는 질문에 대한 답으로 나온 것이다.

반 장관은 "국제정세의 현실은 우리가 간도문제를 외교적으로 제기하기가 어려움이 있다"며 "통일이라는 민족적 과제를 어떻게 달성할 수 있는 지를 고려해 (간도문제를) 접근하고 있다"고 말했다.

반 장관은 지난 14일 간도협약 무효화와 관련, "법리적으로 볼

국정감사에서 간도가 우리 영토란 것을 설명하는 노영돈 교수

수도 있고 국제정치적으로 볼 수 있는 등 복잡한 고려요소가 있다"며 "앞으로 정확한 고증을 위한 역사자료 수집과 전문가들의 연구결과를 바탕으로 신중히 다뤄나갈 것"이라고 밝힌 바 있다. (서울=연합뉴스)

[출처] 반기문 외교 "간도협약 법리적 측면서 무효"

|작성자 디카페

청일간도협약 국정감사

그리고 간도 문제와 관련하여 노영돈 인천대 교수가 참고인으로 나왔습니다.

정문헌 의원, 최병국의원, 김원웅 의원 등이 질문했습니다.

노영돈 교수는 간도의 면적에 대해 여러 조건을 달아 4만평방킬로미터라고 했습니다.

이 정도면 경상도와 강원도를 합친 대단히 넓은 땅입니다.

오는 2009년 9월이면 이른바 청일 간도협약 100년이 됩니다. 국제법상 100년이면 영유권 소멸시효가 된다고 합니다.

더 늦기전에 우리정부가 중국에 대해 간도영유권을 주장하는 구상서(口上書)를 보내야 한다는 지적이 나왔습니다.

일본은 독도 영유권을 주장하는 구상서를 매년 우리정부에 보내오고 있습니다.

나중에 국제사법재판소 등에서의 영유권 분쟁에 대비하려는 고도의 노림수입니다.

그러나 우리 정부는 전혀 대응이 없습니다.

국회에서 이제 간도협약 무효 결의안이 나왔습니다. 한 59여인의 의원이 서명했습니다.

정부도 적극 나서야 할 것입니다.

우리 외교부의 행태를 보면, 대중국 사대외교 저자세 외교 전형입니다.

중국에 대해 문제제기하는 것이 마치 조선조의 명나라 대하듯 합니다.

적극 문제제기하고 간도를 분쟁지역으로 만들어야 할 것입니다.

더이상 이래서는 안됩니다.

외교통상부의 분발을 기대합니다.

[출처] 외교부 국정감사에서는....|작성자 평양감사

3. (간도되찾기운동본부)에서 국제사법재판소(ICJ)에 탄원서 제출

▶공문 제출 근거

국제사법재판소 판례에서는 영토에 대한 취득 시효와 소멸시효는 없다. 간도나 연해주 영토를 주장하지 않으면 국가 입장에서는 소멸시효를 일방적으로 인정하고 있고 우리나라에서 영토주장을 하면 취득시효에 해당된다. 한동안 100년 시효설에 간도는 영원히 중국영토로 되는 것이 아닌가 하고 국민들은 우려했지만 국제법 시효는 판례도 없고 시효기간도 없다. 그렇지만 대한민국 영토라면 100년이 지나도록 왜 한번도 주장하지 않았나 하는 것이 국제재판에서는 불리하게 작용할 수 있다. 이러한 것을 감안할 때 우리정부에서 중국정부에 간도가 우리땅이라고 우리정부에서 천명하고 간도회복을 위한 최소한의 조치를 취해 놓아야 한다. 그 천명이 빠르면 빠를수록 국제재판에서는 유리한 조건으로 작용하게 된다.

▶간도영유권 탄원서 ICJ에 제출 (2010. 03. 30. 19:16)

(간도되찾기운동본부) "영토문제에 시효 없다" 일축…

청·일 간 간도(間島)협약이 맺어진 지 100년이 되는 날(4일)을 앞두고 민간 차원의 간도 되찾기 움직임이 더욱 거세지고 있다.

(간도되찾기운동본부) 육락현 대표는 1일 '간도의 날'에 맞춰 국제사법재판소에 도착할 수 있도록 간도에 대한 우리의 영유권을 주장하는 탄원서를 지난달 31일 발송했다"며 "정부 차원의 국제

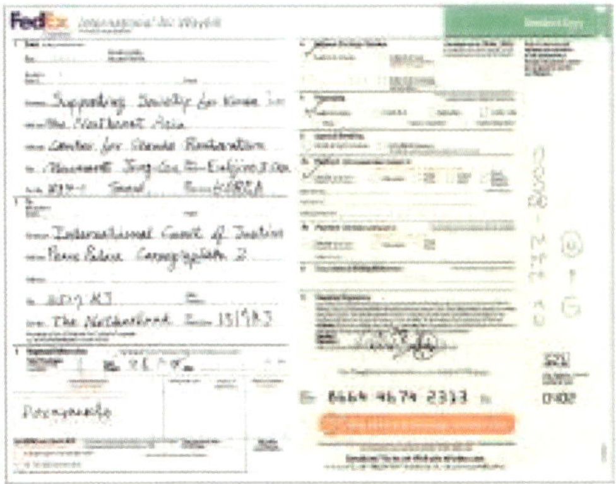

헤이그 국제재판소에 제출한 근거

소송이 어렵다면 시민들이 나서서라도 간도 문제를 국제사회에 알릴 필요가 있다"고 밝혔다.

운동본부는 4일 '간도의 날'에 학술토론회 및 기념행사를 열어 시민들에게 간도 홍보 작업도 강화한다는 방침이다.

그렇다면 우리가 간도를 되찾을 수 있을까. 전문가들은 한 국가가 특정지역을 100년간 실효 지배할 경우 자국 영토로 인정받을 수 있는 '100년 시효설'은 설에 불과하다고 지적한다.

이성환 계명대 교수는 "영토 문제에 시효는 없다"고 일축하며 "국제법상 영토 취득 관련 시효 완성 요건 등에 대한 이론도 존재하지 않는다. 약 300년간 영국이 지배를 받았던 인도가 영국 땅인가"라고 되물었다. 이 교수는 "포기할 수도 없고, 무턱대고 우리 땅이라고 외칠 수도 없는 현실적 요소들을 고려해가면서 우리의 영유권을 입증할 만한 자료 확보 및 논리를 강화해 나가야 한다"고 조언했다.

이처럼 간도 지역은 지난 100년 가까이 중국이 점유한 만큼 영토 문제에 있어 다각적인 고려가 필요한 상황이라 박기태 반크 단장은 "국제재판소에 반환소송을 제기한다고 이른 시일 내 해결될 일이 아니다"며 "간도 문제를 제대로 알고 국제사회에 알려야 한다”고 말했다.

이와 관련해 누리꾼들을 백두산정계비의 ‘토문강’이 중국의 주장처럼 ‘두만강’이 아니라 ‘송화강 지류’임을 주장하고 나서는 등 간도 알리기 작업에 열을 올리고 있다.

이 같은 시민들의 자발적인 움직임에 국회도 지난달 말 이명수 자유선진당 의원 등 50명의 의원 서명을 통해 ‘청・일 간도협약 무효안’을 국회외교통상위원회에 제출했다. 이에 이일걸 간도학회장은 “청・일 간의 협약 자체가 무효임을 입증하는 사료들이 속속 발견되고 있을 뿐더러 정부도 지난 2003년에 이미 협약이 법리상 무효함을 공식적으로 밝힌 바 있다”며 “정부가 외교상 갈등만을 우려할 것이 아니라 정당한 우리의 영유권을 주장할 필요가 있다”고 밝혔다. 백웅기 기자/kgungi@heraldcorp.com

4. 간도는 우리땅’ 9월 4일 ′간도의 날′로

우리 땅 간도 2004. 7. 4.

출처 : 티스토리 mwind. tistory. com/20

미디어다음 / 김준진 기자

시민단체 "1909년 9월4일 청·일 간도협약은 무효.간도의날 선포 준비“

일본의 독도 영유권 주장과 중국의 동북공정 등 동북아 3국의 영토분쟁이 첨예하게 대립하고 있는 가운데 한 시민단체가 9월4일 '간도의 날'을 선포 했다.

간도되찾기운동본부(이하 간도본부)는 "일본과 청이 불법으로 간도협약을 체결한 날이 1909년 9월4일 이었다"며 "온 국민에게 중국의 동북공정과 간도영유권 고착화에 대한 경종을 울리기 위해 이 날을 간도의 날로 정하고 그 선포식을 준비하고 있다"고 밝혔다.

이 날 간도본부는 같은 자리에서 올해로 96년째인 '간도협약'의 무효화를 재확인하고 간도지역이 한국의 영토인 것도 천명할 계획이다.

17~19세기 무렵 우리나라와 서양에서 그린 고지도 대부분에서도 간도는 우리 영토로 나타난다. 18세기에 그려진 것으로 추정되는 고지도인 `도성팔도지도(都城八道之圖)'(사진왼쪽) 함경북도편에는 간도지역이 우리 영토로 분명히 기록돼 있다. 특히 이 지도에는 토문강(土門江)과 두만강(豆滿江)을 분리해서 명기했다. 보곤

간도의날 선포 2005. 9. 4.(종묘공원)

디(1750년) 지도에서도 옛 만주족 땅이자 한반도와 인접한 중국 간도지역이 18~19세기까지 우리 영토였음을 입증하고 있다.
간도의 날 선포를 위한 간도본부의 움직임은 중국의 고구려사 왜곡 기세에 비해 그 동안 정부의 대응이 미온적이었던 것에 대한 위기의식에서 출발했다. 간도본부측은 우리 정부가 중국이 지난 2002년 공식적으로 동북공정의 추진을 선포한 이후 계속된 고구려사 왜곡에 대해 두 차례나 어정쩡한 합의만 했다고 꼬집었다.

지난 2004년 2월 한·중 양국은 고구려사 문제를 학술 차원에서 해결하기로 했지만 중국은 오히려 그 해 8월 자국 외교부 홈페이지에서 해방 이전의 한국 역사를 아예 삭제했다. 이 일은 외교문제로 비화돼 결국 양국 간에 5개항의 구두양해 형식의 합의가 재차 이뤄졌었다.

이 같은 합의에도 불구하고 중국은 여전히 지방정부 등을 통해 고구려 유적지에 대한 왜곡을 계속 이어갔다. 최근에는 지린(길림)의 용담산성에 고구려는 한(漢)족이 세운 국가라는 공개간판까지 세웠다.

육락현 간도본부 대표는 "중국은 동북공정을 통해 고구려사를 말살하고 나아가 간도문제도 자연스럽게 무마시키려 하고 있다"며 "지금까지 정부가 침묵으로 대응해 아직 많이 알려지지 않은 간도문제를 공론화하기 위해 이번 선포식을 준비하고 있다"고 그 취지를 밝혔다. 육락현 대표는 "간도가 우리 땅이라는 근거는 역사와 정치사, 국제법적으로도 명확하다"며 "압록강과 두만강을 국경선으로 쉽게 인식했던 자기 오류에서 우리 스스로 벗어나야 한다"고 덧붙였다.

"간도협약은 어느 모로 따져도 무효"

정치권 일각에서도 간도되찾기 의지를 보이고 있다. 간도영유권 문제를 논의하기 위한 의원모임의 김원웅, 김재홍의원 등이 의원 59명의 서명을 받아 지난해 9월 국회에서 `간도협약 원천무효결의안'을 제출하기도 했다.

간도협약의 국제법적 효력성에 대해서도 노영돈 인천대(국제법) 교수는 "청과 일본이 간도협약을 맺은 근거인 을사조약 자체가 국제법적 효력이 없기에 간도협약도 무효라고 봐야 한다"며 "을사조약이 설사 유효했다고 해도 조약에 따른 일본의 권한은 외교적 '보호권'이었을 뿐 당시에도 조약체결권은 대한제국에게 있었다"고 설명했다.

노교수는 "조약의 제3자적 효력 측면에서 간도는 대한제국과 청의 문제이기 때문에 청과 일본이 체결한 협약은 대한제국에 효력을 미치지 못 한다"며 "국제법에서도 조약 등 국가간 약속은 당사국 사이에서만 효력을 가지기 때문이다"고도 부연했다.

노교수는 또 "청일 간도협약을 맺던 날 같은 자리에서 동시에 맺었던 청·일 만주협약은 제2차세계대전 후 중·일 평화조약에 의해 전면 무효화됐다"며 "같은 맥락에서 전후 한·중 양국 간 협의를 통해 간도 땅 반환도 반드시 이뤄졌어야 했던 대목이다"고 지적했다.

정치권 일각에서도 '간도의 날' 선포를 반겼다.

간도영유권 문제를 국회에서 주도적으로 제기해온 김원웅 열린우리당 의원은 "간도를 어이없이 빼앗긴 지 벌써 한 세기가 다 돼간다"며 "그 동안 정부를 비롯한 우리 사회가 간도문제를 공론화시키지 못 하고 주춤거렸지만 시민단체가 나서서라도 간도가 우리의 고유영토라는 것을 널리 알리는 것은 바람직하다"고 말했다.

김의원은 "우리나라가 분단의 길을 걷지 않았다면 간도문제는 당연히 제기됐었고 이미 해결될 수도 있었던 일이다"며 "최소한 청·일 간도협약 100년을 맞기 전에 우리 정부가 중국에 간도반환 문제를 포함한 구상서를 보내야 한다"고 주장했다.

"6자회담 등 당면현안이 더 중요...관련문서는 공개한다"

정부도 간도협약이 법리적으로 무효라는 기본적인 입장에는 동의했다. 반기문 외교통상부 장관은 지난해 10월 국회 국정감사에서 "간도협약은 법리적인 측면에서 무효라고 할 수 있다"고 밝힌 것. 반면 반장관은 "간도 영유권 문제는 분리해서 접근해야 한다는 게 정부의 판단이다"고도 말했다. 정부가 현재 간도의 영유권은 결국 중국에게 있다고 인정하는 다소 어긋난 모양새를 취하고 있는 것이다.

외교통상부의 한 관계자는 "정부의 공식입장은 반장관이 국감에서 밝힌 것에서 더 이상 변하지 않은 것으로 안다"며 "중국이 관계된 6자회담과 고구려사 문제 등 당면 현안이 많은 상황에서 '간도의날' 등 민감한 간도 문제를 쉽게 언급할 수 없는 게 사실이다"고 말했다.

그는 또 "일부 보도에서 '간도는 우리 영토이며 간도협약은 무효'라는 공식입장을 담은 1950년대 이승만 정권 시절의 문서를 우리가 비공개 결정했다는 것은 오보이다"며 "그 문서는 공문 차원이 아닌 한 장 짜리 단순한 문서로 다음 주 초에 이 문서를 공개할 예정이다"고 밝혔다.

간도본부가 준비하고 있는 '간도의 날' 선포 행사는 9월4일 오후1시부터 약 4시간 동안 종묘공원에서 열릴 예정이다.

오랜 세월 '사잇섬'이라 불려왔던 땅 '간도'

간도협약은 일본과 청이 1907년부터 1909년까지 2년간 회담을 벌인 결과, 1909년 9월4일 일본이 청나라에게서 남만주 지역의 철도부설과 탄광개발권 등 5가지 이권을 얻는 대신(청·일 만주협약) 간도 영유권을 청에게 넘겨줬던(청·일 간도협약) 역사적 오욕 가운데 하나다.

얼떨결에 중국땅이 돼버린 간도는 해란강과 두만강에 둘러싸인 지형이 마치 섬처럼 보여 조선인들이 '사잇섬'의 의미로 간도라고 불러왔다. 대한제국 성립 이후 이 지역에는 1901년부터 일시적이나마 간도관리사가 파견됐었다. 한·일 을사조약 이후에도 대한제국 정부가 간도거주 조선인은 청나라에 납세의무가 없다는 사실까지 공포했던 땅이기도 하다. 각종 고문헌에서도 이 지역은 우리 선조들이 고조선 때부터 고구려, 발해 등 반만년 우리나라 역사 가운데 3500년 가까이 지배한 것으로 확인되고 있다. 중국에서는 이 땅을 연길도라고 불러왔다.

5. 경일대 `독도·간도 교육센터' 개소

- 경북도민일보 승인 2007.03.29

국내 최초로 독도론과 간도론을 대학의 정규강좌로 개설해 화제를 모았던 경일대학교가 개설 1주년을 기념해 27일 기념세미나를 열고 `독도·간도교육센터'를 열었다.

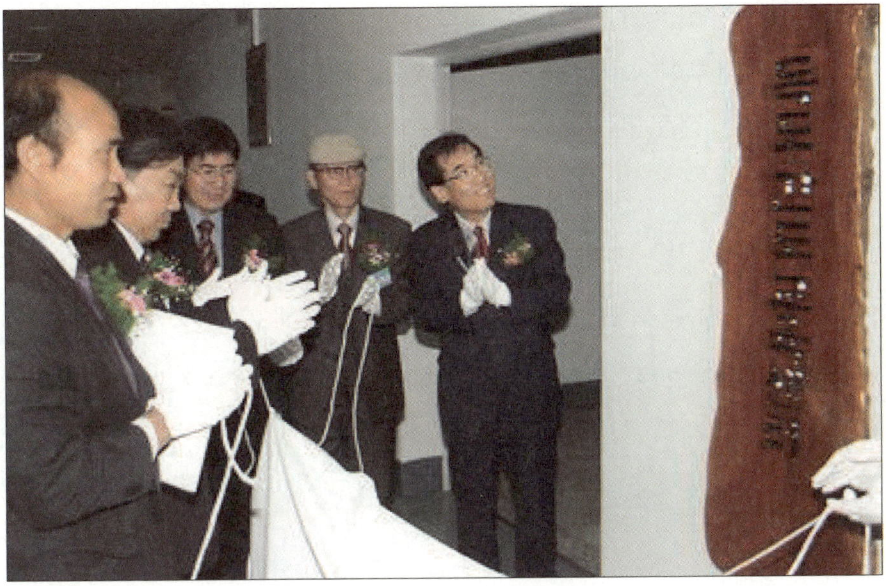

경일대학교 독도 간도 교육쎈터 현판식

경일대학교가 주최·주관하고 경북도와 대구은행이 후원하는 이날 행사에는 경일대학교 김성동 총장을 비롯해 김창수 경북도 국제자문대사, 오윤길 독도의병대 부대장, 육락현 북방민족나눔협의회 회장 등 내빈 100여 명이 참석했다.

또한 개소식 이후 이어진 세미나에서는 `독도에 대한 인식 제고를 위한 국민공감대 형성방안' `간도에 대한 인식 제고를 위한 국민공감대 형성방안'등의 주제발표가 있었다.

연구팀, 교육팀, 자료팀으로 구성된 교육센터는 초·중·고·대학생에 대한 교육사업, 영토문제에 대한 자료 수집 및 분석, 교육자료 발간사업 등의 업무를 수행한다. 이범관 센터장(50·경일대학교 부동산지적학과 교수)은 "독도·간도에 대한 연구소 등은 많이 있지만 전문 인력을 양성하는 교육센터는 경일대학교 독도·간도교육센터가 최초다"며 "영토분쟁은 하루아침에 해결되는 것이 아니라 얼마나 오래전부터 어떻게 준비해 왔느냐가 관건인 만큼 영토문제 해결을 위한 전문인력 양성의 요람이 될 것"이라고 밝혔다.

경산/김찬규기자 kck@

6. "대학생들이 자전거로 35일 동안 국토를 순례하면서

간도되찾기 운동을 펼치고 있다." (신문기사)

대학생 자전거 국토순례단, 캠페인 펼쳐

(북방민족나눔협의회)(대표 김원웅 육락현)가 주최하고 (간도되찾기운동본부)가 주관한 간도되찾기 대학생 자전거 국토순례단(단장 김영재)이 지난 4~5일 충북 제천·단양 일대를 지났다.

지난달 13일 서울 외교통상부 앞을 출발해 전국을 돌고 있는 대원들은 구남훈(중앙대 2년), 권순창(아주대 2년), 정중화(경희대 2년), 엄세혁(대림대 2년), 조성호(성결대 2년) 김영재(단장) 등 6명과 간도출신 할머니, 간도본부 임원, 뽀빠이 이상용도 참가했다

대학생들이 자전거로 35일 동안 국토를 순례단 외교통상부 앞 발대식

간도 대학생회원들인 이들은 순례기간 길거리 홍보, 순회지역 각 해당 대학교와 연계한 세미나 개최, 간도동포 생활상 사진자료 전시, 지역 본부와 펼치는 간도행사에 앞장서고 있다.

발대식에는 1940년대 연변 용정시 광명고등여자학교 동문인 강애순, 김혜정, 전영자 여사가 참석해 금일봉을 전달하고 뽀빠이 이상용씨도 찾아와 학생들을 격려했다.

이번 국토순례는 (북방민족나눔협의회) 우신구 전 사무총장이 자전거 5대를 후원하고 포털 Daum의 아고라에서 5백만원을 모금해 지원하면서 가능해졌다.

일제는 우리나라를 침탈한 후 1909년 9월4일 만주지역의 철도부설권과 광산채굴권 확보를 위해 청나라에게 간도지역을 넘겨주는 협약을 맺었고 중국은 현재 간도땅을 점유하고 있다.

육락현 간도되찾기운동본부 대표는 "앞으로 3개월 밖에 남지 않은 9월 4일이 되면 늑약으로 간도를 빼앗긴 지 꼭 100년이 된다"면서 "우리 세대에서 간도를 찾지 못하면 영원히 잊혀지게 되고 그날은 국치일로 남게 될 것" 이라고 말했다

2009.08.06 22:21 이보환 기자 bhlee7@jbnews.com

7. 우리의 땅 '간도(間島)', 이대로 멈추고 말 것인가

경향닷컴 서상준기자

입력 : 2009.05.04 16:02

앞으로 4개월 밖에 남지 않았다. 돌아오는 9월4일은 간도를 빼앗긴 지 꼭 100년이 된다. 우리 세대에서 '되찾아야 할 우리의 땅' 간도(間島)를 찾지 못하면 영원히 잊혀지게 될 지도 모른다. 그렇게 된다면 우리에게 9월4일은 국치일로 남게 될 것이다.

간도(間島)란 무엇인가. 갈수록 낯설게 느껴지는 이 곳은 지금 중국이 주인행세를 하고 있는 압록강과 두만강 이북의 땅이며 우리의 영토이다.

1905년 을사늑약으로 우리나라의 외교권을 강탈한 일제는 남만주 철도부설권과 탄광채굴권을 얻는 대가로 청에 간도 땅을 넘겼다. 그 후 1909년 9월4일 청·일 간도협약을 통해 조선과 청의 국경을 두만강과 압록강 경계선으로 획정 지었다. 결국 을사조약은

일제가 강압적으로 맺은 대표적인 국제조약으로 간도협약은 당연히 무효이며 국제적으로도 확인된 상황이다.

설령 간도협약이 유효하더라도 당사국인 청-일간에만 효력이 발생하며 의도적으로 배제된 대한제국에는 아무런 효력을 미치지 못한다. 그러므로 지금이라도 정당한 권리없이 점유하고 있는 중국에 대해 영유권을 주장해야 한다.

간도(間島)문제 정부 '천하태평'…정치인들도 무관심 하지만 역대 정부나 정치권을 보면 한심하기 짝이 없다. 그리고 천하태평이다. 그동안 역사와 영토문제에 대한 정부의 대응을 보더라도 이런 우려가 절실히 드러난다. 굴욕외교로 비난을 샀던 1992년 한·중수교 당시에도 우리 정부는 일부에서 제기했던 '간도 영유권 문제'에 대해서는 말 한마디 못하고 그냥 넘어갔다. 특히 2004년 1월 중국의 동북공정 문제가 불거졌을때도 "중국의 역사왜곡 행위를 정치문제화하는 것은 국익에 도움이 되지 않는다"며 저자세를 취했던 것도 사실이다.

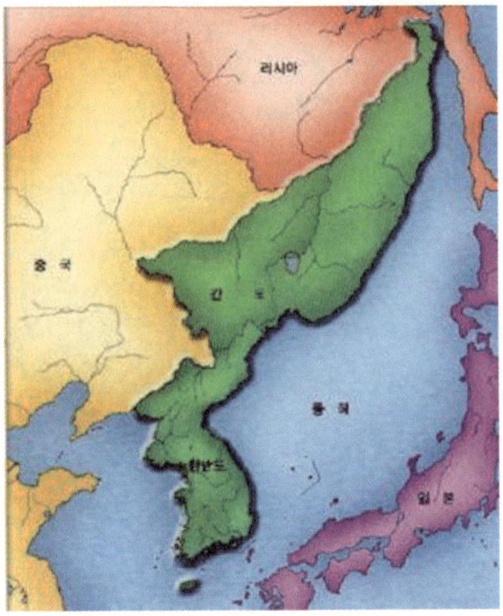

1712년 백두산 정계비문에 근거한 조선도〈백산학회 제공〉

일본과 비교하면 더욱 분통이 터진다. 일본은 대한민국 국민이라면 그 누구도 의심하는 사람이 없는 독도와 동해에 대해서도 50년이 넘도록 끈질기게 이의제기를 해오고 있고, 특히 독도와 관련된 사안이라면 아주 사소한 문제에도 사사건건 간섭하고 항의를 해오고 있다. 이는 독도 영유권과 독도가 한국 땅으로 굳어지는 것을 저지하고, 국제법상 영토시효 론에 근거해 유사시 연고권을 빼앗으려는 계산된 행동이라는 것이 일반적인 해석이다.

중국은 더하다. 중국은 한반도의 통일을 염려해 일찌감치 영유권 분쟁의 가능성이 있는 동북3성(요녕성·길림성·흑룡강성) 지역 단속에 나섰다. 북한이 붕괴될 경우 이 지역으로 넘어오는 난민들로 인해 한민족의 근거지가 되지 않을까 우려하는 것이다. 또 간도지역이 독립운동의 기지가 됐던 것처럼 통일 후 한국인의 또 다른 근거지가 되는 것을 미리 막으려는 의도도 내포돼 있다.

이처럼 일본과 중국은 벌써 수십년전부터 자국의 이익을 위해서라면 수단과 방법을 가리지 않고 철저히 계산된 준비를 해오고 있는 반면, 우리 정부는 '독도는 우리땅'이라며 단순 대응으로 넘어가려고만 하고 있다. 간도 등 고구려사 문제도 마찬가지로 대수롭지 않게 여기고 그냥 덮어버리려 하고 있다.

더욱이 국민의 안위와 국가보전에 필요한 지식을 갖춰야 할 정치인들 대다수는 역사적 무지와 무관심속에 정권의 치적을 쌓는 데에만 급급하고 국가의 미래는 신경조차 쓰지 않고 있다.

이명박 대통령 또한 2004년 서울시장 재임시절 '간도' 문제에 대해 "한반도 문제와 관련 중국의 영향력과 역할이 너무 커지고 있는 상황에서 정부는 정면대결을 피하고 싶을 것"이라고 당시 정부를 비난했었다. 그러면서 "역사와 영토는 타협할 사안이 아니다"며 "(역사와 영토는) 국가적 중요이슈이고 이는 일본의 교과서 역사왜곡과는 차원이 다른 것"이라고 주장한 바 있다.

이에 대해 간도되찾기운동본부 육락현 회장은 "간도영유권의 중요성은 다가 올 통일시대에 있어서도 매우 중요한 위상"이라며 "우리정부는 조선족이 해체되기 전에 간도영유권을 분명하게 주장해야 한다"고 밝혔다. 육 회장은 이어 "정치인들도 선거철 등 특정일에만 나라위하는 척 하지말고 자발적인 국민운동에 동참해야 할 것"이라고 쓴소리도 잊지 않았다.

간도(間島)는 왜 우리땅인가?

첫째, 원래 조선과 청나라의 국경선은 압록강과 두만강을 잇는 선이 아니었다.

- 우선 조선과 청나라의 국경을 표시한 여러 지도들이 간도와 우리땅임을 증명하고 있다. 프랑스인 지도 제작자 레지는 비망록에 "봉황성의 동방에는 조선국의 국경이 있다"고 서술하고 있다. '조선정계비구역약도(규장각15504)'와 '백두산 정계비도(규장각26676)', '로마 교황청의 조선말의 조선지도'(1924년 제작) 등 당시의 수많은 지도들은 동간도를 토문강 동쪽 지역으로 표시하고 있으며, 압록강 북쪽의 봉황성 일대에서 두만강 위쪽의 연길로 이어지는 구격이 표시돼 있다. 이런 자료들로 살펴볼 때 적어도 1909년 간도협약 이전까지는 이같은 국경선이 유지되고 있었음을 알 수 있다.

둘째, 우리가 간도를 선점적으로 개간했다.

- 간도지역은 조선과 청나라가 맺은 강도회맹에 의해 출입이 금지된 봉금지역으로 양국이 공동관리하는 무주지였다. 무주지는 국제법적으로 선점하여 개간하는 쪽이 영유권을 가지게 되는데 간도에 대한 우리의 개간은 무주지 선점이론에 의한 영토획득의 의미가 있다.

셋째, 조선이 실질적인 행정권력을 행사하고 있었다.

- 조선은 1900년과 1903년에 서간도와 동간도(북간도)를 행정적

으로 각각 평안북도와 함경도에 편입시켰으며 세금을 징수하여 행정과 군인훈련비로 충당했다. 이런 사실들은 조선의 행정력이 간도에도 똑같이 미치고 있었음을 증명한다.

간도는 구체적으로 어느 지역인가

간도는 좁은 의미로 볼 때 백두산 정계비에서 언급된 두만강 이북과 토문강 이동 지역인 동간도 혹은 북간도를 의미하지만 넓은 의미로는 압록강 이북 지역인 서간도도 포함한 남만주 전체를 가리킨다.

간도 영유권 분쟁 당시 우리 선조들은 동으로는 토문강에서 송화강을 거쳐 흑룡강에 이르는 연해주를 포함한 광활한 지역을 염두에 두고 있었고, 서쪽으로는 압록강 대안을 포함해서 고구려의 영토였던 요양과 심양 일대(소위 심요선)까지의 봉금(封禁)지역이 포함된다.

간도의 면적은 얼마나 되나

학자들마다 간도의 면적에 대해 설명하는 바가 일치하지는 않지만 백두산 정계비가 정한 국경을 지도 위에 표시해보면 그 크기는 한반도 전체 면적과 맞먹는다. 여기에 압록강 대안지역인 서간도까지 포함하면 간도의 면적은 한반도의 1.5배에 해당한다.

일부에서는 간도의 크기를 한반도 면적의 약 10분의 1 정도인 2만1000㎢라고 하는데 이는 일제의 간도파출소가 관할하던 일부 지역만 산정한 잘못된 수치다.

간도를 찾을 가능성은 얼마나 되나

국제법상 강제로 주권을 침탈한 국가가 맺은 조약은 아무런 효력을 발생하지 못하기 때문에 간도협약 역시 효력을 상실했어야 마땅하다. 중·일간에는 1941년 이전의 모든 조약이 무효라고 합의가 있었고, 한·일간에도 1910년 8월 22일과 그 이전의 모든 조약이 무효라는 확인이 있었다.

그러나 간도협약은 광복 후 혼란기, 한국전쟁, 남북분단의 상황을 거치면서 아무런 이의 제기가 없었기 때문에 현재까지 효력이 지속되고 있다. 국제법 학자들은 간도협약은 국제법의 통념상 틀림없이 무효화될 수 있다고 입을 모은다.

중국과 국경을 맞대고 있는 북한의 입장은

북한은 간도라는 용어조차 사용하지 않을 정도로 간도 문제에 대해 일절 언급하지 않고 있다. 일부에서는 이같은 북한의 태도에 대해 중국과 사회주의 이념을 함께 하는 형제국가라는 난처한 입장 때문이라고 설명하지만, 그보다는 북한과 중국이 맺은 비밀조약이 북한의 입을 막고 있다는 해석이 더 신빙성 있어 보인다.

북한은 1962년 중국과 '조·중 변계조약'을 맺고 새로운 국경선을 획정했다. 그러나 이 조약은 비밀조약으로, 정확한 내용은 공개되지 않고 있다. 어쨌거나 남북이 통일될 경우 '조·중 변계조약'은 비합법적 정부간에 체결된 조약이라는 이유로 무효화될 가능성이 있기 때문에 이에 대비한 여러 가지 경우의 수도 가정해야 할 것이다.

앞으로 무엇을 해야 하는가

무엇보다 정부가 이 문제를 직접 거론하고 나서는 것이 문제를 푸는 가장 중요한 열쇠이다. 간도협약이 무효임을 선언하고 이를 중국과 국제사회에 즉각 알려야 한다. 이를 통해 간도 문제를 국제사회의 이슈로 부각시키고 영유권 분쟁이 있는 지역임을 공인받아야 한다.
연변조선족자치주를 중심으로 거주하고 있는 재중동포에게도 관심을 기울여야 한다. 국가간의 영유권 분쟁시 현지 주민의 의사가 중요한 결정변수가 될 수 있다. 그런데 현재 조선족자치주의 조선족 인구는 전체 주민의 40%선((2004년 추정)으로 떨어지는 등 10년 내에 조선족자치주 자체가 소멸될 수도 있는 위기상황이다.
따라서 간도에 대한 영유권 확보에 있어서 재중동포의 와해를 막고 민족의식을 고취시키는 사업은 대단히 시급하고 중요한 과제다. 또 중국의 동북공정의 궁극적 목표가 간도영유권의 고착화에 있음을 간파하고 역으로 우리는 간도의 영유권을 적극적으로 주장해야 한다

8. 외교문제보다 시급한 건 국내 역사의식"

- 박미혜 기자 (mee@newscj.com)
- 승인 2009.08.27 13:31

간도되찾기운동본부 육락현 회장 인터뷰

"간도가 어디에 있는 땅입니까?"

육락현 간도되찾기운동본부 회장은 5년 전만해도 간도 홍보를 위해 거리에서 이같이 물으면 100명 중 95명은 알지 못했다고 한다. 하지만 요즘은 신문·방송 등 매스컴을 통해 간도가 알려지면

서 3명 중 1명은 알고 있는 것 같다고 말했다.

육 회장은 1966년에 창립된 백산학회(白山學會)라는 역사연구소에서 총무간사로 일하고 있었다. 백산학회는 북방영토와 관련된 역사를 고찰하고 간도문제를 최초로 연구해 온 학회다.

2004년 뉴스메이커 주간지에 간도기사가 실린 것을 본 한 독자가 '시민들도 참여할 수 있는 길을 열어 달라'고 제안해 오면서 '간도찾기운동본부(이하 간도본부)'라는 NGO 단체가 창립하게 됐다.

육 회장은 초창기 간도본부 회원들이 간도를 되찾아야겠다는 불굴의 의지는 높았지만 어떻게 NGO를 운영해야 하는지 몰라 힘들어 했다고 회고했다.

그는 "학회가 간도되찾기운동을 펼치면 연구를 합리화한다고 보일 가능성이 있기 때문에 NGO 단체를 만들어 학회와 분리해서 활동하게 됐다"며 "처음엔 NGO단체를 어떻게 운영해야 하는지, 홍보는 또 어떻게 해야 하는지를 몰라 힘들었다. 재정적인 어려움도 컸다. 하지만 시민들의 관심과 참여로 간도 붐이 일어나면서 엄청난 홍보효과가 나타나고 있다"고 말했다.

육 회장이 그렇게 간도본부에 온 열정을 쏟아 부을 수 있었던 것은 말없이 뒤에서 후원하는 아내의 내조가 있었기 때문이다. 가족의 협조 없이는 이룰 수 없는 일들이었다.

그가 간도본부 회장으로 활동을 한 지 5년째, 집안 재정에도 어려움이 오자 "'가정도 제대로 유지하지 못하는데 내가 이 회장 직을 짊어지고 가야 하나'하는 고민에 빠지기도 해다"며 "하지만 간도 땅을 후세대에서 찾을 수 있게 하기 위해선 반드시 그 근거를 마련해 놓아야 하기 때문에 사명감을 가지고 일하고 있다"고 말했다.

그는 중국이 무너지기 전까진 간도를 되찾기 어려울 것 같다고 말했다. 하지만 다음 세대에서라도 간도를 찾으려면 앞선 세대에서 애쓴 노력의 흔적들이 남아 있어야 한다고 강조했다.

특히 육 회장이 간도본부를 법인체로 만들고자 외교통상부의 문을 두드렸으나 거절당하고 다시 교과부를 방문했을 때 교과부 사람들 조차 간도가 어디에 있는 땅인지 몰라 '일본에 있는 조그마한 섬 아니야고 반문한다. 또 한국에 있는 섬이냐'고 묻는 모습에 간도문제를 너무 소홀하게 인식하고 있는 현실을 실감하게 됐다고 했다.

육 회장은 "외교 문제보다 더 시급한 건 국내의 역사의식이다"라며 제대로 된 역사교육을 펼치기 위해 제도적으로 세밀한 역사교육 계획이 필요하다고 강조했다.

간도본부는 28일 자유선진당 이명수 의원과 함께 '간도 협약 무효안'을 국회에 제출하고 오는 9월 4일에는 '간도의 날' 행사를 대구에서 펼칠 예정이다.

9. 재미동포들 "간도 땅 넘긴 일본에 반환 소송"

- 장요한 기자 (hani@newscj.com)
- 승인 2011.08.17 09:37

[천지일보=장요한 기자] 최근 일본이 독도에 이어 동해 표기까지 도발하는 가운데 간도 땅을 불법적으로 넘긴 일본을 상대로 하

는 반환 소송이 제기됐다.

미주 간도임시정부(총재 건제)가 16일 오후 서울 프레스센터 외신기자클럽에서 '간도땅 찾기 관련 헌법소원 기자회견'을 가졌다.

건제 총재는 "강탈당한 간도 땅을 되찾기 위해 국내외적으로 연대해 본격적인 운동을 펼칠 것"이라며 "국제사회에 간도를 이슈화시켜 우리 땅을 회복할 것"이라고 기자회견 취지를 밝혔다.

건 총재는 "청일 간도협약(1909년 9월 4일)으로 오늘날까지 중국이 불법적으로 간도를 점유하게 됐다"며 "이에 일본이 원상 복귀해 놓으라고 반환 소송을 제기하는 것"이라고 전했다.

간도임시정부는 기자회견을 통해 ▲헌법소원제기(헌법 제3조에

▲ 간도 되찾기 운동을 펼치고 있는 '간도 임시정부'회원들. 오른쪽 맨앞에서부터 간도임정 사무총장, 건 제 총재, 방상현 역사환경문화연구소장, 김태원 상임자문위원, 왼쪽 앞에서부터 육락현 간도땅되찾기 명예회장, 한사람 건너 역사학자 김산호 화백, 성태진 지구촌사랑나눔운동본부 상임대표.

명시돼 있는 대한민국의 영토에 간도 포함시킬 것) ▲일본정부 상대로 소장 제출 ▲역사 교과서에 간도역사 서술 정부에 건의 ▲

Korea를 Corea로 개칭 ▲국제사법재판소에 소송 제기 등의 계획을 밝혔다.

이날 국제법 전문가 이장희(전 헤이그국제재판소상설재판관) 한국외대 교수는 “청일 간도협약은 무효”라며 “당시 을사늑약으로 우리 외교권을 박탈한 일제가 주인 행세를 한 것”이라고 말했다. 이 교수는 “땅 주인도 아닌 일본이 도장 찍고 땅값 받은 셈”이라고 덧붙였다.

이날 특강을 한 간도되찾기운동본부 육락현 명예회장도 “일제가 강압적으로 맺은 간도협약은 국제법상 틀림없는 무효”라며 “간도를 국제사회에 알려 자꾸 쟁점화해야 유리하다”고 강조했다.

10. 영혼까지 팔 수는 없지 않은가

육락현 간도되찾기운동본부 명예회장

천지일보 (newscj@newscj.com) 승인2012.10.23 17:17

중국의 동북공정에 맞서 설립된 동북아역사재단이 자신의 본분을 저버린 채 우리 역사의 기점인 단군의 건국사실을 부인하고 간도 영유 사실조차 인정하지 않는 자해행위를 함부로 벌이더니 이번에는 검인정 교과서의 생사여탈권을 쥐고 있는 국사편찬위원회(국편)가 ‘수정 권고’라는 이름으로 일본 편향적인 기술을 사실상 강요하는가 하면 최근 중국이 자국의 관할구역임을 명시, 실효적

• 육락현 간도되찾기운동 본부 명예회장

지배를 하고 있는 한국에 대해 공세의 수위를 높여가고 있는 이어도에 대해서는 단 한마디 언급조차 없다. 공교롭게도 역사를 다루는 두 정부기관에서 마치 약속이라도 한 것처럼 이 같은 역사비하와 왜곡을 서슴지 않는 이유와 배경이 자못 궁금하다. 역사는 동네북처럼 함부로 치는 그들만의 전유물이 아닌데 말이다.

지난 8일 국회(교육과학기술위원회)가 국편으로부터 제출받은 국감자료에 의하면 한 출판사(지학사)의 중학교 역사교과서에 원래 '을사늑약(勒約, 1905)'으로 기술되어 있던 것을 '을사조약'으로 수정할 것을 권고하여 처음엔 항변도 하였으나 결국에는 따를 수밖에 없었다는 것이다. 늑약의 '늑(勒)'이 '억지로 할 늑'이니까 억지로 맺은 조약이라는 뜻이다. 국편에서는 조약으로의 수정에 대해 '개념을 정확히 하기 위해서'라고 하는데 사용빈도가 좀 낮은 한자이긴 하나 늑약, 즉 '억지로 맺은 조약'이 그냥 조약이라고 하는 것보다야 민족 정서에도 부합하고 개념 정리도 훨씬 더 깔끔하게 해주고 있다. '한일협상조약'이라는 원명을 사용하지 않을 바에야 을사늑약이 역사 사실에 훨씬 더 가깝다고 보는 것이다.

중국의 동북공정에 맞서 설립된 동북아역사재단이 자신의 본분을 저버린 채 우리 역사의 기점인 단군의 건국사실을 부인하고 간도 영유 사실조차 인정하지 않는 자해행위를 함부로 벌이더니 이번에는 검인정 교과서의 생사여탈권을 쥐고 있는 국사편찬위원회(국편)가 '수정 권고'라는 이름으로 일본 편향적인 기술을 사실상 강요하는가 하면 최근 중국이 자국의 관할구역임을 명시, 실효적 지배를 하고 있는 한국에 대해 공세의 수위를 높여가고 있는 이어도에 대해서는 단 한마디 언급조차 없다. 공교롭게도 역사를 다루는 두 정부기관에서 마치 약속이라도 한 것처럼 이 같은 역사비하와 왜곡을 서슴지 않는 이유와 배경이 자못 궁금하다. 역사는 동네북처럼 함부로 치는 그들만의 전유물이 아닌데 말이다.

무엇보다도 늑약이 힘을 얻는 것은 역사 사실 자체와 부합한다는 점일 것이다. 을사조약은 총에 착검을 한 군대를 동원하여 궁궐안팎을 에워싼 공포분위기 속에서 대등한 국가관계의 조약 체결이라기보다는 강제적 불법적 일방통행으로 밀어붙인 일종의 약탈결혼과 같은 것이었다.

또 다른 출판사(교학사)가 펴낸 역사교과서는 일본역사를 설명하는 '국왕 중심의 새로운 정부'란 대목에서 이를 '천황(天皇, 일본말로 덴노)'으로 고쳐 부를 것을 권고 받아 그렇게 교과서에 반영하였다는 것이다. 천황하면 하늘의 아들인 천자에다 황제까지 겸한 극존칭에 해당한다. 똑같은 입헌군주제를 채택하고 있는 유럽의 여러 나라에서도 아직 이런 호칭을 사용하는 나라를 본 적이 없는데 유독 일본만이 단순한 일본통합의 상징으로서뿐만 아니라 국가대표 이상의 마치 신성불가침의 성역처럼 한 단계 격을 더 높여 부르고 있는 것이다. 정작 일왕은 종전 후에 인간선언을 했는데 단지 정치적 이용을 위해 조작(操作)한 이 말을 왜 우리가 굳이 따라해야만 하는지 납득할 수가 없다. 그리고 그것은 앞서 을사조약에서처럼 개념을 정확히 하기 위해서 확보하지 않으면 안 되는 객관성도 부실한 가장 일본적인 일본 중심의 용어인데 말이다.

혹여 이와 같은 일련의 사태가 지난번 이명박 대통령의 독도 순시 이후 언급한 일왕 사과발언과 관련이 있다면, 즉 일본의 스와프 협정 파기와 같은 경제적인 보복이 두려워 일본에게 보이기 위한 제스처라면 더더구나 용인할 수 없는 일이고 해서도 안 될 일이다. 설사 경제적인 불이익을 당한다손 치더라도 영혼까지 팔 수는 없지 않은가.

전설의 섬(섬이라기보다 수중 암초) 이어도는 그동안 중국이 직접적인 관할권 주장을 하지 않고 경제적 배타수역(EEZ)의 중첩 문제로만 접근해오다 최근 들어 이를 자국의 관할 구역으로 명시하면서 수면위로 떠오르게 되었다. 때맞추어 현재 동북아 일대에서는 독도와 댜오위다오(일본은 센카쿠 열도), 간도문제와 동북공정 등으로 영토분쟁이 격화되고 있어 그 와중에 있는 이어도에 대한 중국의 공세에 맞서 그 부당성과 진실을 학생들에게 알리고 더욱 굳건한 영토의식을 심어주어야 함에도 불구하고 중고교의 국정과 검인정 역사교과서가 한결같이 이에 대한 언급을 단 한마디도 하지 않고 있는 사실이 역시 9일 국감 자료에서 밝혀진 것이다. 이는 이어도 문제를 교과서에서 일률적으로 배제하고 있다는 이야기이기도 하다.

아무리 우리가 지금 실효적으로 지배하고 있다 하더라도 당장 발등의 불로 다가오고 있는 문제를 이렇게 나 몰라라 하고 방치하다시피 하는 것은 가뜩이나 저상(沮喪)된 국민의 영토 수호의지를 꺾는 무책임한 처사라 아니할 수 없다. 한치 앞을 내다볼 수 없는 국력의 소장(消長)과 주변 정세가 언제 어떻게 변할는지 모르는 격동의 시대를 대비하여 특히 영토문제에 관한 한 항상 긴장의 끈을 놓아서는 안 될 것이다. 그것은 우리 세대에서 끝나는 문제가 아니고 우리 민족이 생존하고 있는 한 영속되는 문제이기 때문에 더욱 그렇다.

출처 : 천지일보(http://www.newscj.com)

참고문헌

1. 단행본

1985,『조선족 100년 사화』

1990, 요령중대문화사적, 요령성미술출판사 발행,

2000, 중화각민족, 민족출판사 발행

2005, 백두산정계비 KBS역사스페셜

2006, 중국 광서 장족자치구 옹령현 백제향답사.

강룡권, 1997,『중국 조선족방전 방략연구』

강정민. 2014. 간도반환 청구소송. 바다출판사

고종황제께서 3대표에게 위임장『독립혈사』 제1권

국회도서관 입법조사국,1876~1945, 상 74쪽 구한말 조약 휘찬

국회도서관, 간도영유권관계발췌문서, 1965,

김득황, 1987,『백두산과 북방관계』사상사회연구소

김득황, 2016,『만주의 역사와 간도문제』 남강기획출판부

김양수 외 2008,『조선후기 외교의 주인공들』백산자료원

김원웅편 2004,『간도백서』다락방

류연산,『21세기 중국 조선족 발전방략연구』서문류연산, 송화강

방학봉, 2000,『중국내 발해유적연구』백산자료원

백산학회편, 2000,『간도영유권문제논고』백산자료원

백산학회편, 2000,『대륙관계사논고』백산자료원

백산학회편, 2000,『중국내 조선인의 생활상 논고』백산자료원

백산학회편, 2006,『한중영토의 관한논고』백산자료원

복기대, 2001,『요서지역의 청동기시대 연구』백산자료원

서울역사박물관, 2004, 『COREA 꼬리아』

손춘일, 1999,『만주국의 재만한인에 대한 토지정책연구』백산자료원
신영길 역 2005.『간도는 조선땅이다』 지선당
신용우, 2016,『대마도의 영토권』글로벌콘텐츠
신형식 외 2000,『고구려 산성과 해양방어체제연구』백산자료원.
심상용. 1013.『간도 비극의 땅 잊혀진 연토』. 아우누리
연변인민출판사, 1986,『조선족역사』
우신구. 2015.『간도영토화를 위한 연변자치주 한인의 관리모형연구』 박사학위논문
육락현, 2013,『간도는 왜 우리땅인가?』 백산자료원
윤여덕, 2021,『발로쓴 신기행문』백산자료원
이돈수. 2007.『외국지도에 표현된 우리나라 지도 변천과정 연구. 공저
이윤기. 『잊혀진땅 간도와 연해주』
이인철, 2011,『동북공정과 고구려』백산자료원
이일걸. 1990.『간도협약에 관한연구』박사학위논문
이종호, 2009,『고조선,신화에서 역사로』우리책
이한기. 1969.『한국의 영토』서울대 출판부
장계황. 2013.『간도의 영토화 모형에 관한 연구』박사학위논문
정지수외. 2011.『어린이 우리땅 간도 바로알기』백산자료원
조룡호 · 박문일, 1997,『21세기 중국 조선족의 역사와 문화』
조병현, 2012,『북방영토연구』백산자료원
최장근, 1998,『한중국경문제연구』 백산자료원
하문식, 2005,『고조선지역의 고인돌연구』백산자료원
현주환, 1967,『한국류이민사』상

2. 논문

권립, 1999,『중국 조선민족 발자취』66쪽

김미선, 2005, 현지동향, 『간도학보』 2
김원석 1997,천입 『21세기로 매진하는 중국조선족 발전방략연구』
김원웅,2004, 『간도백서』
노계현 2009, 「역대정부의 간도정책」 한국간도학회
노영돈, 2005, 한중간도영유권문제고찰, 『군사』 46호
배성준, 2004, 「간도협약 무효면 간도는 우리 땅인가」 『그땅,그사람 그리고 역사 만주』
손춘일, 1999, 『중국 조선민족 발자취총서』 56쪽.
숙종실록 38. 5, 15.
신기석, 1955, (간도귀속문제) 『중앙대학교 30주년 기념 논문집』
원용석, 1965, 한일회담 14년 삼화출판사
윤여덕, 2012. (윤권구성의 위치에 대한 문헌고찰) 『백산학보』 92호
이영식, 2004 기자 반기문 장관과 인터뷰 (국정감사 전문 외교통상부)
이일걸, 2007, 「간도영유권 분쟁의 실상과 문제점」 『한배달』 85호
이일걸,1995, (간도분쟁과 국제관계) 한국정치외교 사학회 발표
한국임명대사전, 1972, 신구문화사
현몽순 외, 1985, 『조선족 100년 사화』 519쪽.
현주환, 1967,서간도지방 『한국류이민사』 상
황철산, 1948년, 석퇴, 토퇴확인 『문화유산』